"十三五"国家重点出版物
出版规划项目

"中国制造2025"
出版工程

海洋智能装备液压技术

刘延俊　薛钢　编著

化学工业出版社

·北　京·

本书主要介绍应用于海洋装备中的液压传动技术。全书将传统的液压技术基本知识与近年来其在海洋装备中的实际应用相结合，全面介绍了液压流体力学基础、主要元器件（包括液压泵、液压马达、液压缸、液压控制阀、液压辅助装置等）、基本回路、典型液压系统、伺服系统及其在海洋中的应用，同时，介绍了海洋装备液压系统的设计与计算。本书中的许多实例是作者近三十年在液压技术和海洋工程交叉领域科研方面所做的工作。书中元件的图形符号、回路以及系统原理图全部采用国家最新图形符号绘制，并在附录一中列出；附录二列出了常见液压元件、回路、系统常见的故障与排除措施。

本书可供从事海洋工程与装备技术工作者参阅使用，也可作为工科专业相关研究方向的教学参考书。

图书在版编目（CIP）数据

海洋智能装备液压技术/刘延俊，薛钢编著.—北京：化学工业出版社，2019.2

"中国制造 2025"出版工程

ISBN 978-7-122-33488-6

Ⅰ.①海…　Ⅱ.①刘…②薛…　Ⅲ.①海洋工程-工程设备-液压技术　Ⅳ.①TH137

中国版本图书馆 CIP 数据核字（2018）第 288085 号

责任编辑：曾　越　张兴辉　　　　　　　　文字编辑：陈　喆
责任校对：边　涛　　　　　　　　　　　　装帧设计：尹琳琳

出版发行：化学工业出版社（北京市东城区青年湖南街 13 号　邮政编码 100011）
印　　装：三河市延风印装有限公司
710mm×1000mm　1/16　印张 18½　字数 343 千字　2019 年 4 月北京第 1 版第 1 次印刷

购书咨询：010-64518888　　　　　　　　　售后服务：010-64518899
网　　址：http://www.cip.com.cn
凡购买本书，如有缺损质量问题，本社销售中心负责调换。

定　　价：98.00 元　　　　　　　　　　　版权所有　违者必究

序

　　制造业是国民经济的主体，是立国之本、兴国之器、强国之基。近十年来，我国制造业持续快速发展，综合实力不断增强，国际地位得到大幅提升，已成为世界制造业规模最大的国家。但我国仍处于工业化进程中，大而不强的问题突出，与先进国家相比还有较大差距。为解决制造业大而不强、自主创新能力弱、关键核心技术与高端装备对外依存度高等制约我国发展的问题，国务院于 2015 年 5 月 8 日发布了"中国制造 2025"国家规划。随后，工信部发布了"中国制造 2025"规划，提出了我国制造业"三步走"的强国发展战略及 2025 年的奋斗目标、指导方针和战略路线，制定了九大战略任务、十大重点发展领域。2016 年 8 月 19 日，工信部、国家发展改革委、科技部、财政部四部委联合发布了"中国制造 2025"制造业创新中心、工业强基、绿色制造、智能制造和高端装备创新五大工程实施指南。

　　为了响应党中央、国务院做出的建设制造强国的重大战略部署，各地政府、企业、科研部门都在进行积极的探索和部署。加快推动新一代信息技术与制造技术融合发展，推动我国制造模式从"中国制造"向"中国智造"转变，加快实现我国制造业由大变强，正成为我们新的历史使命。当前，信息革命进程持续快速演进，物联网、云计算、大数据、人工智能等技术广泛渗透于经济社会各个领域，信息经济繁荣程度成为国家实力的重要标志。增材制造（3D 打印）、机器人与智能制造、控制和信息技术、人工智能等领域技术不断取得重大突破，推动传统工业体系分化变革，并将重塑制造业国际分工格局。制造技术与互联网等信息技术融合发展，成为新一轮科技革命和产业变革的重大趋势和主要特征。在这种中国制造业大发展、大变革背景之下，化学工业出版社主动顺应技术和产业发展趋势，组织出版《"中国制造2025"出版工程》丛书可谓勇于引领、恰逢其时。

　　《"中国制造 2025"出版工程》丛书是紧紧围绕国务院发布的实施制造强国战略的第一个十年的行动纲领——"中国制造 2025"的一套高水平、原创性强的学术专著。丛书立足智能制造及装备、控制及信息技术两大领域，涵盖了物联网、大数据、3D打印、机器人、智能装备、工业网络安全、知识自动化、人工智能等一系列核心技术。丛书的选题策划紧密结合"中国制造2025"规划及11个配套实施指南、行动计划或专项规划，每个分册针对各个领域的一些核心技术组织内容，集中体现了国内制造业领域的技术发展成果，旨在加强先进技术的研发、推广和应用，为"中国制造2025"行动纲领的落地生根提供了有针对性的方向引导和系统性的技术参考。

这套书集中体现以下几大特点：

首先，丛书内容都力求原创，以网络化、智能化技术为核心，汇集了许多前沿科技，反映了国内外最新的一些技术成果，尤其使国内的相关原创性科技成果得到了体现。这些图书中，包含了获得国家与省部级诸多科技奖励的许多新技术，因此，图书的出版对新技术的推广应用很有帮助！这些内容不仅为技术人员解决实际问题，也为研究提供新方向、拓展新思路。

其次，丛书各分册在介绍相应专业领域的新技术、新理论和新方法的同时，优先介绍有应用前景的新技术及其推广应用的范例，以促进优秀科研成果向产业的转化。

丛书由我国控制工程专家孙优贤院士牵头并担任编委会主任，吴澄、王天然、郑南宁等多位院士参与策划组织工作，众多长江学者、杰青、优青等中青年学者参与具体的编写工作，具有较高的学术水平与编写质量。

相信本套丛书的出版对推动"中国制造2025"国家重要战略规划的实施具有积极的意义，可以有效促进我国智能制造技术的研发和创新，推动装备制造业的技术转型和升级，提高产品的设计能力和技术水平，从而多角度地提升中国制造业的核心竞争力。

中国工程院院士 潘云鹤

前言

液压技术的应用已有 200 余年的历史。 1795 年，世界上第一台水压机问世。然而，直到 20 世纪 30 年代，液压传动才真正得到推广应用。 液压传动具有刚性好、结构紧凑、承载能力强、功率重量比大、响应速度快、远距离控制灵活等特点，十分适合在海洋装备中进行应用。 液压技术在海洋方面最开始应用于舰载火炮的回转、俯仰以及操舵装置。 第二次世界大战后，液压技术开始应用到渔船的绞车等装置上。 随着海洋活动的增加和液压产品性能的提升，液压技术逐渐应用到各种船舶、海洋钻井平台、深海探测器以及新能源开发装置等海洋装备中。

海洋环境的特殊性给液压技术带来了新的技术问题，如远距离控制、密封与润滑、压力补偿、防腐蚀、失效与故障诊断等。 这些问题的解决对液压技术在海洋装备中的应用有重要意义。

笔者近年来一直从事液压系统的比例与伺服控制（流体动力控制）、海洋可再生能源、深海装备开发利用技术、机械系统智能控制与动态检测技术的研究工作，在海洋工程和液压传动交叉技术领域积累了大量的科研成果和工程经验，对液压系统在海洋装备中的应用有较为深入和全面的了解。 因此，为了推动我国海洋工程装备的发展，普及液压技术的相关知识，促进其在海洋中的可靠广泛应用，基于笔者的专业积累，编著此书。

本书全面介绍了液压流体力学基础、主要液压元器件、液压基本回路、液压伺服系统及其在海洋中的应用，总共分为 10 章。 第 1 章为绪论，主要介绍了海洋装备液压传动的发展概况、液压传动的工作原理及其组成部分，海洋装备液压传动的特点及应用概况。 第 2 章主要介绍了海洋装备中液压系统的流体力学基础知识，包括液压油、静力学、动力学、流动阻力和能量损失、孔口和缝隙流量、空穴现象和液压冲击等。 第 3~6 章分别介绍了液压泵和液压马达、液压缸、液压控制阀及液压辅助装置的分类、特点、计算和应用等。 第 7 章介绍了几种液压基本回路，并补充了深海压力补偿技术。 第 8 章介绍了几种典型的海洋装备液压系统，是笔者近三十年在液压技术和海洋工程交叉领域科研、设计、制造、调试方面所做的相关工作，如 120kW 漂浮式液压海浪发电站、"蛟龙号"液压系统、海底底质声学现场探测设备液压系统等，这些实例旨在提高读者对海洋装备液压技术的认识，启发我们探索更多更可靠更先进的技术。 第 9 章给出了海洋装备液压系统的设计和计算步骤及实例。 第 10 章介绍了液压伺服系统及其在海洋装备中的应用。

本书由山东大学机械工程学院、高效净机械制造教育部重点实验室、海洋研究院刘延俊、薛钢编著。 在编写工程中张伟、张健、刘科显、丁洪鹏、武爽、孙景余、杨晓玮、颜飞、丁梁锋、刘婧文、漆焱做了大量的文献查阅、资料整理等工作。

感谢本书编写过程中给予大力支持的单位和个人。 由于笔者学识水平有限，书中不足之处在所难免，恳请广大读者和从事相关研究的专家及同行们批评指正。

目录

53 第3章 液压泵及液压马达

79 第4章 液压缸

101 第5章 液压控制阀

137 第 6 章　液压辅助装置

158 第7章 海洋液压基本回路

200 第8章 海洋装备典型液压系统

216　第9章　海洋装备液压系统的设计与计算

237　第10章　液压伺服系统

254　附录

276　参考文献

277　索引

第1章

绪 论

1.1 海洋装备液压传动的发展概况

海洋占地球总面积的 71%，蕴藏着丰富的资源，具有重要的战略意义。随着科学技术的进步和陆地资源的日益匮乏，世界各国逐渐重视海洋资源的开发利用。发展海洋装备技术是开发利用海洋资源的重中之重。

液压传动相对机械传动来说，是一门新的技术。1795 年，世界上第一台水压机问世，至今已有 200 余年的历史。然而，液压传动直到 20 世纪 30 年代才真正得到推广应用。液压传动具有刚性好、结构紧凑、承载能力强、功率重量比大、响应速度快、远距离控制灵活等特点，在海洋装备上得到广泛的应用。

液压传动技术在海洋方面最开始应用于舰载火炮的回转、俯仰以及操舵装置。第二次世界大战之后，液压传动技术开始应用到渔船的绞车等装置上。随着海洋活动的增加和液压产品性能的提升，液压传动技术逐渐广泛应用到各种船舶、海洋钻井平台、深海探测器等装置中。

海洋环境对液压系统正常工作的最大危害是对液压元件的腐蚀。海水是含有生物、悬浮泥沙、溶解气体、腐烂有机物和多种盐类的复杂溶液，它对金属的腐蚀受诸多因素的影响，其中主要有海水中的溶氧浓度、海水温度、流速和生物活性等。

在有些情况下液压元件要同海水直接接触，如液压缸活塞杆，它是完全浸泡在海水中工作的，如果海水通过缸盖进入液压缸，会引起系统性能变差，甚至使系统失效，因此，如何防止海水进入液压元件、如何设计系统的密封也是海洋装备液压系统设计中的一个重要方面。

有些液压系统是在深水中工作的，如水下机器人、深潜器等，因此，就要求液压元件能承受高压，而许多液压元件并不具有抗外压能力，如电液伺服阀、力矩电动机的防护壳。

当液压执行器在深水中工作，而液压动力源又在海面上时，工作介质必须通过几百米长的软管输送，从而引起较大的压力损失，影响系统的工作性能与效率。

另外，在海洋环境下，电控元件不能直接裸露工作，以免引起短路。

所以，海洋环境的特殊性给液压控制技术提出了许多新的要求、新的课题，而这些问题的解决具有广泛的实际意义。

1.2 液压传动的工作原理及其组成部分

1.2.1 液压传动的工作原理

① 液压传动是依靠运动着的液体的压力能来传递动力的，它与依靠液体的动能来传递动力的"液力传动"不同。

② 液压系统工作时，液压泵将机械能转变为压力能；执行元件（液压缸等）将压力能转变为机械能。

③ 液压传动系统中的油液是在受调节、控制的状态下进行工作的，液压传动与控制难以截然分开。

④ 液压传动系统必须满足它所驱动的工作部件（工作台）在力和速度方面的要求。

⑤ 液压传动是以液体作为工作介质来传递信号和动力的。

1.2.2 液压传动系统的组成与图形符号

（1）系统的组成及其功用

在液压传动与控制的机械设备或装置中，其液压系统大部分使用具有连续流动性的液压油等工作介质，通过液压泵将驱动泵的原动机的机械能转换成液体的压力能，经过压力、流量、方向等各种控制阀，送至执行器（液压缸、液压马达或摆动液压马达）中，转换为机械能去驱动负载。这样的液压系统一般都是由动力装置、执行装置、控制阀、液压辅件及液压工作介质等几部分组成的，各部分功能作用见表1.1。

表 1.1 液压系统的组成部分及功用

组成部分		功能作用
动力装置	原动机(电动机或内燃机)和液压泵	将原动机产生的机械能转变为液体的压力能，输出具有一定压力的油液
执行装置	液压缸、液压马达和摆动液压马达	将液体的压力能转变为机械能，用以驱动工作机构的负载做功，实现往复直线运动、连续回转运动或摆动

续表

组成部分		功能作用
控制阀	压力、流量、方向控制阀及其他控制元件	控制调节液压系统中从泵到执行器的油液压力、流量和方向，以保证执行器驱动的主机工作机构完成预定的运动规律
液压辅件	油箱、管件、过滤器、热交换器、蓄能器及指示仪表等	用来存放、提供和回收液压介质，实现液压元件之间的连接及传输载能液压介质，滤除液压介质中的杂质，保持系统正常工作所需的介质清洁度，系统加热或散热，储存、释放液压能或吸收液压脉动和冲击，显示系统压力、油温等
液压工作介质	各类液压油（液）	作为系统的载能介质，在传递能量的同时起润滑冷却作用

（2）液压系统的图形符号

图 1.1 所示是一种半结构式的液压系统的工作原理，直观性强，容易理解，但绘制起来比较麻烦，系统中元件数量多时更是如此。对于这些液压系统中的各种元件，我国国家标准 GB/T 786.1—2009 对其图形符号作出了规定。采用图形符号（图 1.2），既可简化液压元件及液压系统原理图的绘制，又可简单明了地反映和分析系统的组成、油路联系和工作原理。

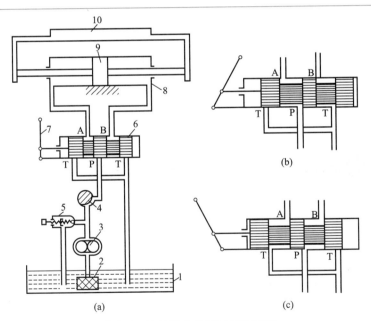

图 1.1　简单机床的液压传动系统

1—油箱；2—过滤器；3—液压泵；4—节流阀；5—溢流阀；
6—换向阀；7—手柄；8—液压缸；9—活塞；10—工作台

必须指出，用图形符号绘制的液压系统图并不能表示各元件的具体结构及其实际安装位置和管道布置[1]。

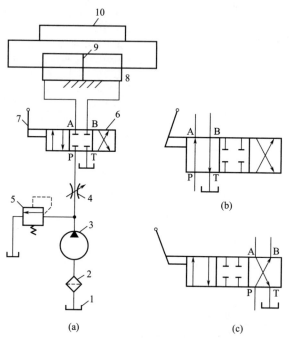

图 1.2　简单机床的液压传动系统（用职能符号表示）
1—油箱；2—过滤器；3—液压泵；4—节流阀；5—溢流阀；
6—换向阀；7—手柄；8—液压缸；9—活塞；10—工作台

1.3　海洋装备液压传动的优缺点

1.3.1　海洋装备液压传动的优点

液压传动系统重量功率比和重量扭矩比较小，能容量大，这是海洋装备减小体积和重量所需要的。在相同功率下，电动机比液压马达重 12～25 倍，气动马达也比液压马达重 3～7 倍；在相同扭矩下，电动机比液压马达重 12～150 倍，气动马达也比液压马达重 3～50 倍。

液压传动系统容易获得较大的力或力矩。一般机械传动欲获得很大的力或力矩，要通过一系列复杂的减速，不但结构庞杂、效率低，成本也高。气体传动由于使用单位压力较低，要获得很大的力或力矩需要庞大的气缸，同样不经济。而液压传动由于比较容易使工作液体获得高的单位压力，因而成为工业上需要很大的力或力矩的机械所必需的传动方式。用于海洋开发的大吨位起重机、千吨以上自升式石油钻井平台的升降装置，往往采用这样的液压传动。

液压传动系统能在较大范围内实现无级调速。当液压传动用于主传动时，一般用变量液压泵进行速度调节，速度可从零调节至额定转速（如 $0 \sim 1500 r/min$）；用于辅助传动（如液压缸进给）时，以调速阀进行无级调节，流量可从 $0.02 L/min$ 调节至 $100 L/min$ 以上，调速比可达 5000 甚至更高。这正是深海装备（如液压机械手等）所需要的特性。

用压力补偿的变量液压泵，容易在较大范围内实现恒功率调节，在同等功率下，可以有效地提高工作效率、减少辅助时间。压力补偿的自动变量液压泵的特点是：当负载增大时，液压泵可以自动减少排油量，同时提高工作压力，以适应负载的增大；当负载减小时，又可以自动增大排油量，以加快动作完成过程。即在 pv 值（即压力与速度的乘积）基本恒定的情况下，自动适应工作负荷经常变化的需要。在不增加辅助装置的条件下，恒功率调节范围可达 3 倍以上，因此在海洋装备负荷经常变化的场合下使用，可以有效地提高工作效率、减少动力消耗。

液压传动系统易于实现慢速转动、直线运动、往复运动和摆动以及由这些运动组合的各种复杂动作，是实现强力机械自动化最好的手段。当需要慢速大扭矩的转动时，用机械传动就需要庞杂的减速机构，而用液压传动只需要一个低速大力矩液压马达就可以了。当需要直线运动、往复运动或摆动时，用机械传动除需要庞杂的减速机构外，还需要诸如螺旋、凸轮、四连杆机构等以实现直线运动、往复运动、摆动等动作，而液压传动则仅需要简单的直线或摆动液压缸就可以了。海洋装备的运动正需要有这样的特点。

液压传动系统传递运动平稳、均匀，无冲击，运动惯性小。由于液压马达体积小、重量轻，并且有油液吸收冲击，因此，它的运动惯性质量不超过同功率电动机的 10%。启动中等功率电动机需要 $1 \sim 2 s$，而启动同功率液压马达不超过 $0.1 s$。在高速换向（$50 \sim 60 m/min$）时用液压换向，冲击大为减少。这些特点对于提高海中作业机械动作的准确性、灵敏度和效率有利。

液压传动系统易于防止过载，避免机械、人身事故。由于液压传动可用溢流阀调节和控制最高压力，在负荷（压力）达到最高时，油液便安全溢流回油箱，可避免超载和由此引起的事故，这一点对于海中工作的遥控机械显得更重要。

液压传动油缸与高压压缩空气并联，形成一强弹性体，可在大吨位和大行程（500t 以上负荷和 10m 以上行程）的范围作运动补偿。这正是在恶劣海况下进行石油钻井、海上提吊重物及输送人员或物资所配备压力补偿或恒张力装置所必需的。

液压传动比机械传动更容易按不同位置和空间布局。例如机械传动需要万向轴、锥齿轮、链条等；而液压传动则只要按实际需要将液压执行器（液压缸、液压马达等）放在理想位置，然后用软管连接就可以了。

液压传动系统操纵性好。操纵性的好坏是看它是否便于操纵，便于控制力和速度、控制运动和停止，且控制力小（即操纵灵活轻巧）等。由于液压传动可以方便地采用以电磁阀为先导的液动换向等放大装置，因此它是当今任何强力机械进行控制和操纵都不可缺少的环节，这是它突出的优点之一，也是当今海洋装备普遍采用的操纵控制所必需的。

液压传动大都用油或水基添加润滑防蚀剂为工作介质，自润滑性能好，工作元件寿命较长。

液压元件通用性强，容易实现标准化、系列化和通用化，便于组织批量生产，从而可以大大节约成本，减少开支。

液压传动与无线电、电力、气动相配合，可以创造出各方面性能良好、自动化程度较高的传动和控制系统，是采用微处理机实现遥控、自动控制、程序控制、数控等不可缺少的重要的组成躯干。

液压传动与电驱动相比，在海洋环境中特别是在海水中易于实现密封、易于防腐蚀和防爆，也不会像电驱动那样渗入海水会造成短路等故障，因而广泛应用于在海中或海底的工作机械、甲板机械和在石油天然气开发的防爆区工作的机械。

1.3.2 海洋装备液压传动的缺点

液压传动难以避免出现泄漏。近年来，由于密封结构的改进，液压传动的外泄漏已有明显的减少，甚至可以完全避免，但内泄漏是难以避免的。由于泄漏引起容积损失，因此影响了效率。

由于油的黏度随温度变化会引起工作状态不稳定，在高温或超低温条件下工作时，需用特殊流体介质。此外，油易于氧化，必须定期（一般为半年）换油。但近年来采用水基的润滑、防蚀添加剂作为液压传动介质，不但降低了成本，还在某种程度上提高了性能。

液压元件制造精密，使用维修技术条件要求较高；空气易渗入液压系统，可能引起系统的振动、爬行、噪声等不良现象；由于液压传动有明显的压力损失，因此不能用于远距离的传动。

基于油压的海洋设备液压技术的研究还需以下几点内容的进步与提升：

① 适用于全海深的大功率、大流量高压泵、阀及其相关元件的研制；

② 适合深海作业服役环境的液压系统关键元件的研究与制造技术；

③ 超深海作业时的液压系统渗漏问题有待进一步解决；

④ 多数海洋装备布局规划与尺寸有限，因此需要减轻液压系统与元件重量、减小尺寸与制造维护成本；

⑤ 液压系统的密封与压力补偿技术有待加强。

1.4 液压传动在海洋装备中的应用

1.4.1 液压传动与海洋油气资源开发装备

海洋油气资源开发不同于陆地，它一般以海洋平台为载体。液压系统承担了平台上几乎全部的重负荷工作，包括平台的升降、井架的移动、钻井采油过程等等。

一个地点的油气开采完成后，需要进行平台拆除。平台与海床固定的导管架桩腿部分的拆除需要用到挖泥排泥设备。如图 1.3 所示，将设备吊放至导管架根部附近的海床，然后由上部控制系统控制液压缸、液压马达搭载挖泥铰刀、排泥管在空间运动，完成排泥工作。在水下设备主体上的极限位置布置行程开关传感器，利用 PLC 控制器对行程开关的信号进行处理和反馈，实现自动控制。

图 1.3　平台拆除用挖泥排泥设备

平台导管架调平和灌浆时需要用到液压夹桩器。其液压控制系统如图 1.4 所示，由水下、水上两部分组成。水下部分将随导管架及群桩套筒沉入海底；控制终端位于导管架小平台上，其进、出油管线通过导管架大腿与夹桩器上的进、出油口相连。夹桩时，液压油通过单向阀进入液压缸的压油腔，推动液压缸活塞杆夹住钢桩，活塞杆和钢桩间的摩擦力克服导管架重力（包括其上辅助设备），使导管架保持水平和稳定。

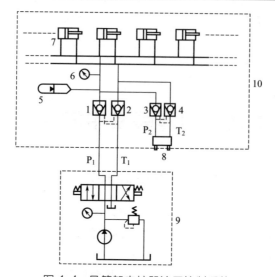

图 1.4 导管架夹桩器液压控制系统

1~4—液控单向阀；5—充气式蓄能器；6—压力表；7—液压缸；
8—ROV 快速接头；9—控制终端；10—水下部分

开采的石油和天然气往往混合有沙、气、水等杂质。对于深海油气资源开采，在水下完成分离除杂工作，可以降低油气井回压，提高油气产量；减少水面上水处理设备的数量，降低海底管线的流量；减小静水压头和流动阻力，从而允许使用小直径的输送管道和立管，降低设备成本。由于气体、液体分开，既避免了立管中产生严重段塞流，又可以使用常规离心泵来举升液体，提高输送效率。

1.4.2 液压传动与海洋新能源利用装备

液压传动在海洋新能源方面的利用主要体现在海流能和波浪能发电方面。液压系统具有蓄能稳压作用，可以有效调节海浪能的波动，改善发电质量，是海洋新能源未来发展必不可少的技术装备。

基于液压传动的海流能蓄能稳压独立发电系统利用蓄能器吸收由瞬变海流流速引起的压力和流量波动，可以实现低于额定海流流速时的最大能量跟踪和高于额定海流流速时的输出功率稳定。

1.4.3 液压传动与水下航行器

在复杂的海洋环境下，水下航行器能够承载科学工作者与各种监测装置、特种设备进行监测考察以及深海搜救捕捞等，是开发和利用海洋资源的重要技术手段。液压技术在水下航行器中的应用包括：设备前进和升降，液压马达推进器、液压舵机、随动机械手、载人航行器舱室的启闭装置以及其他装置。水下航行器的基本功能一般包括：压载浮力调节系统、外部耐压系统、生命支持系统、控制系统、通信系统以及供科研使用的设备系统。液压系统一般装在耐压壳体的外面，处于受外压和有腐蚀的工作环境，与其他应用相对比，深潜器液压系统有些特定的要求，主要包括：各部件承受工作水深的海水外压、密封性与液压油润滑性、压力补偿装置、液压油黏度随温度的动态变化、耐蚀性、尺寸小、质量轻以及易于更换保养等。

第2章

海洋液压流体力学基础

2.1 海洋装备液压油

在海洋液压系统中，液压油是传递动力和信号的工作介质。同时它还起到润滑、冷却和防锈、防腐蚀的作用。海洋液压系统能否可靠、高效地工作在很大程度上取决于液压油的性能。因此，在研究海洋装备液压技术之前，首先了解一下应用于海洋装备的液压油。

2.1.1 海洋装备液压油的种类

海洋装备液压油包括石油型和难燃型两大类。

石油型的液压油是以精炼后的机械油为基料，按需要加入适当的添加剂而成的。这种油液的润滑性好，但抗燃性差。这种液压油包括机械油、汽轮机油、通用液压油和专用液压油等。

难燃型液压油是以水为基底，加入添加剂（包括乳化剂、抗磨剂、防锈剂、防氧化腐蚀剂和杀菌剂等）而成的。其主要特点是：价廉、抗燃、省油、易得、易储运，但润滑性差、黏度低、易产生气蚀等。这种油液包括乳化液、水-乙二醇液、磷酸酯液、氯碳氢化合物、聚合脂肪酸酯液等。

目前，直接用海水作为工作介质的海水液压传动技术已成为当今国际海洋作业装备动力驱动系统的发展方向，并被西方发达国家多年的实际应用证明为最佳的动力驱动方式。

2.1.2 海水液压油的优缺点

地球上水资源十分丰富，若以海水为工作介质，不仅费用低廉、使用方便，而且介质的泄漏和排放不会对环境造成污染，因此它是一种非常有研究价值的"绿色工作介质"。与传统的液压油相比，海水的优势体现在以下几个方面。

① 环保性好。海水是一种环境友好的工作介质。

② 安全性高。海水是难燃型液体，可在高温环境下工作，也可以用来灭火，

能消除火灾危险，对人体健康也没有影响。

③ 经济性好。海水在海洋中随处可取，既能节约能源，又节省了购买、运输、仓储以及废油处理等所带来的一系列费用和麻烦。

④ 易维护保养，维护成本低。

⑤ 性能稳定。海水液压系统不存在由于工作介质被其他液体侵入而影响工作可靠性的问题，工作性能比较稳定。

但是，由于海水的理化性能不同于矿物油，海水介质具有黏度低、润滑性差、导电性强、汽化压力高等特点，因此将海水用作液压系统介质时存在许多问题。

① 腐蚀问题。海水具有较强的腐蚀性，海水的硬度、pH 值及其中的微生物都会对元器件产生不良影响。

② 磨损问题。由于海水是一种弱润滑剂，因此摩擦副中很难形成液体润滑，材料容易因磨损而受到破坏。

③ 气蚀问题。水的饱和蒸气压比油的高，从理论上讲，更容易产生气蚀，从而产生压力波动、振动和噪声等一系列问题。

④ 绝缘问题。海水是一种弱电解质，具有导电性，因此要求液压系统具有更好的绝缘性。

⑤ 密封问题。水的黏度只有矿物油的 1/50～1/40，在同等压力下，海水介质通过相同密封件的泄漏量是矿物油介质的 30 倍以上。

2.1.3 液压油的性质

1）密度

单位体积液体的质量称为液体的密度。通常用 ρ 表示，其单位为 kg/m^3。

$$\rho = \frac{m}{V} \tag{2.1}$$

式中　V——液体的体积，m^3；

m——液体的质量，kg。

密度是液体的一个重要物理参数，主要用密度表示液体的质量。常用液压油的密度约为 900kg/m^3，在实际使用中可认为密度不受温度和压力的影响。

2）可压缩性

液体的体积随压力的变化而变化的性质称为液体的可压缩性。其大小用体积压缩系数 k 表示。

$$k = -\frac{1}{\mathrm{d}p} \times \frac{\mathrm{d}V}{V} \tag{2.2}$$

即单位压力变化时，所引起体积的相对变化率称为液体的体积压缩系数。由于压力增大时液体的体积减小，即 $\mathrm{d}p$ 与 $\mathrm{d}V$ 的符号始终相反，因此为保证 k 为正值，在上式的右边加一负号。k 值越大液体的可压缩性越大，反之液体的可压缩性越小。

液体体积压缩系数的倒数称为液体的体积弹性模量，用 K 表示。

$$K = \frac{1}{k} = -\frac{V}{\mathrm{d}V}\mathrm{d}p \tag{2.3}$$

K 表示液体产生单位体积相对变化量所需要的压力增量，可用其说明液体抵抗压缩能力的大小。在常温下，纯净液压油的体积弹性模量 $K = (1.4 \sim 2.0) \times 10^3\,\mathrm{MPa}$，数值很大，故一般可以认为液压油是不可压缩的。若液压油中混入空气，其抵抗压缩能力会显著下降，并严重影响液压系统的工作性能。因此，在分析液压油的可压缩性时，必须综合考虑液压油本身的可压缩性、混在油中空气的可压缩性以及盛放液压油的封闭容器（包括管道）的容积变形等因素的影响，常用等效体积弹性模量表示，在工程计算中常取液压油的体积弹性模量 $K = 0.7 \times 10^3\,\mathrm{MPa}$。

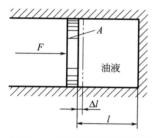

图 2.1　油液弹簧刚度计算

在变动压力下，海洋装备液压油的可压缩性作用极像一个弹簧，外力增大，体积减小；外力减小，体积增大。当作用在封闭容器内液体上的外力发生 ΔF 的变化时，如液体承压面积 A 不变，则液柱的长度必有 Δl 的变化（图 2.1）。在这里，体积变化为 $\Delta V = A\Delta l$，压力变化为 $\Delta p = \Delta F / A$，此时液体的体积弹性模量为：

$$K = -\frac{V\Delta F}{A^2\Delta l}$$

液压弹簧刚度 k_h 为：

$$k_\mathrm{h} = -\frac{\Delta F}{\Delta l} = \frac{A^2}{V}K \tag{2.4}$$

海洋装备液压油的可压缩性对液压传动系统的动态性能影响较大，但当海洋装备液压传动系统在静态（稳态）下工作时，一般可以不予考虑。

3）黏性

（1）黏性的定义

液体在外力作用下流动（或具有流动趋势）时，分子间的内聚力要阻止分子间的相对运动而产生一种内摩擦力，这种现象称为液体的黏性。黏性是液体固有的属性，只有在流动时才能表现出来。

液体流动时，由于液体和固体壁面间的附着力以及液体本身的黏性会使液体各层间的速度大小不等。如图 2.2 所示，在两块平行平板间充满液体，其中一块板固定，另一块板以速度 u_0 运动。结果发现两平板间各层液体速度按线性规律变化。最下层液体的速度为零，最上层液体的速度为 u_0。实验表明，液体流动时相邻液层间的内摩擦力 F_f 与液层接触面积 A 成正比，与液层间的速度梯度 $\mathrm{d}u/\mathrm{d}y$ 成正比，并且与液体的性质有关，即

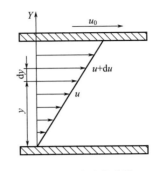

图 2.2　液体的黏性

$$F_f = \mu A \frac{\mathrm{d}u}{\mathrm{d}y} \qquad (2.5)$$

式中　μ——动力黏度，由液体性质决定的系数，Pa·s；

　　　A——接触面积，m^2；

　$\mathrm{d}u/\mathrm{d}y$——速度梯度，s^{-1}。

其应力形式为：

$$\tau = \mu \frac{\mathrm{d}u}{\mathrm{d}y} \qquad (2.6)$$

式中　τ——摩擦应力或切应力。

这就是著名的牛顿内摩擦定律。

（2）黏度

液体黏性的大小用黏度表示。常用的表示方法有三种，即动力黏度、运动黏度和相对黏度。

① 动力黏度（或绝对黏度）μ　动力黏度就是牛顿内摩擦定律中的 μ，由式（2.5）可得：

$$\mu = \frac{F_f}{A \dfrac{\mathrm{d}u}{\mathrm{d}y}} \qquad (2.7)$$

式（2.7）表示了动力黏度的物理意义，即液体在单位速度梯度下流动或有流动趋势时，相接触的液层间单位面积上产生的内摩擦力。在国际单位制中的单位为 Pa·s（N·s/m^2），工程上用的单位是 P（泊）或 cP（厘泊），1Pa·s＝10P＝10^3cP。

② 运动黏度 ν　液体的动力黏度 μ 与其密度 ρ 的比值称为液体的运动黏度：

$$\nu = \frac{\mu}{\rho} \tag{2.8}$$

液体的运动黏度没有明确的物理意义，但在工程实际中经常用到。因为它的单位只有长度和时间的量纲，所以被称为运动黏度。在国际单位制中的单位为 m^2/s，工程上用的单位是 cm^2/s（斯托克斯 St）或 mm^2/s（厘斯 cSt），$1m^2/s = 10^4 St = 10^6 cSt$。

液压油的牌号，常由它在某一温度下的运动黏度的平均值来表示。我国把 40℃ 时运动黏度以厘斯（cSt）为单位的平均值作为液压油的牌号。例如 46 号液压油，就是在 40℃ 时运动黏度的平均值为 46cSt。

③ 相对黏度　动力黏度与运动黏度都很难直接测量，所以在工程上常用相对黏度。所谓相对黏度就是采用特定的黏度计在规定的条件下测量出来的黏度。由于测量的条件不同，各国采用的相对黏度也不同，我国、俄罗斯、德国用恩氏黏度，美国用赛氏黏度，英国用雷氏黏度。

恩式黏度用恩式黏度计测定，即将 200mL、温度为 t（℃）的被测液体装入黏度计的容器内，由其下部直径为 2.8mm 的小孔流出，测出流尽所需的时间 t_1（s），再测出 200mL、20℃ 蒸馏水在同一黏度计中流尽所需的时间 t_2（s），这两个时间的比值就称为被测液体的恩式黏度：

$$°E = \frac{t_1}{t_2} \tag{2.9}$$

恩氏黏度与运动黏度的关系为：

$$\nu = (7.31°E - \frac{6.31}{°E}) \times 10^{-6} (m^2/s) \tag{2.10}$$

（3）黏度与压力的关系

液体所受的压力增大时，其分子间的距离将减小，内摩擦力增大，黏度也随之增大。对于一般的液压系统，当压力在 20MPa 以下时，压力对黏度的影响不大，可以忽略不计；当压力较高或压力变化较大时，黏度的变化则不容忽略。

$$\nu_p = \nu_0 (1 + 0.003p) \tag{2.11}$$

式中　ν_p——油液在压力 p 时的运动黏度；

　　　ν_0——油液在（相对）压力为零时的运动黏度。

（4）黏度与温度的关系

油液的黏度对温度的变化极为敏感，温度升高，油的黏度显著降低。油的黏度随温度变化的性质称为黏温特性。不同种类的液压油有不同的黏温特性，黏温特性较好的液压油，其黏度随温度的变化较小，因而油温变化对液压系统性能的影响较小。液压油的黏度与温度的关系可用式(2.12)表示：

$$\mu_t = \mu_0 e^{-\lambda(t-t_0)} \tag{2.12}$$

式中 μ_t ——温度为 t 时的动力黏度；

  μ_0 ——温度为 t_0 的动力黏度；

  λ ——油液的黏温系数。

油液的黏温特性可用黏度指数 VI 来表示，VI 值越大，表示油液黏度随温度的变化越小，即黏温特性越好。一般液压油要求 VI 值在 90 以上，精制的液压油及有添加剂的液压油，其值可大于 100。

4）其他性质

其他性质包括稳定性（抗热、水解、氧化、剪切性）、抗泡沫性、抗乳化性、防锈性、润滑性和相容性等。这些性能对液压油的选择和应用有重要影响[2]。

2.1.4　对海洋装备液压油的要求

不同的液压传动系统、不同的使用情况对液压油的要求有很大的不同。为了更好地传递动力，同时适应海洋恶劣的环境，海洋装备液压系统使用的海洋装备液压油应具备如下性能。

① 合适的黏度，较好的黏温特性；

② 润滑性能好；

③ 质地纯净，杂质少；

④ 具有良好的相容性；

⑤ 具有良好的稳定性（抗热、水解、氧化、剪切性）；

⑥ 具有良好的抗泡沫性、抗乳化性、防锈性，腐蚀性小；

⑦ 体胀系数低，比热容大；

⑧ 流动点和凝固点低，闪点和燃点高；

⑨ 对人体无害，成本低；

⑩ 对海洋生物环境没有污染以及废液再生处理问题。

2.1.5　海洋装备液压油的选择

正确合理地选择海洋装备液压油，对保证海洋装备液压系统正常工作、延长海洋装备液压系统和海洋装备液压元件的使用寿命、提高海洋装备液压系统的工作可靠性等都有重要影响。在海洋环境下，许多海洋设备的工作周期非常长，且工作期间无法进行维护和修理，因此正确地选择液压油在海洋液压装备中显得尤为重要。

海洋装备液压油的选用，首先应根据液压系统的工作环境和工作条件选择合适的液压油类型，然后再选择液压油的牌号。

对液压油牌号的选择，主要是对油液黏度等级的选择，这是因为黏度对液压系统的稳定性、可靠性、效率、温升以及磨损都有很大的影响。在选择黏度时应注意以下几方面情况。

（1）海洋装备液压系统的工作压力

工作压力较高的液压系统宜选用黏度较大的液压油，以便于密封，减少泄漏；反之，可选用黏度较小的液压油。

（2）环境温度

环境温度较高时宜选用黏度较大的液压油，主要目的是减少泄漏，因为环境温度高会使液压油的黏度下降；反之，选用黏度较小的液压油。

（3）运动速度

当工作部件的运动速度较高时，为减少液流的摩擦损失，宜选用黏度较小的液压油；反之，为了减少泄漏，应选用黏度较大的液压油。

在海洋装备液压系统中，液压泵对液压油的要求最严格，因为泵内零件的运动速度最高，承受的压力最大，且承压时间长、温升大，所以，常根据液压泵的类型及其要求来选择液压油的黏度。各类液压泵适用的黏度范围如表 2.1 所示。

表 2.1　各类液压泵适用黏度范围　　　　　单位：mm^2/s

液压泵类型	黏度	40℃黏度	50℃黏度	40℃黏度	50℃黏度
环境温度/℃		5～40		40～80	
齿轮泵		30～70	17～40	54～110	58～98
叶片泵	$p < 7MPa$	30～50	17～29	43～77	25～44
	$p \geqslant 7MPa$	54～70	31～40	65～95	35～55
柱塞泵	轴向式	43～77	25～44	70～172	40～98
	径向式	30～128	17～62	65～270	37～154

2.1.6　海洋装备液压油的污染与防治

海洋装备液压油的污染，常常是系统发生故障的主要原因。因此，海洋装备液压油的正确使用、管理和防污是保证液压系统正常可靠工作的重要方面，必须给予重视。

1）液压油的污染

所谓污染就是油中含有水分、空气、微小固体物、橡胶黏状物等。

（1）污染的危害

① 堵塞过滤器，使泵吸油困难，产生噪声。

② 堵塞元件的微小孔道和缝隙，使元件动作失灵；加速零件的磨损，使元件不能正常工作；擦伤密封件，增加泄漏量。

③ 水分和空气的混入使液压油的润滑能力降低并使它加速氧化变质；产生气蚀，使液压元件加速腐蚀；使液压系统出现振动、爬行等现象。

（2）污染的原因

① 潜在污染：制造、储存、运输、安装、维修过程中的残留物。

② 侵入污染：空气、海水的侵入。

③ 再生污染：工作过程中发生反应后的生成物。

2）污染的防治（措施）

液压油污染的原因很复杂，而且不可避免。为了延长液压元件的寿命，保证液压系统可靠地工作，必须采取一些措施。

① 使液压油在使用前保持清洁。

② 使液压系统在装配后、运转前对设备进行串油等处理，并保持油路清洁。

③ 使液压油在工作中保持清洁。

④ 采用合适的过滤器。

⑤ 定期更换液压油。

⑥ 控制液压油的工作温度。

2.2 液体静力学

静力学的任务就是研究平衡液体内部的压力分布规律，确定静压力对固体表面的作用力以及上述规律在工程上的应用。

所谓平衡是指液体质点之间的相对位置不变，而整个液体可以是相对静止的，如做等速直线运动、等加速直线运动或者等角速转动等。由于液体质点间无相对运动，因此没有内摩擦力，即液体的黏性不被表现。所以静力学的一切结论对于理想流体和实际流体都是适用的[3]。

2.2.1 静压力及其特性

（1）静压力的定义

为了使液体平衡，必须作用以平衡的外力系。这时外力的作用并不改变液体质点的空间位置，而只改变液体内部的压力分布。由于外力的作用而在平衡液体内部产生的压力，称为流体的静压力。静压力是一种表面力，用单位面积上的力来度量，亦称为静压强，通常用 p 来表示。

当液体面积 ΔA 上作用有法向力 ΔF 时，液体某点处的压力即为：

$$p = \lim_{\Delta A \to 0} \frac{\Delta F}{\Delta A} \qquad (2.13)$$

静压力是作用点的空间位置的连续函数，即 $p = p(x, y, z)$。

（2）静压力特性

① 静压力的方向永远是指向作用面的内法线方向，即只能是压力。

② 作用在任一点上静压力的大小只决定于作用点在空间的位置和液体的种类，而与作用面的方向无关。

由上述性质可知，静止液体总是处于受压状态，并且其内部的任何质点都是受平衡压力作用的。

2.2.2　重力作用下静止液体中的压力分布（静力学基本方程）

如图 2.3(a) 所示，密度为 ρ 的液体，外加压力为 p_0，在容器内处于静止状态。为求任意深度 h 处的压力 p，可以假想从液面往下选取一个垂直液柱作为研究对象。设液柱的底面积为 ΔA，高为 h，如图 2.3(b) 所示。由于液柱处于平衡状态，于是有：

$$p \Delta A = p_0 \Delta A + \rho g h \Delta A$$

由此得：

$$p = p_0 + \rho g h \qquad (2.14)$$

式（2.14）称为液体静力学基本方程式。由式（2.14）可知，重力作用下的静止液体，其压力分布有如下特点：

① 静止液体内任一点处的压力由两部分组成：一部分是液面上的压力 p_0，另一部分是液柱自重产生的压力 $\rho g h$。当液面上只受大气压力 p_a 作用时，液体内任一点处的压力为 $p = p_a + \rho g h$。

② 静止液体内的压力随液体深度按线性规律分布。

③ 离液面深度相同处各点的压力都相等（压力相等各点组成的面称为等压面。在重力作用下静止液体中的等压面是一个水平面）。

例 2.1　如图 2.4 所示，一种海水液压系统的容器内盛有海水。已知海水的密度 $\rho = 1025 \mathrm{kg/m^3}$，活塞上的作用力 $F = 1000 \mathrm{N}$，活塞的面积 $A = 1 \times 10^{-3} \mathrm{m^2}$，假设活塞的重量忽略不计。问活塞下方深度为 $h = 0.5 \mathrm{m}$ 处的压力等于多少？

解　活塞与液体接触面上的压力为：

$$p_0 = \frac{F}{A} = \frac{1000}{1 \times 10^{-3}} \mathrm{N/m^2} = 10^6 \mathrm{N/m^2}$$

根据式(2.14)，深度为 h 处的海水压力为：

$$p = p_0 + \rho g h = (10^6 + 1025 \times 9.8 \times 0.5) \text{N/m}^2 = 1.0050225 \times 10^6 \text{N/m}^2 \approx 10^6 \text{Pa}$$

从本例可以看出，海水在受外界压力作用的情况下，由海水自重所形成的那部分压力 $\rho g h$ 相对很小，在液压传动系统中可以忽略不计，因而可以近似地认为液体内部各处的压力是相等的。以后我们在分析海洋装备液压传动系统的压力时，一般都采用此结论。

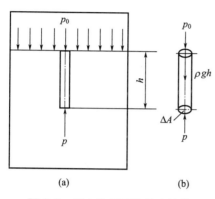 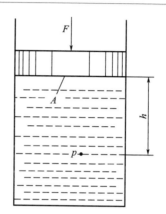

图2.3　重力作用下的静止液体　　　　图2.4　例2.1图

2.2.3　压力的表示方法和单位

1）压力的表示方法

压力有两种表示方法，即绝对压力和相对压力。以绝对真空为基准来进行度量的压力叫作绝对压力；以大气压为基准来进行度量的压力叫作相对压力。大多数测压仪表都受大气压的作用，所以，仪表指示的压力都是相对压力，故相对压力又称为表压。在液压与气压传动中，如不特别说明，所提到的压力均指相对压力。如果液体中某点处的绝对压力小于大气压力，则比大气压小的那部分数值称为这点的真空度。

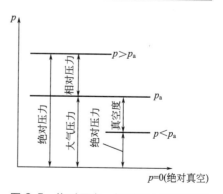

图2.5　绝对压力、相对压力和真空度

由图2.5可知，以大气压为基准计算压力时，基准以上的正值是表压力；基准以下的负值就是真空度。

2）压力的单位

在工程实践中用来衡量压力的单位很多，最常用的有三种：

（1）用单位面积上的力来表示

国际单位制中的单位为：$Pa(N/m^2)$、MPa。

$$1MPa = 10^6 Pa$$

（2）用（实际压力相当于）大气压的倍数来表示

在液压传动中使用的是工程大气压，记做 at。

$$1at = 1kgf/cm^2 = 1bar（巴）$$

（3）用液柱高度来表示

由于液体内某一点处的压力与它所在位置的深度成正比，因此亦可用液柱高度来表示其压力大小，单位为 m 或 cm。

这三种单位之间的关系是：

$$1at = 9.8 \times 10^4 Pa = 10mH_2O = 760mmHg$$

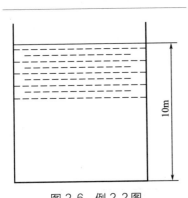

图 2.6　例 2.2 图

例 2.2　图 2.6 所示的容器内充入 10m 高的海水。试求容器底部的相对压力（海水的密度 $\rho = 1025kg/m^3$）。

解　容器底部的压力为 $p = p_0 + \rho g h$，其相对压力为 $p_r = p - p_a$，而这里 $p_0 = p_a$，故有：

$$p_r = \rho g h = (1025 \times 9.81 \times 10)Pa$$
$$= 100552.5Pa$$

例 2.3　海水中某点的绝对压力为 $0.7 \times 10^5 Pa$，试求该点的真空度（大气压取为 $1 \times 10^5 Pa$）。

解　该点的真空度为：

$$p_v = p_a - p = (1 \times 10^5 - 0.7 \times 10^5)Pa = 0.3 \times 10^5 Pa$$

该点的相对压力为：

$$p_r = p - p_a = (0.7 \times 10^5 - 1 \times 10^5)Pa = -0.3 \times 10^5 Pa$$

即真空度就是负的相对压力。

2.2.4　静止液体中压力的传递（帕斯卡原理）

设静止液体的部分边界面上的压力发生变化，而液体仍保持其原来的静止状态不变，则由 $p=p_0+\rho gh$ 可知，如果 p_0 增加 Δp 值，则液体中任一点的压力均将增加同一数值 Δp。这就是静止液体中压力传递原理（著名的帕斯卡原理），亦即：施加于静止液体部分边界上的压力将等值传递到整个液体内。

如图 2.4 所示，活塞上的作用力 F 是外加负载，A 为活塞横截面面积，根据帕斯卡原理，容器内液体的压力 p 与负载 F 之间总是保持着正比关系：

$$p=\frac{F}{A}$$

可见，液体内的压力是由外界负载作用所形成的，即系统的压力大小取决于负载，这是液压传动中的一个非常重要的基本概念。

例 2.4　图 2.7 所示为相互连通的两个液压缸，已知大缸内径 $D=0.1m$，小缸内径 $d=0.02m$，大活塞上放置物体的质量为 5000kg，问在小活塞上所加的力 F 为多大时，才能将重物顶起？

解　根据帕斯卡原理，由外力产生的压力在两缸中相等，即

$$\frac{F}{\frac{\pi}{4}d^2}=\frac{G}{\frac{\pi}{4}D^2}$$

G 为物体的重力：$G=mg$

故为了顶起重物，应在小活塞上加的力为：

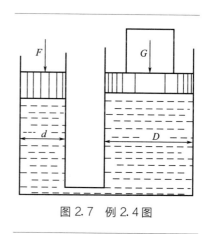

图 2.7　例 2.4 图

$$F=\frac{d^2}{D^2}G=\frac{d^2}{D^2}mg=\left(\frac{0.02^2}{0.1^2}\times5000\times9.8\right)N=1960N$$

本例说明了液压千斤顶等液压起重机械的工作原理，体现了液压装置对力的放大作用。

2.2.5　液体静压力作用在固体壁面上的力

在液压传动中，由于不考虑由液体自重产生的那部分压力，液体中各点的静压力可看作是均匀分布的。液体和固体壁面相接触时，固体壁面将受到总液压力的作用。当固体壁面为一平面时，静止液体对该平面的总作用力 F 等于液体压力 p 与该平面面积 A 的乘积，其方向与该平面垂直，即

$$F=pA \qquad (2.15)$$

当固体壁面为曲面时，曲面上各点所受的静压力的方向是变化的，但大小相等。如图 2.8 所示液压缸缸筒，为求压力油对右半部缸筒内壁在 X 方向上的作

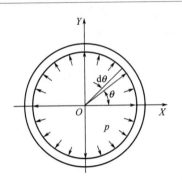

图 2.8　液体作用在缸体内壁面上的力

用力，可在内壁面上取一微小面积 $dA = l\,ds = lr\,d\theta$（这里 l 和 r 分别为缸筒的长度和半径），则压力油作用在这块面积上的力 dF 的水平分量 dF_x 为：

$$dF_x = dF\cos\theta = plr\cos\theta\,d\theta$$

由此得压力油对缸筒内壁在 X 方向上的作用力为：

$$F_x = \int_{-\frac{\pi}{2}}^{\frac{\pi}{2}} dF_x = \int_{-\frac{\pi}{2}}^{\frac{\pi}{2}} plr\cos\theta\,d\theta = 2plr = pA_x$$

式中，A_x 为缸筒右半部内壁在 X 方向的投影面积，$A_x = 2rl$。

由此可知，曲面在某一方向上所受的液压力，等于曲面在该方向的投影面积和液体压力的乘积，即

$$F_x = pA_x \tag{2.16}$$

2.3　液体动力学

本节主要讨论液体流动时的运动规律、能量转换和流动液体对固体壁面的作用力等问题，具体要介绍液体流动时的三大基本方程，即连续性方程、伯努利方程（能量方程）和动量方程。这三大方程对解决液压技术中有关液体流动的各种问题极为重要。

2.3.1　基本概念

1）流场

从数学上我们知道，如果某一空间中的任一点都有一个确定的量与之对应，则这个空间就叫作"场"。现在假定在我们所研究的空间内充满运动着的流体，那么每一个空间点上都有流体质点的运动速度、加速度等运动要素与之对应。这样一个被运动流体所充满的空间就叫作"流场"。

2）运动要素、定常流动和非定常流动（恒定流动和非恒定流动）、一维流动、二维流动、三维流动

（1）运动要素

运动要素是用来描写流体运动状态的各个物理量，如速度 u、加速度 a、位

移 s、压力 p 等。

流场中运动要素是空间点在流场中的位置和时间的函数，即 $u(x,y,z,t)$、$a(x,y,z,t)$、$s(x,y,z,t)$、$p(x,y,z,t)$ 等。

（2）定常流动和非定常流动（恒定流动和非恒定流动）

如果在一个流场中，各点的运动要素均与时间无关，即

$$\frac{\partial u}{\partial t} = \frac{\partial a}{\partial t} = \frac{\partial s}{\partial t} = \frac{\partial p}{\partial t} = \cdots = 0$$

这时的流动称为定常流动（恒定流动），否则称为非定常流动（非恒定流动）。

（3）一维流动、二维流动、三维流动

一维流动：流场中各运动要素均随一个坐标和时间变化。

二维流动：流场中各运动要素均随两个坐标和时间变化。

三维流动：流场中各运动要素均随三个坐标和时间变化。

3）迹线和流线

（1）迹线

迹线是指流体质点的运动轨迹。

（2）流线

流线是用来表示某一瞬时一群流体质点的流速方向的曲线。即流线是一条空间曲线，其上各点处的瞬时流速方向与该点的切线方向重合，如图 2.9 所示。根据流线的定义，可以看出流线具有以下性质。

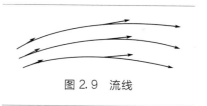

图 2.9 流线

① 除速度等于零点外，过流场内的一点不能同时有两条不相重合的流线。即在零点以外，两条流线不能相交。

② 对于定常流动，流线和迹线是一致的。

③ 流线只能是一条光滑的曲线，而不能是折线。

4）流管和流束

（1）流管

在流场中经过一封闭曲线上各点作流线所组成的管状曲面称为流管。由流线的性质可知：流体不能穿过流管表面，而只能在流管内部或外部流动，如图 2.10 所示。

（2）流束

过空间一封闭曲线围成曲面上各点作流线所组成的流线束称为流束，如图 2.11 所示。

图 2.10 流管（空心）　　　图 2.11 流束（实心）

5）过流断面、流量和平均流速

（1）过流断面

过流断面是流束的一个横断面，在这个断面上所有各点的流线均在此点与这个断面正交，即过流断面就是流束的垂直横断面。过流断面可能是平面，也可能是曲面，如图 2.12 所示，A 和 B 均为过流断面。

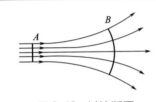

图 2.12 过流断面

（2）流量

单位时间内流过过流断面的流体体积和质量称为体积流量和质量流量。在流体力学中，一般把体积流量简称为流量（图 2.13）。流量在国际单位制中的单位为 $\mathrm{m^3/s}$，在工程上的单位为 $\mathrm{L/min}$。

$$q = \frac{V}{t} = \int_A u\,\mathrm{d}A \qquad (2.17)$$

（3）平均流速

流量 q 与过流断面面积 A 的比值，叫作这个过流断面上的平均流速（图 2.13），即

$$v = \frac{q}{A} = \frac{\int_A u\,\mathrm{d}A}{A} \qquad (2.18)$$

用平均流速代替实际流速，只在计算流量时是合理而精确的，在计算其他物理量时就可能产生误差。

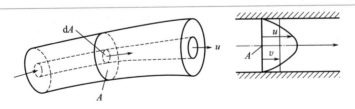

图 2.13 流量和平均流速

6）流动液体的压力

静止液体内任意点处的压力在各个方向上都是相等的，可是在流动液体内，由于惯性力和黏性力的影响，任意点处在各个方向上的压力并不相等，但在数值上相差甚微。当惯性力很小且把液体当作理想液体时，流动液体内任意点处的压力在各个方向上的数值仍可以看作是相等的。

2.3.2 连续性方程

根据质量守恒定律和连续性假定，来建立运动要素之间的运动学联系。

设在流动的液体中取一控制体积 V，如图 2.14 所示，其密度为 ρ，则其内部的质量 $m = \rho V$。单位时间内流入、流出的质量流量分别为 q_{m1}、

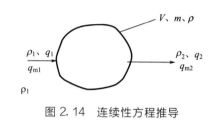

图 2.14　连续性方程推导

q_{m2}。根据质量守恒定律，经 $\mathrm{d}t$ 时间，流入、流出控制体积的净质量应等于控制体积内质量的变化，即

$$(q_{m1} - q_{m2})\mathrm{d}t = \mathrm{d}m$$

$$q_{m1} - q_{m2} = \frac{\mathrm{d}m}{\mathrm{d}t}$$

而

$$q_{m1} = \rho_1 q_1 ; q_{m2} = \rho_2 q_2 ; m = \rho V$$

故

$$\rho_1 q_1 - \rho_2 q_2 = \frac{\mathrm{d}(\rho V)}{\mathrm{d}t} = V \frac{\mathrm{d}\rho}{\mathrm{d}t} + \rho \frac{\mathrm{d}V}{\mathrm{d}t} \tag{2.19}$$

这就是液体流动时的连续性方程。其中 $V \dfrac{\mathrm{d}\rho}{\mathrm{d}t}$ 是控制体积中液体因压力变化引起密度变化而增补的质量；$\rho \dfrac{\mathrm{d}V}{\mathrm{d}t}$ 是因控制体积的变化而增补的液体质量。

在液压传动中经常遇到的是一维流动的情况，下面我们就来研究一下一维定常流动时的连续性方程。

如图 2.15 所示，液体在不等截面的管道内流动，取截面 1 和 2 之间的管道部分为控制体积。设截面 1 和 2 的面积分别为 A_1 和 A_2，平均流速分别为 v_1 和 v_2。在这里，控制体积不随时间而变，即 $\dfrac{\mathrm{d}V}{\mathrm{d}t} = 0$；定常流动时 $\dfrac{\mathrm{d}\rho}{\mathrm{d}t} = 0$。于是有：

$$\rho_1 q_1 - \rho_2 q_2 = 0$$

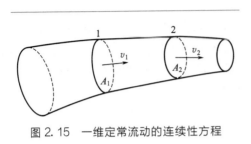

图 2.15　一维定常流动的连续性方程

即

$$\rho_1 A_1 v_1 = \rho_2 A_2 v_2 \qquad (2.20)$$

亦即　　$\rho A v = \mathrm{const}$（常数）

对于不可压缩性流体 $\rho = \mathrm{const}$，则有：

$$A_1 v_1 = A_2 v_2 \qquad (2.21)$$

即　$q = A v = \mathrm{const}$（常数）

这就是液体一维定常流动时的连续性方程。它说明流过各截面的不可压缩性流体的流量是相等的，而液流的流速和管道流通截面的大小成反比。

2.3.3　伯努利方程

伯努利方程表明了液体流动时的能量关系，是能量守恒定律在流动液体中的具体体现。

要说明流动液体的能量问题，必须先说明液流的受力平衡方程，亦即它的运动微分方程。由于问题比较复杂，我们先进行几点假定：

① 流体沿微小流束流动。所谓微小流束是指流束的过流面面积非常小，我们可以把这个流束看成一条流线。这时流体的运动速度和压力只沿流束改变，在过流断面上可认为是一个常值。

② 流体是理想不可压缩的。

③ 流动是定常的。

④ 作用在流体上的质量力是有势的（所谓有势就是存在力势函数 W，使得 $\dfrac{\partial W}{\partial x} = X$；$\dfrac{\partial W}{\partial y} = Y$；$\dfrac{\partial W}{\partial z} = Z$ 存在，而我们所研究的是质量力只有重力的情况）。

1）理想流体的运动微分方程

某一瞬时 t，在流场的微小流束中取出一段流通面积为 $\mathrm{d}A$、长度为 $\mathrm{d}s$ 的微元体积 $\mathrm{d}V$，$\mathrm{d}V = \mathrm{d}A\,\mathrm{d}s$。流体沿微小流束的流动可以看作是一维流动，其上各点的流速和压力只随 s 和 t 变化，即 $u = u(s,t)$，$p = p(s,t)$。对理想流体来说，作用在微元体上的外力有以下两种。

（1）压力在两端截面上所产生的作用力（截面 1 上的压力为 p，则截面 2 上的压力为 $p + \dfrac{\partial p}{\partial s}\mathrm{d}s$）

$$p\,\mathrm{d}A - \left(p + \frac{\partial p}{\partial s}\mathrm{d}s\right)\mathrm{d}A = -\frac{\partial p}{\partial s}\mathrm{d}s\,\mathrm{d}A$$

（2）质量力只有重力

$$mg = (\rho \, \mathrm{d}A \, \mathrm{d}s)g$$

根据牛顿第二定律有：

$$-\frac{\partial p}{\partial s}\mathrm{d}s\,\mathrm{d}A - mg\cos\theta = ma \tag{2.22}$$

其中：

$$\cos\theta = \mathrm{d}z / \mathrm{d}s = \frac{\partial z}{\partial s}$$

$$ma = \rho \, \mathrm{d}A \, \mathrm{d}s \, \frac{\mathrm{d}u}{\mathrm{d}t} = \rho \, \mathrm{d}A \, \mathrm{d}s \left(\frac{\partial u}{\partial s} \times \frac{\mathrm{d}s}{\mathrm{d}t} + \frac{\partial u}{\partial t} \right) = \rho \, \mathrm{d}A \, \mathrm{d}s \left(u \, \frac{\partial u}{\partial s} + \frac{\partial u}{\partial t} \right)$$

代入式（2.22）得：

$$-\frac{\partial p}{\partial s}\mathrm{d}s\,\mathrm{d}A - \rho g \, \mathrm{d}s \, \mathrm{d}A \, \frac{\partial z}{\partial s} = \rho \, \mathrm{d}s \, \mathrm{d}A \left(u \, \frac{\partial u}{\partial s} + \frac{\partial u}{\partial t} \right)$$

即

$$-g \, \frac{\partial z}{\partial s} - \frac{1}{\rho} \times \frac{\partial p}{\partial s} = u \, \frac{\partial u}{\partial s} + \frac{\partial u}{\partial t} \tag{2.23}$$

这就是理想流体在微小流束上的运动微分方程，也称为欧拉方程。

2）理想流体微小流束定常流动的伯努利方程

要在图 2.16 所示的微小流束上，寻找它各处的能量关系。将运动微分方程的两边同乘 $\mathrm{d}s$，并从流线 s 上的截面 1 积分到截面 2，即：

$$\int_1^2 \left(-g \, \frac{\partial z}{\partial s} - \frac{1}{\rho} \times \frac{\partial p}{\partial s} \right) \mathrm{d}s = \int_1^2 \left(u \, \frac{\partial u}{\partial s} + \frac{\partial u}{\partial t} \right) \mathrm{d}s - g \int_1^2 \frac{\partial z}{\partial s} \mathrm{d}s - \frac{1}{\rho} \int_1^2 \frac{\partial p}{\partial s} \mathrm{d}s$$

$$= \int_1^2 \frac{\partial}{\partial s} \left(\frac{u^2}{2} \right) \mathrm{d}s + \int_1^2 \frac{\partial u}{\partial t} \mathrm{d}s$$

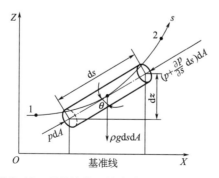

图 2.16　理想流体一维流动伯努利方程推导

$$-g(z_2 - z_1) - \frac{1}{\rho}(p_2 - p_1) = \left(\frac{u_2^2}{2} - \frac{u_1^2}{2}\right) + \int_1^2 \frac{\partial u}{\partial t} \mathrm{d}s$$

上式两边各除以 g，移项后整理得：

$$z_1 + \frac{p_1}{\rho g} + \frac{u_1^2}{2g} = z_2 + \frac{p_2}{\rho g} + \frac{u_2^2}{2g} + \frac{1}{g}\int_1^2 \frac{\partial u}{\partial t} \mathrm{d}s \tag{2.24}$$

对于定常流动来说：

$$\frac{\partial u}{\partial t} = 0$$

故式（2.24）变为：

$$z_1 + \frac{p_1}{\rho g} + \frac{u_1^2}{2g} = z_2 + \frac{p_2}{\rho g} + \frac{u_2^2}{2g} \tag{2.25}$$

即

$$z + \frac{p}{\rho g} + \frac{u^2}{2g} = \mathrm{const} \tag{2.26}$$

这就是理想流体在微小流束上定常流动时的伯努利方程。下面我们来看看这个方程的物理意义。

z 表示单位重量流体所具有的势能（比位能）。

$p/\rho g$ 表示单位重量流体所具有的压力能（比压能）。

$u^2/2g$ 表示单位重量流体所具有的动能（比动能）。

理想流体定常流动时，流束任意截面处的总能量均由位能、压力能和动能组成。三者之和为定值，这正是能量守恒定律的体现。

3）理想流体总流定常流动的伯努利方程

（1）对流动的进一步简化

总流的过流断面较大，p、v 等运动要素是在断面上位置的分布函数。为了克服这个困难，需对流动做进一步的简化。

① 缓变流动和急变流动　满足下面条件的流动称为缓变流动：在某一过流断面附近，流线之间夹角很小，即流线近乎平行；在同一过流断面上，所有流线的曲率半径都很大，即流线近乎是一些直线。

也就是说，如果流束的流线在某一过流断面附近是一组"近乎平行的直线"，则流动在这个过流断面上是缓变的。如果在各断面上均符合缓变的条件，则说明流体在整个流束上是缓变的。

不满足上述条件的流动称为急变流动。

在图 2.17 所示的流束中，1、2、3 断面处是缓变流动。液体在缓变过流断面上流动时，惯性力很小，满足 $z + \frac{p}{\rho g} = \mathrm{const}$，即符合静力学的压力分布规律。

② 动量和动能修正系数 由前面可知，用平均流速 v 写出的流量和用真实流速 u 写出的流量是相等的，但用平均流速写出其他与速度有关的物理量时，则与其实际的值不一定相同。为此我们引入一个修正系数来加以修正。

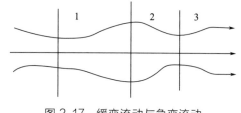

图 2.17 缓变流动与急变流动

例如用平均流速写出的动量是：

$$mv = (\rho A v \mathrm{d}t)v = \rho A v^2 \mathrm{d}t$$

而真实动量为：

$$\int_A \rho \mathrm{d}A u \mathrm{d}t u = \rho \mathrm{d}t \int_A u^2 \mathrm{d}A$$

因此动量修正系数 β 为：真实动量与用平均流速写出的动量的比值。即

$$\beta = \frac{\int_A u^2 \mathrm{d}A}{v^2 A} \tag{2.27}$$

同样动能修正系数 α 为：真实动能与用平均流速写出的动能的比值。即

$$\alpha = \frac{\int_A u^3 \mathrm{d}A}{v^3 A} \tag{2.28}$$

α 和 β 是由速度在过流断面上分布的不均性所引起的大于 1 的系数。其值通常是由实验来确定，而在一般情况下，常取为 1。

（2）理想流体总流定常流动的伯努利方程

液体沿图 2.18 所示流束作定常流动，并假定在 1、2 两断面上的流动是缓变的。设过流断面 1 的面积为 A_1，过流断面 2 的面积为 A_2。在总流中任取一个微小流束，过流面积分别为 $\mathrm{d}A_1$ 和 $\mathrm{d}A_2$；压力分别为 p_1 和 p_2；流速分别为 u_1 和 u_2；断面中心的几何高度分别为 z_1 和 z_2。对这个微小流束可列出伯努利方程和连续性方程：

$$z_1 + \frac{p_1}{\rho g} + \frac{u_1^2}{2g} = z_2 + \frac{p_2}{\rho g} + \frac{u_2^2}{2g}$$

$$u_1 \mathrm{d}A_1 = u_2 \mathrm{d}A_2$$

因此：

$$\left(z_1 + \frac{p_1}{\rho g} + \frac{u_1^2}{2g}\right)u_1 \mathrm{d}A_1 = \left(z_2 + \frac{p_2}{\rho g} + \frac{u_2^2}{2g}\right)u_2 \mathrm{d}A_2$$

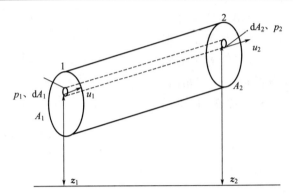

图 2.18　理想流体总流定常流动的伯努利方程推导

由于在 A_1 和 A_2 中 dA_1 和 dA_2 是一一对应的，因此上式两端分别在 A_1 和 A_2 上积分后，仍然相等，即

$$\int_{A_1}\left(z_1+\frac{p_1}{\rho g}+\frac{u_1^2}{2g}\right)u_1 dA_1 = \int_{A_2}\left(z_2+\frac{p_2}{\rho g}+\frac{u_2^2}{2g}\right)u_2 dA_2 \tag{2.29}$$

$$\int_{A_1}\left(z_1+\frac{p_1}{\rho g}\right)u_1 dA_1 + \int_{A_1}\frac{u_1^3}{2g}dA_1 = \int_{A_2}\left(z_2+\frac{p_2}{\rho g}\right)u_2 dA_2 + \int_{A_2}\frac{u_2^3}{2g}dA_2$$

因流动在 1、2 断面上是缓变的，故 $z+p/\rho g=\text{const}$。同时考虑到动能修正系数，并令 A_1 上的动能修正系数为 α_1，A_2 上的动能修正系数为 α_2，则有：

$$\left(z_1+\frac{p_1}{\rho g}\right)q+\frac{\alpha_1 v_1^3}{2g}A_1 = \left(z_2+\frac{p_2}{\rho g}\right)q+\frac{\alpha_2 v_2^3}{2g}A_2 \tag{2.30}$$

消去流量 q 得：

$$z_1+\frac{p_1}{\rho g}+\frac{\alpha_1 v_1^2}{2g} = z_2+\frac{p_2}{\rho g}+\frac{\alpha_2 v_2^2}{2g} \tag{2.31}$$

此即为理想流体总流定常流动的伯努利方程。

4）实际流体的伯努利方程

实际流体的伯努利方程变为：

$$z_1+\frac{p_1}{\rho g}+\frac{\alpha_1 v_1^2}{2g} = z_2+\frac{p_2}{\rho g}+\frac{\alpha_2 v_2^2}{2g}+h_\omega \tag{2.32}$$

其适用条件与理想流体的伯努利方程相同，不同的是多了一项 h_ω，它表示两断面间的单位能量损失。h_ω 为长度量纲，单位是 m。

如果在上式两端同乘 ρg，则方程变为：

$$\rho g z_1+p_1+\frac{1}{2}\alpha\rho v_1^2 = \rho g z_2+p_2+\frac{1}{2}\alpha\rho v_2^2+\rho g h_\omega \tag{2.33}$$

式中，$\rho g h_\omega = \Delta p$ 表示两断面间的压力损失。

在液压系统中，油管的高度 z 一般不超过 10m，管内油液的平均流速也较低，除局部油路外，一般不超过 7m/s。因此油液的位能和动能相对于压力能来说微不足道。例如设一个液压系统的工作压力为 $p=5\text{MPa}$，油管高度 $z=10\text{m}$，管内油液的平均流速 $v=7\text{m/s}$，则压力能 $p=5\text{MPa}$；动能 $p_v = (1/2)\rho v^2 = 0.022\text{MPa}$；位能 $p_z = \rho g z = 0.09\text{MPa}$。可见，在液压系统中，压力能要比动能和位能之和大得多。所以在液压传动中，动能和位能忽略不计，主要依靠压力能来做功，这就是"液压传动"这个名称的来由。据此，伯努利方程在液压传动中的应用形式就是 $p_1 = p_2 + \Delta p$ 或 $p_1 - p_2 = \Delta p$。

由此可见，液压系统中的能量损失表现为压力损失或压力降 Δp。

5）伯努利方程的应用

（1）应用条件

① 流体流动必须是定常的。

② 所取的有效断面必须符合缓变流动条件。

③ 流体流动沿程流量不变。

④ 适用于不可压缩性流体的流动。

⑤ 在所讨论的两有效断面间必须没有能量的输入或输出。

（2）应用实例

例 2.5 计算图 2.19 所示的液压泵吸油口处的真空度。

解 对油箱液面 1—1 和泵吸油口截面 2—2 列伯努利方程，则有：

$$p_1 + \rho g z_1 + \frac{1}{2}\rho \alpha_1 v_1^2 =$$

$$p_2 + \rho g z_2 + \frac{1}{2}\rho \alpha_2 v_2^2 + \Delta p_\omega$$

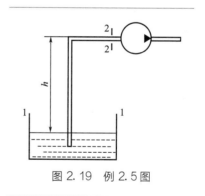

图 2.19 例 2.5 图

如图 2.19 所示油箱液面与大气接触，故 p_1 为大气压力，即 $p_1 = p_a$；v_1 为油箱液面下降速度，v_2 为泵吸油口处液体的流速，它等于液体在吸油管内的流速，由于 $v_1 \ll v_2$，故 v_1 可近似为零；$z_1 = 0$，$z_2 = h$；Δp_ω 为吸油管路的能量损失。因此，上式可简化为：

$$p_a = p_2 + \rho g h + \frac{1}{2}\rho \alpha_2 v_2^2 + \Delta p_\omega$$

所以泵吸油口处的真空度为：

$$p_a - p_2 = \rho gh + \frac{1}{2}\rho \alpha_2 v_2^2 + \Delta p_\omega$$

由此可见，液压泵吸油口处的真空度由三部分组成：把油液提升到高度 h 所需的压力，将静止液体加速到 v_2 所需的压力，吸油管路的压力损失。

2.3.4 动量方程

由理论力学知道，任意质点系运动时，其动量对时间的变化率等于作用在该质点系上全部外力的合力。我们用矢量 $\vec{I}$ 表示质点系的动量，而用 $\sum \vec{F}_i$ 表示外力的合力，则有：

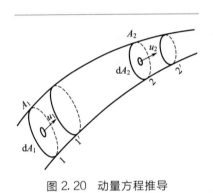

图 2.20 动量方程推导

$$\frac{\mathrm{d}\vec{I}}{\mathrm{d}t} = \sum \vec{F}_i \qquad (2.34)$$

现在我们考虑理想流体沿流束的定常流动。如图 2.20 所示，设流束段 1-2 经 $\mathrm{d}t$ 时间运动到 $1'$-$2'$，由于流动是定常的，因此流束段 $1'$-2 在 $\mathrm{d}t$ 时间内在空间的位置、形状等运动要素都没有改变。故经 $\mathrm{d}t$ 时间，流束段 1-2 的动量改变为：

$$\mathrm{d}\vec{I} = \vec{I}_{1'2'} - \vec{I}_{12} = \vec{I}_{22'} - \vec{I}_{11'} \qquad (2.35)$$

而

$$\vec{I}_{22'} = \int_{A_2} \rho u_2 \,\mathrm{d}t\,\mathrm{d}A_2\, \vec{u}_2 = \rho\,\mathrm{d}t \int_{A_2} u_2^2 \,\mathrm{d}A_2 = \rho\,\mathrm{d}t\,\beta_2 v_2^2 A_2 = \rho q\,\mathrm{d}t\,\beta_2 \vec{v}_2$$

同理：

$$\vec{I}_{11'} = \rho q\,\mathrm{d}t\,\beta_1 \vec{v}_1$$

故

$$\mathrm{d}\vec{I} = \rho q\,\mathrm{d}t\,(\beta_2 \vec{v}_2 - \beta_1 \vec{v}_1)$$

式中，β_1 和 β_2 为断面 1 和 2 上的动量修正系数。

于是得到：

$$\frac{\mathrm{d}\vec{I}}{\mathrm{d}t} = \rho q(\beta_2 \vec{v}_2 - \beta_1 \vec{v}_1) = \sum \vec{F} \qquad (2.36)$$

式中，$\sum \vec{F}$ 是作用在该流束段上所有质量力和所有表面力之和。

式(2.36)即为理想流体定常流动的动量方程。此式为矢量形式，在使用时应将其化成标量形式（投影形式）：

$$\rho q\,(\beta_2 v_{2x} - \beta_1 v_{1x}) = \sum F_x \tag{2.37}$$

$$\rho q\,(\beta_2 v_{2y} - \beta_1 v_{1y}) = \sum F_y \tag{2.38}$$

$$\rho q\,(\beta_2 v_{2z} - \beta_1 v_{1z}) = \sum F_z \tag{2.39}$$

注：由 1 断面指向 2 断面的力取为 "＋"，由 2 断面指向 1 断面的力取为 "－"。

例 2.6　求图 2.21 中滑阀阀芯所受的轴向稳态液动力。

解　取阀进出口之间的液体为研究体积，阀芯对液体的作用力为 F_x，方向向左，则根据动量方程得：

$$F_x = \rho q\,[\beta_2 v_2(-\cos\theta) - \beta_1 v_1 \cos 90°]$$

取 $\beta_2 = 1$，得：

$$F_x = -\rho q v_2 \cos\theta$$

而阀芯所受的轴向稳态液动力为：

$$F_x' = -F_x = \rho q v_2 \cos\theta$$

方向向右。即这时液流有一个试图使阀口关闭的力。

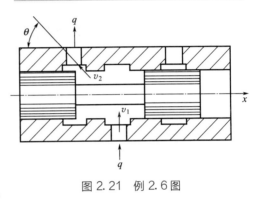

图 2.21　例 2.6 图

例 2.7　如图 2.22 所示，已知喷嘴挡板式伺服阀中工作介质为海水，其密度 $\rho = 1000\,\mathrm{kg/m^3}$，若中间室直径 $d_1 = 3 \times 10^{-3}\,\mathrm{m}$，喷嘴直径 $d_2 = 5 \times 10^{-4}\,\mathrm{m}$，流量 $q = \pi \times 4.5 \times 10^{-6}\,\mathrm{m^3/s}$，动能修正系数与动量修正系数均取为 1。试求：

① 不计损失时，系统向该伺服阀提供的压力 p_1。

② 作用于挡板上的垂直作用力。

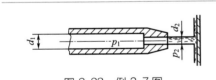

图 2.22　例 2.7 图

解　① 根据连续性方程有：

$$v_1 = \frac{q}{\frac{\pi}{4} d_1^2} = \frac{\pi \times 4.5 \times 10^{-6}}{\frac{\pi}{4} \times (3 \times 10^{-3})^2}\,\mathrm{m/s} = 2\,\mathrm{m/s}$$

$$v_2 = \frac{q}{\frac{\pi}{4} d_2^2} = \frac{\pi \times 4.5 \times 10^{-6}}{\frac{\pi}{4} \times (5 \times 10^{-4})^2}\,\mathrm{m/s} = 72\,\mathrm{m/s}$$

根据伯努利方程有（用相对压力列伯努利方程）：

$$\frac{p_1}{\rho g} + \frac{v_1^2}{2g} = \frac{v_2^2}{2g}$$

$$p_1 = \frac{1}{2}\rho(v_2^2 - v_1^2) = \left[\frac{1}{2} \times 1000 \times (72^2 - 2^2)\right]\,\mathrm{Pa} = 2.59\,\mathrm{MPa}$$

② 取喷嘴与挡板之间的液体为研究对象列动量方程有：

$$\rho q(0-v_2)=F$$

$$F=\rho q v_2=(1000\times\pi\times4.5\times10^{-6}\times72)\text{N}=1.02\text{N}$$

式中，F 为挡板对水的作用力，水对挡板的作用力为其反力（大小相等方向相反）。

2.4 流动阻力和能量损失（压力损失）

在上一节中我们讲了实际流体的伯努利方程，即

$$z_1+\frac{p_1}{\rho g}+\frac{\alpha_1 v_1^2}{2g}=z_2+\frac{p_2}{\rho g}+\frac{\alpha_2 v_2^2}{2g}+h_\omega$$

这里 h_ω 表示单位重量流体的能量损失，那么 h_ω 如何求呢？这就是这节要解决的问题。即本节讨论实际流体（黏性流体）运动时的流动阻力及能量损失（压力损失），以及黏性流体在管道中的流动特性。

2.4.1 流动阻力及能量损失（压力损失）的两种形式

实际流体是具有黏性的。当流体微团之间有相对运动时，相互间必产生切应力，对流体运动形成阻力，称为流动阻力。要维持流动就必须克服阻力，从而消耗能量，使机械能转化为热能而损耗掉。这种机械能的消耗称为能量损失。能量损失多半是以压力降低的形式体现出来的，因此又叫压力损失。下面我们就来介绍一下流动阻力形成的物理原因及计算公式。

流体本身具有黏性是流动阻力形成的根本原因。但是，同是黏性流体，由于流动的边界条件不同，其阻力形成的过程也不同。

（1）沿程阻力、沿程压力损失 Δp_λ

① 产生的原因：黏性。主要是由于流体与壁面、流体质点与质点间存在着摩擦力，阻碍着流体的运动，这种摩擦力是在流体的流动过程中不断地作用于流体表面的。流程越长，这种作用的累积效果也就越大。也就是说这种阻力的大小与流程的长短成正比，因此，这种阻力称为沿程阻力。由于沿程阻力直接由流体的黏性引起，因此，流体的黏性越大，沿程阻力也就越大。

② 发生的边界：发生在沿流程边界形状变化不很大的区域，一般在缓变流动区域，如直管段。

③ 计算公式（达西公式）：由因次分析法得出管道流动中的沿程压力损失 Δp_λ 与管长 l、管径 d、平均流速 v 的关系如下。

$$\Delta p_\lambda = \lambda \frac{l}{d} \times \frac{\rho v^2}{2} \tag{2.40}$$

式中，λ 为沿程阻力系数；ρ 为流体的密度。

（2）局部阻力、局部压力损失 Δp_ξ

① 产生的原因：流态突变。在流态发生突变地方的附近，质点间发生撞击或形成一定的旋涡，由于黏性作用，质点间发生剧烈地摩擦和动量交换，必然要消耗流体的一部分能量。这种能量的消耗就构成了对流体流动的阻力，这种阻力一般只发生在流道的某一个局部，因此叫作局部阻力。实验表明，局部阻力的大小主要取决于流道变化的具体情况，而几乎和流体的黏性无关。

② 发生的边界：发生在流道边界形状急剧变化的地方，一般在急变流区域，如弯管、过流截面突然扩大或缩小、阀门等处。

③ 计算公式：由大量的实验知 Δp_ξ 与流速的平方成正比，即

$$\Delta p_\xi = \xi \frac{\rho v^2}{2} \tag{2.41}$$

式中，ξ 为局部阻力系数；ρ 为流体的密度。

流体流过各种阀类的局部压力损失，亦可以用式（2.41）计算。但因阀内的通道结构复杂，按此公式计算比较困难，故阀类元件局部压力损失 Δp_v 的实际计算常用下列公式：

$$\Delta p_v = \Delta p_n \left(\frac{q}{q_n} \right)^2 \tag{2.42}$$

式中，q_n 为阀的额定流量；q 为通过阀的实际流量；Δp_n 为阀在额定流量 q_n 下的压力损失（可从阀的产品样本或设计手册中查出）。

（3）管路中的总的压力损失

整个管路系统的总压力损失应为所有沿程压力损失和所有局部压力损失之和，即

$$\sum \Delta p = \sum \Delta p_\lambda + \sum \Delta p_\xi + \sum \Delta p_v = \sum \lambda \frac{l}{d} \times \frac{\rho v^2}{2} + \sum \xi \frac{\rho v^2}{2} + \sum \Delta p_n \left(\frac{q}{q_n} \right)^2$$

$$\tag{2.43}$$

从计算压力损失的公式可以看出，减小流速、缩短管道长度、减少管道截面的突变、提高管道内壁的加工质量等，都可以使压力损失减小。其中以流速的影响为最大，故液体在管路系统中的流速不应过高。但流速太低，也会使管路和阀类元件的尺寸加大，并使成本增高。

2.4.2 流体的两种流动状态

实践表明，流体的能量损失（压力损失）与流体的流动状态有密切的关系。

英国物理学家雷诺（Reynolds）于 1883 年发表了他的实验成果。他通过大量的实验发现，实际流体运动存在着两种状态，即层流和紊流；并且测定了流体的能量损失（压力损失）与两种状态的关系。此即著名的雷诺实验。

雷诺实验的装置如图 2.23 所示。水箱 1 由进水管不断供水，并保持水箱水面高度恒定。水杯 5 内盛有红颜色的水，将开关 6 打开后，红色水即经细导管 2 流入水平玻璃管 3 中。调节阀门 4 的开度，使玻璃管中的液体缓慢流动，这时，红色水在管 3 中呈一条明显的直线，这条红线和清水不相混杂，这表明管中的液流是分层的，层与层之间互不干扰，液体的这种流动状态称为层流。调节阀门 4，使玻璃管中的液体流速逐渐增大，当流速增大至某一值时，可看到红线开始抖动而呈波纹状，这表明层流状态受到破坏，液流开始紊乱。若使管中流速进一步增大，红色水流便和清水完全混合，红线便完全消失，这表明管道中液流完全紊乱，这时液体的流动状态称为紊流。如果将阀门 4 逐渐关小，就会看到相反的过程。

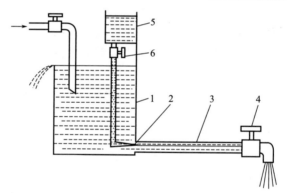

图 2.23　雷诺实验装置

1—水箱；2—细导管；3—水平玻璃管；4—阀门；5—水杯；6—开关

（1）层流和紊流

层流：液体的流动呈线性或层状，各层之间互不干扰，即只有纵向运动。

紊流：液体质点的运动杂乱无章，除了有纵向运动外，还存在着剧烈的横向运动。

层流时，液体流速较低，质点受黏性制约，不能随意运动，黏性力起主导作用；液体的能量主要消耗在摩擦损失上，它直接转化为热能，一部分被液体带走，一部分传给管壁。

紊流时，液体流速较高，黏性的制约作用减弱，惯性力起主导作用；液体的能量主要消耗在动能损失上，这部分损失使流体搅动混合，产生旋涡、尾流，造成气穴，撞击管壁，引起振动和噪声，最后化作热能消散掉。

(2) 雷诺数 Re

雷诺通过大量实验证明，液体在圆管中的流动状态不仅与管内的平均流速 v 有关，还和管道内径 d、液体的运动黏度 ν 有关。实际上，判定液流状态的是上述三个参数所组成的一个无量纲数 Re：

$$Re = \frac{vd}{\nu} \tag{2.44}$$

式中，Re 为雷诺数。即对流通截面相同的管道来说，若雷诺数 Re 相同，它们的流动状态就相同。

液流由层流转变为紊流时的雷诺数和由紊流转变为层流的雷诺数是不同的，后者的数值较前者小，所以一般都用后者作为判断液流流动状态的依据，称为临界雷诺数，记作 Re_c。当液流的实际雷诺数 Re 小于临界雷诺数 Re_c 时，为层流；反之，为紊流。常见液流管道的临界雷诺数由实验求得，如表 2.2 所示。

表 2.2　常见液流管道的临界雷诺数

管道	Re_c	管道	Re_c
光滑金属圆管	2320	带环槽的同心环状缝隙	700
橡胶软管	1600～2000	带环槽的偏心环状缝隙	400
光滑的同心环状缝隙	1100	圆柱形滑阀阀口	260
光滑的偏心环状缝隙	1000	锥阀阀口	20～100

式(2.44) 中的 d 代表了圆管的特征长度，对于非圆截面的流道，可用水力直径（等效直径）d_H 来代替，即

$$Re = \frac{vd_H}{\nu} \tag{2.45}$$

$$d_H = 4R \tag{2.46}$$

$$R = \frac{A}{\chi} \tag{2.47}$$

式中　R——水力半径；

　　　A——流通面积；

　　　χ——湿周长度（流通截面上与液体相接触的管壁周长）。

水力半径 R 综合反映了流通截面上 A 与 χ 对阻力的影响。对于具有同样湿周 χ 的两个流通截面，A 越大，液流受到壁面的约束就越小；对于具有同样流通面积 A 的两个流通截面，χ 越小，液流受到壁面的阻力就越小。综合这两个因素可知，$R = \frac{A}{\chi}$ 越大，液流受到的壁面阻力作用越小，即使流通面积很小也不

易堵塞。

2.4.3　圆管层流

液体在圆管中的层流运动是液压传动中最常见的现象，在设计和使用液压系统时，就希望管道中的液流保持这种状态。

图 2.24 所示为液体在等径水平圆管中作层流流动时的情况。在图中的管内取出一段半径为 r、长度为 l、与管轴相重合的小圆柱体，作用在其两端面上的压力分别为 p_1 和 p_2，作用在其侧面上的内摩擦力为 F_f。液流作匀速运动时处于受力平衡状态，故有：

$$(p_1 - p_2)\pi r^2 = F_f$$

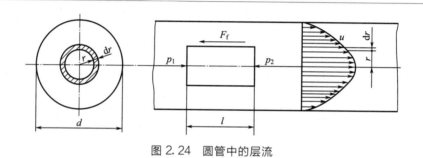

图 2.24　圆管中的层流

根据内摩擦定律有：$F_f = -2\pi r l \mu \dfrac{\mathrm{d}u}{\mathrm{d}r}$（因 $\mathrm{d}u/\mathrm{d}r$ 为负值，故前面加负号）。

令 $\Delta p = p_1 - p_2$，将这些关系式代入上式得：

$$\frac{\mathrm{d}u}{\mathrm{d}r} = -\frac{\Delta p}{2\mu l}r$$

即

$$\mathrm{d}u = -\frac{\Delta p}{2\mu l}r\,\mathrm{d}r$$

积分并考虑到当 $r = R$ 时，$u = 0$ 得：

$$u = \frac{\Delta p}{4\mu l}(R^2 - r^2) \tag{2.48}$$

可见管内流速随半径按抛物线规律分布，最大流速发生在轴线上，其值为 $u_{\max} = \dfrac{\Delta p}{4\mu l}R^2$。

在半径 r 处取出一厚为 $\mathrm{d}r$ 的微小圆环（如图 2.24 所示），通过此环形面积的流量为 $\mathrm{d}q = u 2\pi r\,\mathrm{d}r$，对此式积分，得通过整个管路的流量 q：

$$q = \int_0^R \mathrm{d}q = \int_0^R u 2\pi r \, \mathrm{d}r = \int_0^R \frac{2\pi\Delta p}{4\mu l}(R^2 - r^2) r \, \mathrm{d}r = \frac{\pi R^4}{8\mu l}\Delta p = \frac{\pi d^4}{128\mu l}\Delta p$$

$$(2.49)$$

这就是哈根-泊肃叶公式。当测出除 μ 以外的各有关物理量后，应用此式便可求出流体的黏度 μ。

圆管层流时的平均流速 v 为：

$$v = \frac{q}{\pi R^2} = \frac{\Delta p R^2}{8\mu l} = \frac{\Delta p d^2}{32\mu l} = \frac{u_{\max}}{2} \qquad (2.50)$$

同样可求出其动能修正系数 $\alpha = 2$，动量修正系数 $\beta = 4/3$。

现在我们再来看看沿程压力损失 Δp_λ，由平均流速表达式可求出 Δp_λ：

$$\Delta p_\lambda = \frac{32\mu l v}{d^2} = \frac{32 \times 2}{\dfrac{\rho v d}{\mu}} \times \frac{l}{d} \times \frac{\rho v^2}{2} = \frac{64}{Re} \times \frac{l}{d} \times \frac{\rho v^2}{2} \qquad (2.51)$$

把此式与 $\Delta p_\lambda = \lambda \dfrac{l}{d} \times \dfrac{\rho v^2}{2}$ 比较得：沿程阻力系数 $\lambda = 64/Re$。

由此可看出，层流流动的沿程压力损失 Δp_λ 与平均流速 v 的平方成正比，沿程阻力系数 λ 只与 Re 有关，与管壁面粗糙度无关。这一结论已被实验所证实。但实际上流动中还夹杂着油温变化的影响，因此油液在金属管道中流动时宜取 $\lambda = 75/Re$，在橡胶软管中流动时则取 $\lambda = 80/Re$。

2.4.4 圆管紊流

在实际工程中常遇到紊流运动，但由于紊流运动的复杂性，虽然近几十年来许多学者做了大量研究工作，仍未得到满意的结果，尚需进一步探讨，目前所用的计算方法常常依赖于实验。

（1）脉动现象和时均化

在雷诺实验中可以观察到，在紊流运动中，流体质点的运动是极不规则的，它们不但与邻层的流体质点互相掺混，而且在某一固定的空间点上，其运动要素（压力、速度等）的大小和方向也随时间变化，并始终围绕某个"平均值"上下脉动，如图 2.25 所示。

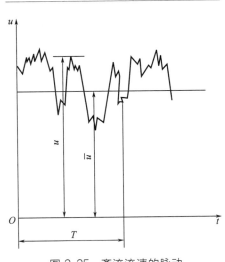

图 2.25 紊流流速的脉动

如取时间间隔 T（时均周期），瞬时速度在 T 时间内的平均值称为时间平均速度，简称时均速度，可表示为：

$$\bar{u} = \frac{\int_0^T u\,\mathrm{d}t}{T}$$ （2.52）

同样，某点的时均压力可表示为：

$$\bar{p} = \frac{\int_0^T p\,\mathrm{d}t}{T}$$ （2.53）

图 2.26 所示为圆管中的紊流。

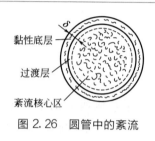

黏性底层
过渡层
紊流核心区
图 2.26　圆管中的紊流

由以上讨论可知，紊流运动总是非定常的，但如果流场中各空间点的运动要素的时均值不随时间变化，就可以认为是定常流动。因此对于紊流的定常流动，是指时间平均的定常流动。在工程实际的一般问题中，只需研究各运动要素的时均值，用运动要素的时均值来描述紊流运动即可，使问题大大简化。但在研究紊流的物理实质时，例如研究紊流阻力时，就必须考虑脉动的影响。

（2）黏性底层（层流边界层）、水力光滑管与水力粗糙管

流体作紊流运动时，由于黏性的作用，管壁附近的一薄层流体受管壁的约束，仍保持为层流状态，形成一极薄的黏性底层（层流边界层）。离管壁越远，管壁对流体的影响越小，经一过渡层后，才形成紊流。即管中的紊流运动沿横截面可分为三部分：黏性底层、过渡层和紊流核心区，如图 2.26 所示。过渡层很薄，通常和紊流核心区合称为紊流部分。黏性底层的厚度 δ 也很薄，通常只有几分之一毫米，它与主流的紊动程度有关，紊动越剧烈，δ 就越小。δ 与 Re 成反比，可用式（2.54）来求。

$$\delta = \frac{32.8d}{Re\sqrt{\lambda}}$$ （2.54）

式中，d 为管径；λ 为沿程阻力系数；Re 为雷诺数。

根据黏性底层的厚度 δ 与管内壁绝对粗糙度 ε 之间的关系，可以把作紊流运动的管道分为水力光滑管和水力粗糙管。

水力光滑管：$\delta \geqslant \varepsilon/0.3$，如图 2.27(a) 所示。

水力粗糙管：$\delta \leqslant \varepsilon/6$，如图 2.27(b) 所示。

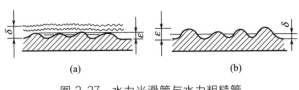

图 2.27　水力光滑管与水力粗糙管

水力光滑管与水力粗糙管的概念是相对的，随着流动情况的改变，Re 会变化，δ 也相应地会变化。所以同一管道（其 ε 是固定不变的），Re 变小时，可能是光滑管；而 Re 变大时，又可能是粗糙管了。

（3）截面速度分布

对于充分的紊流流动来说，其流通截面上流速的分布如图 2.28 所示。由图可见，紊流中的流速分布是比较均匀的。其最大流速 $u_{\max}=(1\sim1.3)v$，动能修正系数 $\alpha\approx1.05$，动量修正系数 $\beta\approx1.04$，因而这两个系数均可近似地取为 1。

由半经验公式推导可知，对于光滑圆管内的紊流来说，其截面上的流速分布遵循对数规律。在雷诺数为 $3\times10^{3}\sim10^{5}$ 的范围内，它符合 1/7 次方的规律，即

$$u=u_{\max}\left(\frac{y}{R}\right)^{1/7} \tag{2.55}$$

式中符号的意义如图 2.28 所示。

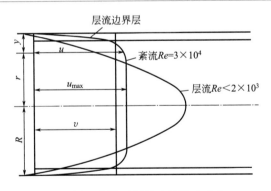

图 2.28　紊流时圆管中的速度分布

2.4.5　沿程阻力系数 λ

对于层流，沿程阻力系数 λ 值的公式已经导出，并被实验所证实。对于紊流，尚无法完全从理论上求得，只能借助于管道阻力试验来解决。一般来说，在

压力管道中的 λ 值与 Re 和管壁相对粗糙度 ε/d 有关，即

$$\lambda = f\left(Re, \frac{\varepsilon}{d}\right)$$

下面就简单介绍一下尼古拉兹（J. Nikuradse）对于人工粗糙管所进行的水流阻力试验结果。

尼古拉兹用不同粒径的均匀砂粒粘贴在管内壁上，制成各种相对粗糙度的管子，实验时测出 v、Δp_λ，然后代入公式 $\Delta p_\lambda = \lambda \dfrac{l}{d} \times \dfrac{\rho v^2}{2}$，在各种相对粗糙度 ε/d 的管道下，得出 λ 和 Re 的关系曲线，如图 2.29 所示。这些曲线可分为五个区域。

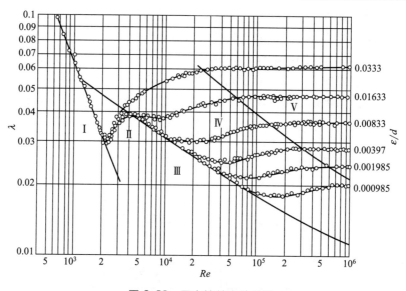

图 2.29　尼古拉兹实验曲线

Ⅰ为层流区：$Re < 2320$，各管道的实验点均落在同一直线上。λ 只与 Re 有关，与粗糙度无关。$\lambda = 64/Re$，与理论公式相同。

Ⅱ为过渡区：$2320 < Re < 4000$，为层流向紊流的过渡区，不稳定，范围小。对它的研究较少，一般按下述水力光滑管处理。

Ⅲ为紊流光滑管区：$4000 < Re < 26.98 \, (d/\varepsilon)^{8/7}$，各种相对粗糙度管道的实验点又都落在同一条直线（Ⅲ和Ⅳ的交界线）上。λ 值只与 Re 有关，与 ε/d 无关。这是因为黏性底层掩盖了粗糙度。但是随着 ε/d 值的不同，各种管道离开此区的实验点的位置不同，ε/d 越大离开此区越早。

关于此区的 λ 有以下计算公式：

$4000 < Re < 10^5$ 时，可用布拉休斯公式：

$$\lambda = \frac{0.3164}{Re^{0.25}} \tag{2.56}$$

$10^5 < Re < 3 \times 10^6$ 时，可用尼古拉兹公式：

$$\lambda = 0.0032 + \frac{0.221}{Re^{0.237}} \tag{2.57}$$

Ⅳ为光滑管至粗糙管过渡区：$26.98(d/\varepsilon)^{8/7} < Re < 4160(d/2\varepsilon)^{0.85}$，又称为第二过渡区。在此区，随着 Re 的增大，黏性底层变薄，管壁粗糙度对流动阻力的影响亦逐渐明显。λ 值与 ε/d 和 Re 均有关。曲线形状与工业管道的偏差较大，一般用如下公式计算：

$$\frac{1}{\sqrt{\lambda}} = 1.74 - 2\lg\left(\frac{2\varepsilon}{d} + \frac{18.7}{\sqrt{\lambda}} \times \frac{1}{Re}\right) \tag{2.58}$$

Ⅴ为紊流粗糙管区：$Re > 4160(d/2\varepsilon)^{0.85}$。在此区，$\lambda = f(\varepsilon/d)$，紊流已充分发展，$\lambda$ 值与 Re 无关，表现为一水平线。λ 值的计算公式为：

$$\lambda = \frac{1}{\left(1.74 + 2\lg\dfrac{d}{2\varepsilon}\right)^2} \tag{2.59}$$

因 λ 与 Re 无关，可知 $\Delta p_\lambda \propto v^2$，故此区又称为阻力平方区。

尼古拉兹实验结果适用于人工粗糙管，对于工业管道不是很适用。后来莫迪对工业管道进行了大量实验，作出了工业管道的阻力系数图，即莫迪图，为工业管道的计算提供了很大方便。

2.4.6　局部阻力系数ξ

局部压力损失 $\Delta p_\xi = \xi \dfrac{\rho v^2}{2}$，它的计算关键在于对局部阻力系数 ξ 的确定。

由于流动情况的复杂，只有极少数情况可用理论推导求得，一般都只能依靠实验来测得（或利用实验得到的经验公式求得）。

下面我们就以截面突然扩大的情况为例，来讲一下局部阻力系数的推导过程。如图 2.30 所示，由于过流断面突然扩大，流线与边界分离，并发生涡旋撞击，从而造成局部损失。

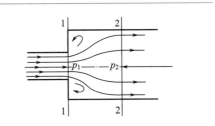

图 2.30　流通截面突然扩大处的局部损失

以管轴为基准面，对截面 1—1、2—2 列伯努利方程有：

$$\frac{p_1}{\rho g}+\frac{v_1^2}{2g}=\frac{p_2}{\rho g}+\frac{v_2^2}{2g}+h_\xi$$

式中，h_ξ 为局部损失，$h_\xi=\dfrac{\Delta p_\xi}{\rho g}=\xi\dfrac{v^2}{2g}$。

由此得：

$$h_\xi=\frac{p_1-p_2}{\rho g}+\frac{v_1^2-v_2^2}{2g} \tag{2.60}$$

取截面 1—1、2—2 及两截面之间的管壁为控制面，对控制面内的流体沿管轴方向列动量方程，略去管侧壁面的摩擦切应力时有：

$$p_1A_1-p_2A_2+p(A_2-A_1)=\rho q(v_2-v_1)$$

式中，p 为涡流区环形面积（A_2-A_1）上的平均压力；p_1、p_2 分别为截面 1—1、2—2 上的压力。实验证明 $p\approx p_1$，于是上式可写成为：

$$(p_1-p_2)A_2=\rho v_2A_2(v_2-v_1)$$

即

$$\frac{p_1-p_2}{\rho g}=\frac{v_2}{g}(v_2-v_1)=\frac{1}{2g}(2v_2^2-2v_1v_2) \tag{2.61}$$

将式（2.61）代入式（2.60）得：

$$h_\xi=\frac{(v_1-v_2)^2}{2g}$$

按连续性方程有 $v_1A_1=v_2A_2$，于是上式可改写成：

$$h_\xi=\left(1-\frac{A_1}{A_2}\right)^2\frac{v_1^2}{2g}=\xi_1\frac{v_1^2}{2g} \tag{2.62}$$

或

$$h_\xi=\left(\frac{A_2}{A_1}-1\right)^2\frac{v_2^2}{2g}=\xi_2\frac{v_2^2}{2g} \tag{2.63}$$

式中，$\xi_1=\left(1-\dfrac{A_1}{A_2}\right)^2$ 对应小截面的速度 v_1；$\xi_2=\left(\dfrac{A_2}{A_1}-1\right)^2$ 对应大截面的速度 v_2。

由此可见，对应不同的速度（变化前和变化后的速度），局部阻力系数是不同的。一般情况下，用的是变化后的速度，即

$$h_\xi=\xi\frac{v_2^2}{2g}\text{ 或 }\Delta p_\xi=\xi\frac{\rho v_2^2}{2}$$

2.5 孔口和缝隙流量

本节主要介绍液流经过小孔和缝隙的流量公式。在研究节流调速及分析计算液压元件的泄漏时，它们是重要的理论基础。

2.5.1 孔口流量

液体流经孔口的水力现象称为孔口出流。它可分为三种：当孔口的长径比 $l/d \leqslant 0.5$ 时，称为薄壁孔；当 $l/d > 4$ 时，称为细长孔；当 $0.5 < l/d \leqslant 4$ 时，称为短孔。当液体经孔口流入大气中时，称为自由出流；当液体经孔口流入液体中时，称为淹没出流。

（1）薄壁小孔

在液压传动中，经常遇到的是孔口淹没出流问题，所以我们就用前面学过的理论来研究一下薄壁小孔淹没出流时的流量计算问题。薄壁小孔的边缘一般都做成刃口形式，如图 2.31 所示（各种结构形式的阀口就是薄壁小孔的实际例子）。由于惯性作用，液流通过小孔时要发生收缩现象，在靠近孔口的后方出现收缩最大的流通截面。对于薄壁圆孔，当孔前通道直径

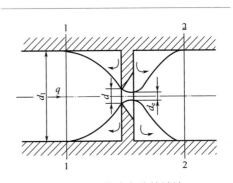

图 2.31 薄壁小孔的液流

与小孔直径之比 $d_1/d \geqslant 7$ 时，流束的收缩作用不受孔前通道内壁的影响，这时的收缩称为完全收缩；反之，当 $d_1/d < 7$ 时，孔前通道对液流进入小孔起导向作用，这时的收缩称为不完全收缩。

现对孔前、后通道断面 1—1、2—2 之间的液体列伯努利方程，并设动能修正系数 $\alpha = 1$，则有：

$$\frac{p_1}{\rho g} + \frac{v_1^2}{2g} = \frac{p_2}{\rho g} + \frac{v_2^2}{2g} + \sum h_\xi$$

式中，$\sum h_\xi$ 为液流流经小孔的局部能量损失，它包括两部分：液流经断面突然缩小时的 $h_{\xi 1}$ 和突然扩大时的 $h_{\xi 2}$。$h_{\xi 1} = \xi \dfrac{v_e^2}{2g}$；$h_{\xi 2} = \left(1 - \dfrac{A_e}{A_2}\right)^2 \dfrac{v_e^2}{2g}$。由于

$A_e \ll A_2$，因此，$\sum h_\xi = h_{\xi 1} + h_{\xi 2} = (\xi + 1)\dfrac{v_e^2}{2g}$。注意到 $A_1 = A_2$ 时，$v_1 = v_2$，得出：

$$v_e = \frac{1}{\sqrt{\xi + 1}}\sqrt{\frac{2}{\rho}(p_1 - p_2)} = C_v \sqrt{\frac{2\Delta p}{\rho}}$$

式中，C_v 为速度系数，它反映了局部阻力对速度的影响，$C_v = \dfrac{1}{\sqrt{\xi + 1}}$；$\Delta p = p_1 - p_2$ 为小孔前后的压差。

经过薄壁小孔的流量为：

$$q = A_e v_e = C_c A_T v_e = C_c C_v A_T \sqrt{\frac{2\Delta p}{\rho}} = C_q \sqrt{\frac{2\Delta p}{\rho}} \tag{2.64}$$

式中　A_T——小孔截面积，$A_T = \pi d^2 / 4$；

A_e——收缩断面面积，$A_e = \pi d_e^2 / 4$；

C_c——断面收缩系数，$C_c = A_e / A_T = d_e^2 / d^2$；

C_q——流量系数，$C_q = C_v C_c$。

流量系数 C_q 的大小一般由实验确定，在液流完全收缩（$d_1/d \geqslant 7$）的情况下，$C_q = 0.60 \sim 0.61$（可认为是不变的常数）；在液流不完全收缩（$d_1/d < 7$）时，由于管壁对液流进入小孔起导向作用，C_q 可增至 $0.7 \sim 0.8$。

（2）短孔

短孔的流量表达式与薄壁小孔的相同，即 $q = C_q\sqrt{\dfrac{2\Delta p}{\rho}}$。但流量系数 C_q 增大了，Re 较大时，C_q 基本稳定在 0.8 左右。C_q 增大的原因是：液体经过短孔出流时，收缩断面发生在短孔内，这样在短孔内形成了真空，产生了吸力，结果使得短孔出流的流量增大。由于短孔比薄壁小孔容易加工，因此短孔常用作固定节流器。

（3）细长孔

流经细长孔的液流，由于黏性的影响，流动状态一般为层流，因此细长孔的流量可用液流流经圆管的流量公式，即 $q = \dfrac{\pi d^4}{128 \mu l}\Delta p$。从此式可看出，液流经过细长孔的流量和孔前后压差 Δp 成正比，而和液体黏度 μ 成反比，因此流量受液体温度影响较大，这是和薄壁小孔不同的。

纵观各小孔流量公式，可以归纳出一个通用公式：

$$q = K A_T \Delta p^m \tag{2.65}$$

式中　K——由孔口的形状、尺寸和液体性质决定的系数，对于细长孔 $K = d^2 /$

$(32\mu l)$，对于薄壁孔和短孔 $K = C_q\sqrt{2/\rho}$；

A_T——孔口的过流断面面积；

Δp——孔口两端的压力差；

m——由孔口的长径比决定的指数，薄壁孔 $m = 0.5$，细长孔 $m = 1$。

这个孔口的流量通用公式常用于分析孔口的流量压力特性。

2.5.2 缝隙流量

所谓的缝隙就是两固壁间的间隙，与其宽度和长度相比小得多。液体流过缝隙时，会产生一定的泄漏，这就是缝隙流量。由于缝隙通道狭窄，液流受壁面的影响较大，因此缝隙流动的流态基本为层流。

缝隙流动分为三种情况：一种是压差流动（固壁两端有压差）；一种是剪切流动（两固壁间有相对运动）；还有一种是前两种的组合，即压差剪切流动（两固壁间既有压差又有相对运动）。

（1）平行平板缝隙流量（压差剪切流动）

如图 2.32 所示的平行平板缝隙，缝隙的高度为 h、长度为 l、宽度为 b，$l \gg h$，$b \gg h$。在液流中取一个微元体 $\mathrm{d}x\mathrm{d}y$（宽度方向取为1，即单位宽度），其左右两端面所受的压力为 p 和 $p+\mathrm{d}p$，上下两面所受的切应力为 $\tau+\mathrm{d}\tau$ 和 τ，则微元体在水平方向上的受力平衡方程为：

$$p\mathrm{d}y + (\tau+\mathrm{d}\tau) = (p+\mathrm{d}p) + \tau\mathrm{d}x$$

整理后得：

$$\frac{\mathrm{d}\tau}{\mathrm{d}y} = \frac{\mathrm{d}p}{\mathrm{d}x} \qquad (2.66)$$

根据牛顿内摩擦定律有：

$$\tau = \mu\frac{\mathrm{d}u}{\mathrm{d}y}$$

故式(2.66) 可变为：

$$\frac{\mathrm{d}^2 u}{\mathrm{d}y^2} = \frac{1}{\mu}\times\frac{\mathrm{d}p}{\mathrm{d}x} \qquad (2.67)$$

将式(2.67) 对 y 积分两次得：

$$u = \frac{1}{2\mu}\times\frac{\mathrm{d}p}{\mathrm{d}x}y^2 + C_1 y + C_2$$

$$(2.68)$$

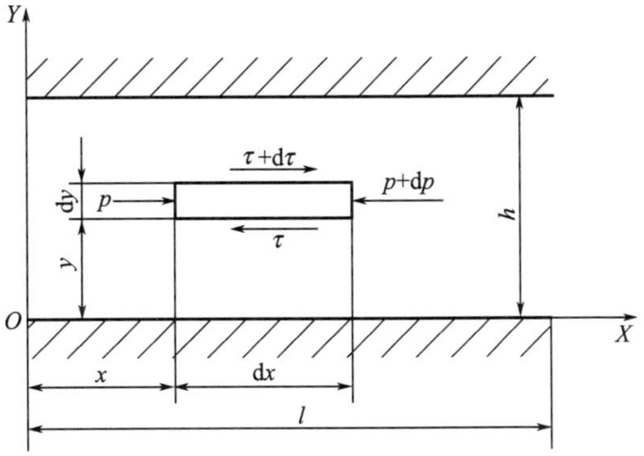

图 2.32 平行平板缝隙流量

当 $y=0$ 时，$u=0$，得 $C_2=0$；当 $y=h$ 时，$u=u_0$，得 $C_1 = \dfrac{u_0}{h} - \dfrac{1}{2\mu}\times\dfrac{\mathrm{d}p}{\mathrm{d}x}h$。

此外，液流作层流运动时 p 只是 x 的线性函数，即 $\dfrac{\mathrm{d}p}{\mathrm{d}x}=\dfrac{p_2-p_1}{l}=-\dfrac{\Delta p}{l}$（$\Delta p=p_1-p_2$），将这些关系式代入式（2.68）并考虑到运动平板有可能反向运动得：

$$u=\frac{y(h-y)}{2\mu l}\Delta p\pm\frac{u_0}{h}y \tag{2.69}$$

由此得通过平行平板缝隙的流量为：

$$q=\int_0^h ub\,\mathrm{d}y=\int_0^h\left[\frac{y(h-y)}{2\mu l}\Delta p\pm\frac{u_0}{h}y\right]b\,\mathrm{d}y=\frac{bh^3\Delta p}{12\mu l}\pm\frac{u_0}{2}bh \tag{2.70}$$

很明显，只有在 $u_0=-h^2\Delta p/(6\mu l)$ 时，平行平板缝隙间才不会有液流通过。对于式（2.70）中的"±"号是这样确定的：当动平板移动的方向和压差方向相同时，取"+"号；方向相反时，取"−"号。

当平行平板间没有相对运动（$u_0=0$）时，为纯压差流动，其流量为：

$$q=\frac{bh^3\Delta p}{12\mu l} \tag{2.71}$$

当平行平板两端没有压差（$\Delta p=0$）时，为纯剪切流动，其流量为：

$$q=\frac{u_0}{2}bh \tag{2.72}$$

从以上各式可以看到，在压差作用下，流过平行平板缝隙的流量与缝隙高度的三次方成正比，这说明液压元件内缝隙的大小对其泄漏量的影响是非常大的。

（2）圆环缝隙流量

在液压元件中，某些相对运动零件，如柱塞与柱塞孔、圆柱滑阀阀芯与阀体孔之间的间隙为圆环缝隙，根据两者是否同心可分为同心圆环缝隙和偏心圆环缝隙两种。

① 同心圆环缝隙　　如图 2.33 所示的同心圆环缝隙，如果将环形缝隙沿圆周方向展开，就相当于一个平行平板缝隙。因此只要使 $b=\pi d$ 代入平行平板缝隙流量公式就可以得到同心圆环缝隙的流量公式，即：

$$q=\frac{\pi dh^3}{12\mu l}\Delta p\pm\frac{\pi dh}{2}u_0 \tag{2.73}$$

若无相对运动，即 $u_0=0$，则同心圆环缝隙的流量公式为：

$$q=\frac{\pi dh^3}{12\mu l}\Delta p \tag{2.74}$$

② 偏心圆环缝隙　　把偏心圆环缝隙（图 2.34）简化为平行平板缝隙，然后利用平行平板缝隙的流量公式进行积分，就得到了偏心圆环缝隙的流量公式：

$$q = \frac{\pi d h^3 \Delta p}{12\mu l}(1+1.5\varepsilon^2) \pm \frac{\pi d h}{2}u_0 \qquad (2.75)$$

式中　ε——相对偏心率，$\varepsilon = e/h$；

h——内外圆同心时半径方向的缝隙值；

e——偏心距。

当内外圆之间没有轴向相对移动时，即 $u_0=0$ 时，其流量为：

$$q = \frac{\pi d h^3 \Delta p}{12\mu l}(1+1.5\varepsilon^2) \qquad (2.76)$$

由式（2.76）可以看出，当 $\varepsilon=0$ 时，它就是同心圆环缝隙的流量公式；当偏心距 $e=h$，即 $\varepsilon=1$（最大偏心状态）时，其通过的流量是同心圆环缝隙流量的 2.5 倍。因此在液压元件中，有配合的零件应尽量使其同心，以减小缝隙泄漏量。

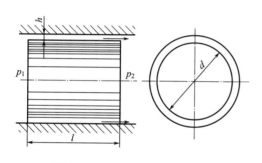
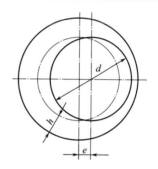

图 2.33　同心圆环缝隙间液流　　　　图 2.34　偏心圆环缝隙间液流

2.6　空穴现象和液压冲击

在液压传动中，空穴现象和液压冲击都会给液压系统的正常工作带来不利影响，因此需要了解这些现象产生的原因，并采取相应的措施以减少其危害。

2.6.1　空穴现象

在流动的液体中，由于压力的降低，使溶解于液体中的空气分离出来（压力低于空气分离压）或使液体本身汽化（压力低于饱和蒸气压），而产生大量气泡的现象，称为空穴现象。

空穴多发生在阀口和液压泵的进口处。由于阀口的通道狭窄，液流的速度增大，压力则下降，容易产生空穴；泵的安装高度过高、吸油管直径太小、吸油管阻力太大或泵的转速过高，都会造成进口处真空度过大，而产生空穴。此外，惯性大的油缸和马达突然停止或换向时，也会产生空穴（见 2.6.2 节）。

（1）空穴现象的危害

降低油的润滑性能；使油的压缩性增大（使液压系统的容积效率降低）；破坏压力平衡、引起强烈的振动和噪声；加速油的氧化；产生气蚀和气塞现象。

气蚀：溶解于油中的气泡随液流进入高压区后急剧破灭，高速冲向气泡中心的高压油互相撞击，动能转化为压力能和热能，产生局部高温高压。如果发生在金属表面上，将加剧金属的氧化腐蚀，使镀层脱落，形成麻坑，这种由于空穴引起的损坏称为气蚀。

气塞：溶解于油液中的气泡分离出来以后，互相聚合，体积膨大，形成具有相当体积的气泡，引起流量的不连续。当气泡达到管道最高点时，会造成断流，这种现象称为气塞。

（2）减少空穴现象的措施

空穴现象的产生，对液压系统是非常不利的，必须加以预防。一般采取如下一些措施。

① 减小阀孔或其他元件通道前后的压力降，一般使压力比 $p_1/p_2 < 3$。

② 尽量降低液压泵的吸油高度，采用内径较大的吸油管并少用弯头，吸油管端的过滤器容量要大，以减小管道阻力。必要时可采用辅助泵供油。

③ 各元件的连接处要密封可靠，防止空气进入。

④ 对容易产生气蚀的元件，如泵的配油盘等，要采用抗腐蚀能力强的金属材料，增强元件的机械强度。

要计算产生空穴的可能程度，要规定判别允许的和不允许的空穴界限。到目前为止，还没有判别空穴界限的通用标准，例如，对液压泵吸油口的空穴、油缸和液压马达中的空穴、压力脉动所引起的空穴，都有各自的专用判别系数，我们在此就不讨论了。

2.6.2 液压冲击

在输送海洋装备液压油的管路中，由于流速的突然变化，常伴有压力的急剧增大或降低，并引起强烈的振动和剧烈的撞击声。这种现象称为液压冲击。

（1）液压冲击的危害

液压冲击的危害有：引起振动、噪声；使管接头松动，密封装置破坏，产生泄漏；或使某些工作元件产生误动作；在压力降低时，会产生空穴现象。

（2）液压冲击产生的原因

在阀门突然关闭或运动部件快速制动等情况下，液体在系统中的流动会突然受阻。这时，由于液流的惯性作用，液体就从受阻端开始，迅速将动能逐层转换为压力能，因而产生了压力冲击波；此后，这个压力波又从该端开始反向传递，将压力能逐层转化为动能，这使得液体又反向流动；然后，在另一端又再次将动能转化为压力能，如此反复地进行能量转换。由于这种压力波的迅速往复传播，便在系统内形成压力振荡。这一振荡过程中，由于液体受到摩擦力以及液体和管壁的弹性作用不断消耗能量，因此振荡过程逐渐衰减而趋于稳定。

（3）冲击压力

假设系统正常工作的压力为 p，产生压力冲击时的最大压力为：

$$p_{\max} = p + \Delta p \tag{2.77}$$

式中　Δp——冲击压力的最大升高值。

由于液压冲击是一种非定常流动，动态过程非常复杂，影响因素很多，因此精确计算 Δp 值是很困难的。下面介绍两种液压冲击情况下的 Δp 值的近似计算公式。

① 管道阀门关闭时的液压冲击　设管道截面积为 A，产生冲击的管长为 l，压力冲击波第一波在 l 长度内传播的时间为 t_1，液体的密度为 ρ，管中液体的流速为 v，阀门关闭后的流速为零，则由动量方程得：

$$\Delta p A = \rho A l \frac{v}{t_1}$$

即

$$\Delta p = \rho \frac{l}{t_1} v = \rho c v \tag{2.78}$$

式中，c 为压力波在管中的传播速度，$c = l/t_1$。

应用式（2.78）时，需先知道 c 值的大小，而 c 不仅和液体的体积弹性模量 K 有关，还和管道材料的弹性模量 E、管道的内径 d 及壁厚 δ 有关，c 值可按式（2.79）计算：

$$c = \frac{\sqrt{K/\rho}}{\sqrt{1 + Kd/E\delta}} \tag{2.79}$$

在液压传动中，c 值一般为 $900 \sim 1400\text{m/s}$。

若流速 v 不是突然降为零，而是降为 v_1，则式（2.78）可写成：

$$\Delta p = \rho c (v - v_1) \tag{2.80}$$

设压力冲击波在管中往复一次的时间为 t_c，$t_c = 2l/c$。当阀门关闭时间 $t <$

t_c 时，压力峰值很大，称为直接冲击，其 Δp 值可按式（2.78）或式（2.80）计算；当 $t > t_c$ 时，压力峰值较小，称为间接冲击，这时 Δp 值可按式（2.81）计算：

$$\Delta p = \rho c (v - v_1) \frac{t_c}{t} \tag{2.81}$$

② 运动的工作部件突然制动或换向时，因工作部件的惯性而引起的液压冲击　以液压缸为例进行说明，设运动部件的总质量为 $\sum m$，减速制动时间为 Δt，速度的减小值为 Δv，液压缸有效工作面积为 A，则根据动量定理可求得系统中的冲击压力的近似值 Δp 为：

$$\Delta p = \frac{\sum m \Delta v}{A \Delta t} \tag{2.82}$$

式（2.82）中因忽略了阻尼和泄漏等因素，计算结果比实际值要大，但偏于安全，因而具有实用价值。

（4）减小液压冲击的措施

分析前面各式中 Δp 的影响因素，可以归纳出减小液压冲击的主要措施如下。

① 延长阀门关闭和运动部件制动、换向的时间。在液压传动中采用换向时间可调的换向阀就可做到这一点。

② 正确设计阀口，限制管道流速及运动部件速度，使运动部件制动时速度变化比较均匀。

③ 加大管径或缩短管道长度。加大管径不仅可以降低流速，而且可以减小压力冲击波速度 c 值；缩短管道长度的目的是减小压力冲击波的传播时间 t_c。

④ 设置缓冲用蓄能器或用橡胶软管。

⑤ 装设专门的安全阀。

第3章

液压泵及液压马达

3.1 液压泵概述

在海洋装备液压传动系统中，能源装置是为整个液压系统提供能量的，就如同人的心脏为人体各部分输送血液一样，在整个液压系统中起着极其重要的作用。液压泵就是一种能量转换装置，它将驱动电动机的机械能转换为油液的压力能，以满足执行机构驱动外负载的需要[4]。

3.1.1 液压泵的基本工作原理

海洋液压系统中使用的液压泵，其工作原理几乎都是一样的，就是靠液压密封的工作腔的容积变化来实现吸油和压油的，因此称为容积式液压泵。

容积式液压泵的工作原理很简单，以单柱塞式液压泵为例，就像我们常见的医用注射器一样，再配以自动配流装置即可。如图 3.1 所示的就是单柱塞式容积式液压泵工作原理。柱塞 2 是靠偏心凸轮 1 的旋转而上下移动的，当柱塞下移时，工作腔 4 容积变大，产生真空，此时，单向阀 6 关闭，油箱中的油液通过单向阀 5 被吸入工作腔内；反之，当柱塞上移时，工作腔容积变小，腔内的油液压力升高，此时，单向阀 5 关闭，油液便通过单向阀 6 被输送到系统当中去，偏心凸轮的连续旋转使得泵不断地吸油和压油。由此可见，液压泵输出油液流量的大小取决于工作腔容积的变化量。

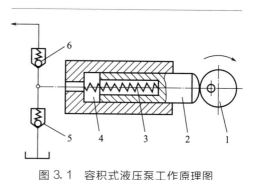

图 3.1 容积式液压泵工作原理图
1—凸轮；2—柱塞；3—弹簧；4—工作腔；
5—单向阀（吸油）；6—单向阀（压油）

由上所述，一个容积式液压泵必须具备的条件是：

① 具有若干个容积能够不断变化的密封工作腔；

② 相应的配流装置。在上面的例子中，配流是以两个单向阀的开启在泵外面实现的，称为阀式配流；而有的泵本身就带有配流装置，如叶片泵的配流盘、柱塞泵的配流轴等，称为确定式配流。

3.1.2 液压泵的分类

① 按液压泵单位时间内输出油液的体积能否变化分为定量泵和变量泵。

定量泵：单位时间内输出的油液体积不能变化。

变量泵：单位时间内输出油液的体积能够变化。

② 按泵的结构来分主要有：

齿轮泵：分为内啮合齿轮泵和外啮合齿轮泵。

叶片泵：分为单作用式叶片泵和双作用式叶片泵。

柱塞泵：分为径向柱塞泵和轴向柱塞泵。

螺杆泵：分为单螺杆泵、双螺杆泵、三螺杆泵和五螺杆泵。

液压泵按其组成还可以分为单泵和复合泵。

3.1.3 液压泵的图形符号

液压泵的图形符号见图 3.2。

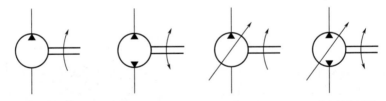

(a) 单向定量液压泵　(b) 双向定量液压泵　(c) 单向变量液压泵　(d) 双向变量液压泵

图 3.2　液压泵的图形符号

3.1.4 液压泵的主要性能参数

（1）液压泵的压力

① 工作压力：是指液压泵在实际工作时输出的油液压力，也就是说要克服外负载所必须建立起来的压力，可见其大小取决于外负载。

② 额定压力：是指液压泵在正常工作状态下，连续使用中允许达到的最高压力，一般情况下，就是液压泵出厂时标牌上所标出的压力。

（2）液压泵的排量

海洋液压泵的排量是指该泵在没有泄漏的情况下每转一转所输出的油液的体积。它与液压泵的几何尺寸有关，用 V 来表示。

（3）液压泵的流量

海洋液压泵的流量分为理论流量、实际流量和额定流量：

① 理论流量是指该泵在没有泄漏的情况下单位时间内输出油液的体积，可见，它等于排量和转速的乘积，即 $q_t = Vn$，流量的单位为 m^3/s，实际应用中也常用 L/min 来表示。

② 实际流量 q 是指泵在单位时间内实际输出油液的体积，也就是说泵在有压的情况下存在着油液的泄漏，使实际输出流量小于理论流量，详见下面分析。

③ 额定流量是指泵在额定转速和额定压力下输出的流量，即在正常工作条件下按试验标准规定必须保证的流量。

（4）功率

① 输入功率　液压泵的输入功率就是电动机驱动液压泵轴的机械功率，它等于输入转矩乘以角速度。

$$P_i = T\omega(\mathrm{W}) \tag{3.1}$$

式中　T——液压泵的输入转矩，N·m；

　　　ω——液压泵的角速度，rad/s。

② 输出功率　液压泵的输出功率就是液压泵输出的液压功率，它等于泵输出的压力乘以输出流量。

$$P_o = pq(\mathrm{W}) \tag{3.2}$$

式中　p——液压泵的输出压力，Pa；

　　　q——液压泵的实际输出流量，m^3/s。

如果不考虑损失的话，输出功率等于输入功率。但是任何机械在能量转换过程中都有能量的损失，液压泵也同样，由于能量损失的存在，其输出功率总是小于输入功率。

（5）效率

液压泵的效率是由容积效率和机械效率两部分所组成的。

① 容积效率　液压泵的容积效率是由容积损失（流量损失）来决定的。容积损失就是指流量上的损失，主要是由泵内高压引起油液泄漏所造成的，压力越高，油液的黏度越小，其泄漏量就越大。在液压传动中，一般用容积效率 η_v 来表示容积损失，如果设 q_t 为液压泵在没有泄漏情况下的流量，称为理论流量；而 q 为液压泵的实际输出流量，则液压泵的容积效率可表示为：

$$\eta_{v} = \frac{q}{q_{t}} = \frac{q_{t} - \Delta q}{q_{t}} = 1 - \frac{\Delta q}{q_{t}} \tag{3.3}$$

式中　Δq——液压泵的流量损失，即泄漏量。

② 机械效率　海洋液压泵的机械效率是由机械损失所决定的。机械损失是指液压泵在转矩上的损失，主要原因是液体因黏性而引起的摩擦转矩损失及泵内机件相对运动引起的摩擦损失。在液压传动中，以机械效率 η_{m} 来表示机械损失，设 T_{t} 为液压泵的理论转矩；而 T 为液压泵的实际输入转矩，则液压泵的机械效率可表示为：

$$\eta_{m} = \frac{T_{t}}{T} = \frac{T_{t}}{T_{t} + \Delta T} \tag{3.4}$$

式中　ΔT——液压泵的机械损失。

③ 液压泵的总效率　液压泵的总效率等于泵的输出功率与输入功率的比值，也等于泵的机械效率和容积效率的乘积，即

$$\eta = \frac{P_{o}}{P_{i}} = \eta_{v}\eta_{m} \tag{3.5}$$

一般情况下，在液压系统设计计算中，常常需要计算液压泵的输入功率以确定所需电动机的功率。根据前面的推导，液压泵的输入功率可用式(3.6) 计算：

$$P_{i} = \frac{P_{o}}{\eta} = \frac{pq}{\eta} = \frac{pVn}{\eta_{m}} \tag{3.6}$$

3.1.5　液压泵特性及检测

海洋液压泵的性能是衡量液压泵优劣的技术指标，主要包括液压泵的压力-流量特性、泵的容积效率曲线、泵的总效率曲线等。检测一个液压泵的性能可用如图 3.3 所示系统。

在检测泵的上述性能中，首先将压力阀置于额定压力下，再将节流阀全部打开，使泵的负载为零（此时，由于管路的压力损失，压力表的显示并不是零），在流量计上读出流量值来。一般情况下，都是以此时的流量（即空载流量）作为理论流量 q_{t} 的。然后再逐渐升高压力值（通过调节节流阀阀口来实现），读出每次调定压力（即工作压力）后的流量值 q。根据上述操作得到的数据即可绘出被测泵的压力-流量曲线，根据公式(3.3)即可算出各调定压力点的容积效率 η_{v}。如果在输入轴上测得转矩及转速，则可根据公式(3.1) 计算出泵的输入功率 P_{i}，再利用公式(3.2) 算出泵的输出功率 P_{o}，则可将液压泵的总效率 η 算出，根据上面的数据绘出如图 3.4 所示的泵的特性曲线来。

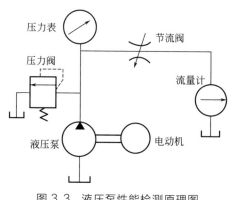

图 3.3　液压泵性能检测原理图

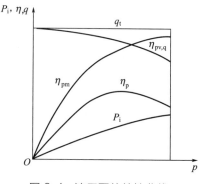

图 3.4　液压泵的特性曲线

目前，随着传感技术及计算机技术的发展，在液压检测方面已广泛应用计算机辅助检测技术（CAT）。计算机辅助检测系统的使用大大提高了检测精度及效率，尤其是虚拟仪器技术的应用，更是简化了检测系统，实现了人工检测无法实现的检测项目，使液压元件性能的检测更加科学化。

为确保在海水环境中的长时间正常工作，水下液压系统还采取了一系列的安全措施，主要是设置各种传感器和报警装置。

水泄漏传感器是水下液压系统中必不可少的传感器，特别是电动机箱，其绝缘要求很高，即使电动机箱内渗入少量海水，也会使绝缘等级急剧降低，直接影响电动机的正常工作。泵箱内若渗入海水，海水会随着液压油循环到液压系统的各个部分，从而导致液压元件的腐蚀。阀箱内通常还设置有各种控制电路，一旦海水渗入，电路将无法正常工作。水泄漏传感器安装在电动机箱、泵箱及阀箱中，由两个相距较近的探头组成，两个探头之间加一定的直流电压，当海水渗入时，探头间的阻抗急剧下降，利用探头间的漏电电流即可驱动放大电路，产生报警信号。

压力补偿器是水下液压系统中的重要元件，压力补偿器的工作状态能为水下液压系统的故障诊断和分析提供依据。补偿量传感器就是用来监测压力补偿器工作状态的传感器，它通过检测补偿活塞的位置来计算补偿量，当系统发生泄漏时，压力补偿器会自动向系统补油；当补偿量达到极限时，压力补偿器便失去压力补偿的功能，此时通过补偿量传感器就可以判断出压力补偿器的状态，从而为系统的故障诊断和分析提供依据。

水下液压系统中还设置有压力传感器，用于监测系统的工作状态，通常有低压传感器和高压传感器。低压传感器设置在泵箱内，用于检测泵箱内的压力，由于压力补偿作用，泵箱内的压力与外界海水压力相等。水下作业设备通常还带有深度传感器，用于检测水下作业深度，深度传感器显示的深度应与低压传感器显示的压力一致，否则极有可能由于系统泄漏过多导致压力补偿器达到最大补偿量，从而造成泵箱吸空。为确保水下液压系统正常工作，应随时监测低压传感器、深度传感器及补偿量传感器的值，当补偿量达到极值或低压传感器显示的压力与深度传感器显示的深度不一致时发出报警，并让液压系统停止工作。高压传感器设置在液压泵出口，由于压力传感器测量的是绝对压力，因此水下液压系统的系统压力也即液压泵两端的压差是通过高、低压传感器的压力值作差而得到的，由此可以获得液压系统的工作状态。

水下液压系统虽然工作在温度较低的海水中，但由于是封闭结构，循环的液压油较少，且结构紧凑，因此有必要在泵箱中设置油温传感器，油温过高时发出报警。

3.2　齿轮泵

齿轮泵是海洋液压泵中最常见的一种泵，可分为外啮合齿轮泵和内啮合齿轮泵两种，无论是哪一种，都属于定量泵。

3.2.1　外啮合齿轮泵的结构及工作原理

外啮合齿轮泵一般都是三片式，主要由一对相互啮合的齿轮、泵体及齿轮两端的两个端盖所组成，其工作原理如图 3.5 所示。

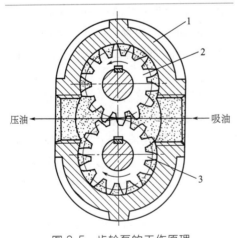

图 3.5　齿轮泵的工作原理
1—泵体；2—主动齿轮；3—从动齿轮

外啮合齿轮泵的工作腔是齿轮上每相邻两个齿的齿间槽、壳体与两端盖之间形成的密封空间。当齿轮按图 3.5 所示方向旋转时，其右侧吸油腔的相互啮合着的轮齿逐渐脱开，使得工作腔容积增大，形成部分真空，油箱中的油在大气压作用下被压入吸油腔内。随着齿轮的旋转，工作腔中的油液被带入左侧压油区，这时，由于齿轮的两个轮齿逐渐进行啮合，密封工作腔容积不断减小，压力增高，油便通过压油口被挤压出去。从图 3.5 中可见，吸油区和压油区是通过相互啮合的轮齿和泵体隔开的。

3.2.2 外啮合齿轮泵的流量计算

外啮合齿轮泵的排量就是齿轮每转一转齿间工作腔从吸油区带入压油区的油液的容积的总和，其精确的计算要根据齿轮的啮合原理来进行，计算过程比较复杂。一般情况下用近似计算来考虑，认为齿间槽的容积近似于齿轮轮齿的体积。因此，设齿轮齿数为 z，节圆直径为 D，齿高为 h，模数为 m，齿宽为 b，泵的排量近似计算公式为：

$$V = \pi Dhb = 2\pi zm^2 b \tag{3.7}$$

但实际上，泵的齿间槽的容积要大于轮齿的体积，所以，将 2π 修正为 6.66。齿轮泵的流量通常计算为：

$$q = nV = 6.66zm^2 nb \tag{3.8}$$

式(3.8) 计算的只是齿轮泵的平均流量，实际上齿轮啮合过程中瞬时流量是脉动的（这是因为压油腔容积变化率是不均匀的）。设最大流量和最小流量为 q_{max}、q_{min}，则流量脉动率为：

$$\sigma = \frac{q_{max} - q_{min}}{q} \tag{3.9}$$

在齿轮泵中，外啮合齿轮泵的流量脉动率要高于内啮合齿轮泵，并且随着齿数的减少而增大，最高可达 20% 以上。液压泵的流量脉动对泵的正常使用有较大影响，它会引起液压系统的压力脉动，从而使管道、阀等元件产生振动和噪声，同时，也影响工作部件的运动平稳性，特别是对精密机床的液压传动系统更为不利。因此，在使用时要特别注意。

3.2.3 齿轮泵结构中存在的问题及解决措施

（1）泄漏问题

前面讲过，液压泵在工作中其实际输出流量比理论流量要小，主要原因是泄漏。齿轮泵从高压腔到低压腔的油液泄漏主要通过三个渠道：一是通过齿轮两侧面与两面侧盖板之间的间隙；二是通过齿轮顶圆与泵体内孔之间的径向间隙；三是通过齿轮啮合处的间隙。其中，第一种间隙为主要泄漏渠道，大约占泵总泄漏量的 75%～85%。正是由于这个原因，使得齿轮泵的输出压力上不去，影响了齿轮泵的使用范围。所以，要解决齿轮泵输出压力低的问题，就要从解决端面泄漏入手。一些厂家采用在齿轮两侧面加浮动轴套或弹性挡板，将齿轮泵输出的压力油引到浮动轴套或弹性挡板外部，增加对齿轮侧面的压力，以减小齿侧间隙，达到减少泄漏的目的，目前不少厂家生产的高压齿轮泵都是采用这种措施。

(2) 径向不平衡力的问题

在齿轮泵中,作用于齿轮外圆上的压力是不相等的,在吸油腔中压力最低,而在压油腔中压力最高,在整个齿轮外圆与泵体内孔的间隙中,压力是不均匀的,存在着压力的逐渐升级,因此,对齿轮的轮轴及轴承产生了一个径向不平衡力。这个径向不平衡力不仅加速了轴承的磨损,影响了它的使用寿命,还可能使齿轮轴变形,造成齿顶与泵体内孔的摩擦,损坏泵体,使得泵不能正常工作。解决的办法一种是可以开压力平衡槽,将高压油引到低压区,但这会造成泄漏增加,影响容积效率;另一种是采用缩小压油腔的办法,使作用于轮齿上的压力区域减小,从而减小径向不平衡力。

(3) 困油问题

为了使齿轮泵能够平稳地运转及连续均匀地供油,在设计上就要保证齿轮啮合的重叠系数大于1($\varepsilon > 1$),也就是说,齿轮泵在工作时,在啮合区有两对齿轮同时啮合,形成封闭的容腔,如果此时既不与吸油腔相通,又不与压油腔相通,便使油液困在其中,如图3.6所示。齿轮泵在运转中,封闭腔的容积不断地变化,当封闭腔容积变小时,油液受到很高的压力,从各处缝隙挤压出去,造成油液发热,并使机件承受额外负载。而当封闭腔容积增大时,又会造成局部真空,使油液中溶解的气体分离出来,并使油液本身汽化,加剧流量不均匀,两者都会造成强烈的振动与噪声,降低泵的容积效率,影响泵的使用寿命,这就是齿轮泵困油现象。

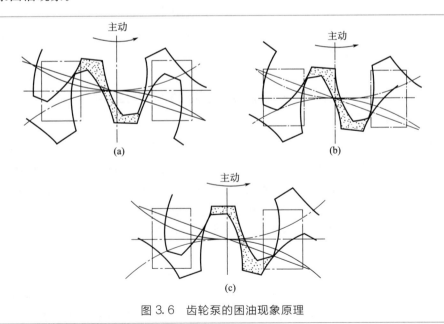

图3.6　齿轮泵的困油现象原理

解决这一问题的方法是在两侧端盖各铣两个卸荷槽，如图 3.6 中的双点划线所示。两个卸荷槽间的距离应保证困油空间在达到最小位置以前与压力油腔连通，通过最小位置后与吸油腔连通，同时又要保证任何时候吸油腔与压油腔之间不能连通，以避免泄漏，降低容积效率。

3.2.4　内啮合齿轮泵

内啮合齿轮泵一般又分为摆线齿轮泵（转子泵）和渐开线齿轮泵两种，如图 3.7 所示，它们的工作原理和主要特点完全与外啮合齿轮泵相同。

在渐开线内啮合齿轮泵中，小齿轮是主动轮，它带动内齿轮旋转。在小齿轮与内齿轮之间要加一块月牙形的隔离板，以便将吸油腔与压油腔分开。在上半部，工作腔容积发生变化，进行吸油和压油。在下半部，工作腔容积并不发生变化，只起过渡作用。图 3.7 中所示 1、2 区域分别是吸油窗口与压油窗口。

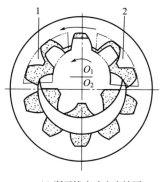 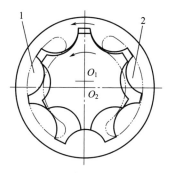

(a) 渐开线内啮合齿轮泵　　　　　(b) 摆线内啮合齿轮泵

图 3.7　内啮合齿轮泵的工作原理

1—吸油窗口；2—压油窗口

在摆线内啮合齿轮泵中，小齿轮比内齿轮少一个齿，小齿轮与内齿轮的齿廓由一对共轭曲线组成，常用的是共轭摆线，它能保证小齿轮的齿顶在工作时不脱离内齿轮的齿廓，以保证形成封闭的工作腔。如图 3.7 所示，这种泵在工作时，工作腔在左半区（与吸油窗口 1 接触）容积增大，为吸油区；而在右半区（与压油窗口 2 接触）工作腔容积减小，为压油区。

3.2.5　齿轮泵的优缺点

外啮合齿轮泵的优点是结构简单、重量轻、尺寸小、制造容易、成本低、工作可靠、维护方便、自吸能力强、对油液的污染不敏感，可广泛用于压力要求不高的场合，如磨床、珩磨机等中低压机床中；它的缺点是漏油较多，轴承上承受不平衡力，磨损严重，压力脉动和噪声较大。

内啮合齿轮泵的优点是：结构紧凑、尺寸小、重量轻，由于内外齿轮转向相同、相对滑移速度小，因而磨损小、寿命长，其流量脉动率和噪声都比外啮合齿轮泵要小得多。

内啮合齿轮泵的缺点是：齿形复杂，加工精度要求高，因而造价高。

3.3　叶片泵

叶片泵也是一种常见的液压泵。根据结构来分，叶片泵有单作用式和双作用式两种。单作用式叶片泵又称非平衡式泵，一般为变量泵；双作用式叶片泵也称平衡式泵，一般是定量泵。

3.3.1　双作用式叶片泵

（1）工作原理

图 3.8 所示双作用式叶片泵是由定子 6、转子 3、叶片 4、配流盘和泵体 1 组成的，转子与定子同心安装，定子的内曲线是由两段长半径圆弧、两段短半径圆弧及四段过渡曲线所组成的，共有八段曲线。如图 3.8 所示，转子作顺时针旋

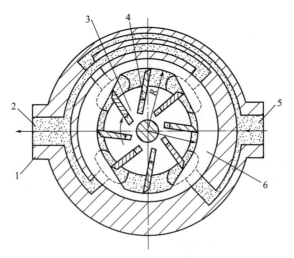

图 3.8　双作用式叶片泵的工作原理

1—泵体；2—压油口；3—转子；4—叶片；5—吸油口；6—定子

转，叶片在离心力作用下径向伸出，其顶部在定子内曲线上滑动。此时，由两叶片、转子外圆、定子内曲线及两侧配油盘所组成的封闭的工作腔的容积在不断地变化，在经过右上角及左下角的配油窗口处时，叶片回缩，工作腔容积变小，油液通过压油窗口输出；在经过右下角及左上角的配油窗口处时，叶片伸出，工作腔容积增加，油液通过吸油窗口吸入。在每个吸油口与压油口之间，有一段封油区，对应于定子内曲线的四段圆弧处。

双作用式叶片泵每转一转，每个工作腔完成吸油两次和压油两次，所以称其为双作用式叶片泵，又因为泵的两个吸油窗口与两个压油窗口是径向对称的，作用于转子上的液压力是平衡的，所以又称为平衡式叶片泵。

定子曲线是影响双作用式叶片泵性能的一个关键因素，它将影响叶片泵的流量均匀性、噪声、磨损等问题。定子曲线的选择主要考虑叶片在径向移动时的速度和加速度应当均匀变化，避免径向速度有突变，使得加速度无限大，引起刚性冲击；同时又要保证叶片在做径向运动时，叶片顶部与定子内曲线表面不应产生脱空现象。目前，常用的定子曲线有等加速-等减速曲线、高次曲线和余弦曲线等。

叶片泵在叶片数 Z 确定后，由每两个叶片所夹的工作腔所占的工作空间角度随之确定（360°/Z），该角度所占区域应在配流盘上吸油口与压油口之间（封油区内），否则会造成吸油口与压油口相通；而定子曲线中四段圆弧所占的工作角度应大于封油区所对应的角度，否则会产生困油现象。

（2）流量计算

双作用式叶片泵的排量计算是将工作腔最大时（相对应长半径圆弧处）的容积减去工作腔最小时（相对应短半径圆弧处）的容积，再乘以工作腔数的 2 倍。考虑到叶片在工作时所占的厚度，实际上双作用式叶片泵的流量可用式(3.10)计算：

$$q = 2B \left[\pi(R^2 - r^2) - \frac{(R-r)bZ}{\cos\theta} \right] n\eta_v \tag{3.10}$$

式中　R——定子曲线圆弧的长半径；

　　　r——定子曲线圆弧的短半径；

　　　n——叶片泵的转速；

　　　Z——叶片数；

　　　B——叶片的宽度；

　　　b——叶片的厚度；

　　　θ——叶片的倾角（考虑到减小叶片顶部与定子曲线接触点的压力角，叶片朝旋转方向倾斜一个角度，一般 $\theta = 10° \sim 14°$）。

在双作用式叶片泵中，由于叶片有厚度，其瞬时流量是不均匀的，再考虑工作腔进入压油区时产生的压力冲击使油液被压缩（这个问题可以通过在压油窗口开设一个三角沟槽来缓解），因此，双作用式叶片泵的流量出现微小的脉动，实验证明，在叶片数为 4 的倍数时，流量脉动率最小，所以，双作用式叶片泵的叶片数一般为 12 或 16 片。

（3）双作用式叶片泵提高压力的措施

在双作用式叶片泵中，为了保证叶片和定子内表面紧密接触，一般都采取将叶片根部通入压力油的方法来增加压力。但这也带来一个另外的问题，就是压力使得叶片受力增加，加速了叶片泵定子内表面的磨损，影响了叶片泵的寿命，特别是对于高压叶片泵更加严重。为减小作用于叶片上的液压力，常用以下措施：

① 减小作用于叶片根部的油液压力。可以在泵的压油腔到叶片根部之间加一个阻尼孔或安装一个减压阀，以降低进入叶片根部的油液压力。

② 减小叶片根部的受压面积。可以采用如图 3.9(a) 所示的子母叶片，大叶片（母叶片）套在小叶片（子叶片）上可沿径向自由伸缩，两叶片中间的油室 a 通过油道 b、c 始终与压油腔相通，而小叶片根部通过油道 d 时与工作腔相通，母叶片只是受油室 a 中的油液压力而压向定子表面，由于减小了叶片的承压宽度，因此减小了叶片上的受力；还可以采用如图 3.9(b) 所示的阶梯叶片，同子母叶片一样，这种叶片中部的孔与压油腔始终相通，而叶片根部始终与工作腔相通，由于结构上是阶梯形的，因此减小了叶片的承压厚度，从而减小了叶片上所受的力。

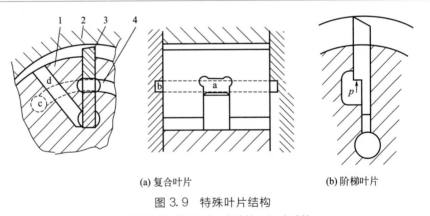

(a) 复合叶片   (b) 阶梯叶片

图 3.9 特殊叶片结构

1—转子；2—定子；3—大叶片；4—小叶片

③ 采用双叶片结构，如图 3.10 所示。这种叶片的特点是：在转子的每一个槽中安装有一对叶片，它们之间可以相对自由滑动，但在与定子接触的位置每个叶片只是外部一点接触，形成了一个封闭的 V 形储油空间，压力油通过两叶片

中间的通孔进入叶片顶部，保证了在泵工作时使叶片上下的压力相等，从而减小了叶片所受的力。

3.3.2　单作用式叶片泵

（1）工作原理

单作用式叶片泵的工作原理如图3.11所示。泵的组成也是由转子1、定子2、叶片3、配流盘和泵体组成的。但是，单作用式叶片泵与双作用式叶片泵的最大不同在于：单作用式叶片泵的定子内曲线是圆形的，定子与转子的安装是偏心的。正是由于存在着偏心，因此由叶片、转子、定子和配油盘形成的封闭工作腔在转子旋转工作时才会出现容积的变化。如

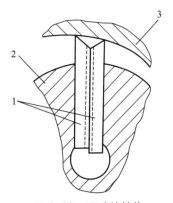

图 3.10　双叶片结构
1—叶片；2—转子；3—定子

图3.11所示转子逆时针旋转时，当工作腔从最下端向上通过右边区域时，容积由小变大，产生真空，通过配流窗口将油吸入工作腔；而当工作腔从最上端向下通过左边区域时，容积由大变小，油液受压，从左边的配流窗口进入系统中去。在吸油窗口和压油窗口之间，有一段封油区，将吸油腔和压油腔隔开。

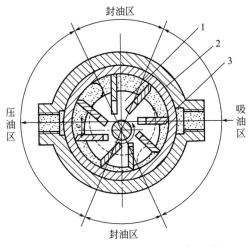

图 3.11　单作用式叶片泵工作原理
1—转子；2—定子；3—叶片

由此可见，这种泵转子每转一转，吸油、压油各一次，因此称为单作用式叶

片泵。这种泵的吸油窗口和压油窗口各一个,因此存在着径向不平衡力,所以又称非平衡式液压泵。

单作用叶片泵通过改变转子和定子之间的偏心距就可以改变泵的排量,因此来改变泵的流量。偏心距的改变可以是人工的,也可以是自动调节的。常见的变量叶片泵是自动调节的,自动调节的变量叶片泵又可分为限压式和稳流量式等。下面仅介绍限压式变量叶片泵。

(2)限压式变量泵

限压式变量泵分为内反馈式和外反馈式两种。内反馈式主要是利用单作用式叶片泵所受的径向不平衡力来进行压力反馈,从而改变转子与定子之间的偏心距,以达到调节流量的目的;外反馈式主要利用泵输出的压力油从外部来控制定子的移动,以达到改变偏心、调节流量的目的。这里只介绍外反馈限压式变量泵。

图 3.12 所示是外反馈限压式变量叶片泵的工作原理。图中所示转子 1 是固定不动的,定子 3 可以左右移动。在定子左边安装有弹簧 2,在右边安装有一个柱塞油缸,它与泵的输出油路相连。在泵的两侧面有两个配流盘,其配流窗口上下对称,当泵以图示的逆时针旋转时,在上半部工作腔的容积由大到小,为压油区;而在下半部,工作腔的容积由小到大,为吸油区。

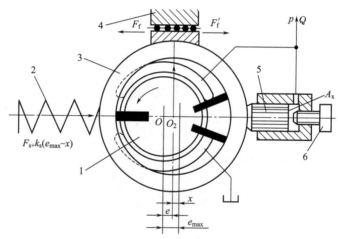

图 3.12　外反馈限压式变量叶片泵工作原理图
1—转子;2—弹簧;3—定子;4—滑动支撑;5—柱塞;6—调节螺钉

泵开始工作时,在弹簧力 F_s 的作用下定子处于最右端,此时偏心距 e 最大,泵的输出流量也最大。调节螺钉 6 用以调节定子能够达到的最大偏心位置,也就是由它来决定泵在本次调节中的最大流量为多少。当液压泵开始工作后,其输出压力升高，通过油路返回到柱塞油缸的油液压力也随之升高，在作用于柱塞上的液压力小于弹簧力时，定子不动，泵处于最大流量；当作用于柱塞上的液压力大于弹簧力后，定子的平衡被打破，定子开始向左移动，于是定子与转子间的偏心距开始减小，从而泵输出的流量开始减少，直至偏心距为零，此时，泵输出流量也为零，不管外负载再如何增大，泵的输出压力也不会再增高了。因此，这种泵被称为限压式变量泵。图 3.13 为 YBX 型外反馈限压式变量泵的实际结构图。

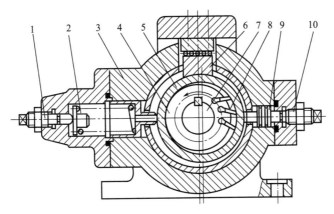

图 3.13　YBX 型外反馈限压式变量泵

1—调节螺钉；2—弹簧；3—泵体；4—转子；5—定子；6—滑块；
7—泵轴；8—叶片；9—柱塞；10—最大偏心调节螺钉

如图 3.14 所示，限压式变量泵工作时的压力-流量特性曲线分为两段。第一段 AB 是在泵的输出油液作用于活塞上的力还没有达到弹簧的预压紧力时，定子不动，此时，对泵的流量的影响只是随压力增加而泄漏量增加，相当于定量泵。第二段 BC 出现在泵输出油液作用于活塞上的力大于弹簧的预压紧力后，转子与定子的偏心改变，泵输出的流量随着压力的升高而降低；当泵的工作压力接近于曲线上的 C 点时，泵的流量已很小，这时，压力已较高，泄漏也较多，当泵的输出流量完全用于补偿泄漏时，泵实际向外输

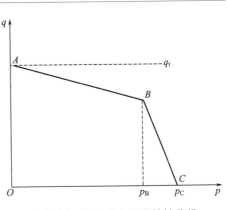

图 3.14　限压式变量泵特性曲线

出的流量已为零。

调节图 3.13 中所示的最大偏心调节螺钉 10，即可以改变泵的最大流量，这时曲线 AB 段上下平移；通过调节螺钉 1，即可调整弹簧预压紧力 F_s 的大小，这时曲线 BC 段左右平移；如果改变调节弹簧的刚度，则可以改变曲线 BC 段的斜率。

从上面讨论可以看出，限压式变量泵特别适用于工作机构有快、慢速进给要求的情况，例如组合机床的动力滑台等。此时，当需要有一个快速进给运动时，所需流量最大，正好应用曲线的 AB 段；当转为工作进给时，负载较大，速度不高，所需的流量也较小，正好应用曲线的 BC 段。这样，可以节省功率损耗，减少油液发热，与其他回路相比较，简化了液压系统。

3.3.3　双联叶片泵

(1) 双级叶片泵

为得到更高的压力，可以采用两个普通压力的单级叶片泵装在一个泵体内，由油路的串联而组成如图 3.15 所示的双级叶片泵。在这种泵中，两个单级叶片泵的转子装在同一根传动轴上，随着传动轴一起旋转，第一级泵经吸油管直接从油箱中吸油，输出的油液就送到第二级泵的吸油口，第二级泵的输出油液经管路送到工作系统。设第一级泵输出的油液压力为 p_1，第二级泵输出的压力为 p_2，该泵正常工作时，应使 $p_1=0.5p_2$。为了使在泵体内的两个泵的载荷平衡，在两泵中间装有载荷平衡阀，其面积比为 1:2，工作时，当第一级泵的流量大于第二级泵时，油压 p_1 就会增加，推动平衡阀左移，第一级泵输出的多余的油液就会流回吸油口；同理，当第二级泵的流量大于第一级泵时，会使平衡阀右移，第二级泵输出的多余的油液流回第二级泵的吸油口。这样，使两个泵的载荷达到平衡。

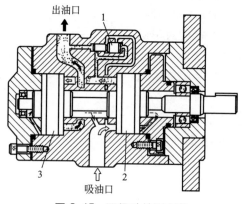

图 3.15　双级叶片泵系统

1—载荷平衡阀（活塞面积比 1:2）；2, 3—叶片泵内部组件

（2）双联叶片泵

这种泵是将两个相互独立的泵并联装在一个泵体内，各自有自己的输出油口，该泵适用于机床上需要不同流量的场合，其两泵的流量可以相同，也可以不相同，这种泵常用于如图3.16所示的双泵系统中。

目前，不少的厂家已将由这种泵组成的双泵系统及控制阀做成一体，其结构可参见图3.16，这种组合也称为复合泵。复合泵具有结构紧凑、回路简单等特点，可广泛应用于机床等行业。

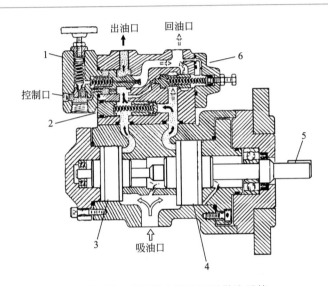

图3.16 采用复合泵的双泵供油系统

1—溢流阀；2—单向阀；3—小流量泵组件；4—大流量泵组件；5—轴；6—卸荷阀

3.3.4 叶片泵的优缺点

叶片泵具有输出流量均匀、运转平稳、噪声小等优点，特别适用于工作机械的中高压系统中，因此，在机床、工程机械、船舶、压铸及冶金设备中得到广泛的应用。但是，叶片泵的结构复杂，吸油特性不太好，对油液的污染也比较敏感。

3.4 柱塞泵

柱塞泵是依靠柱塞在缸体内作往复运动使泵内密封工作腔容积发生变化实现吸油和压油的。柱塞泵一般分为径向柱塞泵和轴向柱塞泵。

3.4.1　径向柱塞泵

（1）工作原理

径向柱塞泵的工作原理见图 3.17。径向柱塞泵是由定子 4、转子 2、配流轴 5、柱塞 1 及轴套 3 等组成的。柱塞 1 径向排列安装在转子 2 中，转子（缸体）由电动机带动旋转，柱塞靠离心力（或在低压油的作用下）顶在定子的内壁上。由于转子与定子是偏心安装的，因此，转子旋转时，柱塞即沿径向里外移动，使得工作腔容积发生变化。径向柱塞泵是靠配流轴来配油的，轴中间分为上下两部分，中间隔开，若转子顺时针旋转，则上部为吸油区（柱塞向外伸出），下部为压油区，上下区域轴向各开有两个油孔，上半部的 a、b 孔为吸油孔，下半部的 c、d 孔为压油孔。轴套与工作腔对应开有油孔，安装在配流轴与转子中间。径向柱塞泵每旋转一转，工作腔容积变化一次，完成吸油、压油各一次。改变其偏心率可使其输出流量发生变化，成为变量泵。

由于该泵上下各部分为吸油区和压油区，因此，泵在工作时受到径向不平衡力作用。

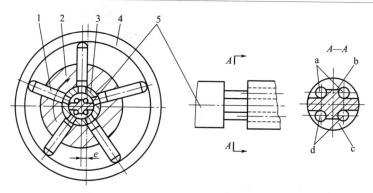

图 3.17　径向柱塞泵的工作原理
1—柱塞；2—转子；3—轴套；4—定子；5—配流轴

（2）流量计算

柱塞泵的排量计算较为精确，工作腔容积变化等于柱塞端面积乘以 2 倍偏心距再乘以柱塞数，实际流量的计算公式如下：

$$q = \frac{\pi}{4} d^2 2ezn\eta_v = \frac{\pi}{2} d^2 ezn\eta_v \tag{3.11}$$

式中　e——转子与定子间的偏心距；

d——柱塞的直径；

n——柱塞泵的转速；

z——柱塞数。

由于径向柱塞泵其柱塞在转子中的径向移动速度是变化的，而每个柱塞在同一瞬时的径向移动速度不均匀，因此径向柱塞泵的瞬时流量是脉动的。而奇数柱塞的脉动要比偶数柱塞的小得多，所以，径向柱塞泵均采用奇数柱塞。

3.4.2 轴向柱塞泵

轴向柱塞泵可分为斜盘式和斜轴式两种，下面主要介绍斜盘式。

（1）工作原理

斜盘式轴向柱塞泵的工作原理见图 3.18。轴向柱塞泵是由转轴 1、斜盘 2、柱塞 3、转子 4、配流盘 5 等组成的。柱塞 3 轴向均匀排列安装在转子 4 同一半径圆周处，转子（缸体）由电动机带动旋转，柱塞靠机械装置（如滑履）或在低压油的作用下顶在斜盘上。当缸体旋转时，柱塞即在轴向左右移动，使得工作腔容积发生变化。轴向柱塞泵是靠配流盘来配流的，配流盘上的配流窗口分为左右两部分，若缸体如图 3.18 所示方向顺时针旋转，则图中所示左边配流窗口 a 为吸油区（柱塞向左伸出，工作腔容积变大）；右边配流窗口 b 为压油区（柱塞向右缩回，工作腔容积变小）。轴向柱塞泵每旋转一转，工作腔容积变化一次，完成吸油、压油各一次。轴向柱塞泵是靠改变斜盘的倾角，从而改变每个柱塞的行程使得泵的排量发生变化的。

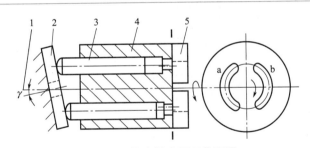

图 3.18 轴向柱塞泵工作原理
1—转轴；2—斜盘；3—柱塞；4—转子；5—配流盘

（2）流量计算

同径向柱塞泵一样，轴向柱塞泵的排量计算也是泵转一转每个工作腔容积变化的总和，实际流量的计算公式如下：

$$q = \frac{\pi}{4} d^2 D \tan\delta z n \eta_{\mathrm{v}} \tag{3.12}$$

式中 δ——斜盘的倾角；

$\qquad D$——柱塞的分布圆直径；

$\qquad d$——柱塞的直径；

$\qquad n$——柱塞泵的转速；

$\qquad z$——柱塞数。

以上计算的流量是泵的实际平均流量。实际上，由于该泵在工作时，其柱塞轴向移动的速度是不均匀的，它是随着转子旋转的转角而变化的，因此泵在某一瞬时的输出流量也是随转子的旋转而变化的。通过计算得出，柱塞数在奇数时，流量脉动率较小。因此，一般轴向柱塞泵的柱塞数选择 7、9 等奇数。

（3）斜盘式轴向柱塞泵结构特点

① 结构 图 3.19 所示是一种国产的斜盘式轴向柱塞泵的结构。该泵是由主体部分（图中右半部）和变量部分（图中左半部）组成的。在主体部分中，传动轴 9 通过花键轴带动缸体 5 旋转，使均匀分布在缸体上的柱塞 4 绕传动轴的轴线旋转，由于每个柱塞的头部通过滑履结构与斜盘连接，因此可以任意转动而不脱

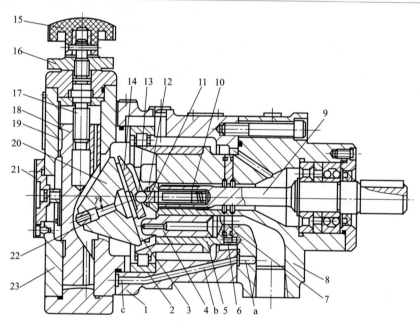

图 3.19 斜盘式轴向柱塞泵结构图

1—泵体；2—轴承；3—滑履；4—柱塞；5—缸体；6—销；7—配流盘；8—前泵体；9—传动轴；10—弹簧；11—内套；12—外套；13—钢球；14—回程盘；15—手轮；16—螺母；17—螺杆；18—变量活塞；19—键；20—斜盘；21—刻度盘；22—销轴；23—变量机构壳体

离斜盘（结构详见图 3.20）。随着缸体的旋转，柱塞在轴向往复运动，使密封工作腔的容积发生周期性的变化，通过配流盘完成吸油和压油工作。在变量机构中，由斜盘 20 的角度来决定泵的排量，而泵的角度是通过旋转手轮 15 使变量活塞 18 上下移动来调整的。可见这种泵的变量调节机构是手动的。

② 柱塞与斜盘的连接方式　在轴向柱塞泵中，由于柱塞是与传动轴平行的，因此，柱塞在工作中必须依靠机械方式或低压油的作用来保证使其与斜盘紧密接触。目前，工程上常用滑履式结构。图 3.20 所示为一种滑履式结构。柱塞前面的球头在斜盘的圆形沟槽中移动，每个柱塞缸中的压力油可以经柱塞中间的孔进入滑履油室中，使滑履与斜盘的沟槽间形成液体润滑，如同静压轴承一样。这种泵的工作压力可达 32MPa

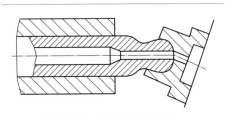

图 3.20　柱塞滑履式结构

以上，它也可作为液压马达使用。

③ 变量控制方式　由前所述，轴向柱塞泵如果斜盘固定，不能调整角度，则为定量泵。可见，这种液压泵的流量改变主要是通过改变斜盘的倾角来完成的，因此，在斜盘的结构设计中，就要考虑变量控制机构。变量控制机构按控制方式分为手动控制、液压控制、电气控制、伺服控制等；按控制目的还可以分为恒压力控制、恒流量控制、恒功率控制等。

3.4.3　柱塞泵的优缺点

① 工作压力高。由于柱塞泵的密封工作腔是柱塞在缸体内孔中往复移动得到的，其相对配合的柱塞外圆及缸体内孔加工精度容易保证，因此，其工作中泄漏较小，容积效率较高。

② 结构紧凑。特别是轴向柱塞泵其径向尺寸小，转动惯量也较小。不足的是它的轴向尺寸较大，轴向作用力也较大，结构较复杂。

③ 流量调节方便。只要改变柱塞行程便可改变液压泵的流量，并且易于实现单向或双向变量。

④ 柱塞泵特别适用于高压、大流量和流量需要调节的场合，如工程机械、液压机、重型机床等设备。

3.4.4　柱塞泵在海洋中的应用

柱塞泵在海洋 Argo 浮标中有应用，Argo 浮标的高压油路和气路系统如

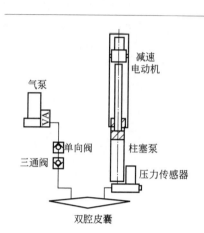

图 3.21　浮标油、气路原理图

图 3.21 所示，油路其实很简单，柱塞泵直通皮囊。皮囊在浮标壳体之外，处在海水包围中，因此它所受到的外压直接反映了海洋深度。气囊中所充的气体是浮标壳体内抽真空所剩余的残留气，气路中需要用单向阀和三通阀实现气囊与壳体内空间在特定位置处接通与关闭。

高压柱塞泵的动力来自一台微型直流电动机；通过高减速比的微型减速器将电动机转速降低并输出较大的转矩，使滚珠丝杠旋转带动活塞水平移动，使活塞足以推动因 20MPa 深海压力产生的 1600N 的阻力。

3.5　螺杆泵

螺杆泵实际上是一种外啮合的摆线齿轮泵，因此，它具有齿轮泵的许多特性。如图 3.22 所示是一种三螺杆的螺杆泵，它是由三个相互啮合的双头螺杆装在泵体中构成的。中间的为主动螺杆，是凸螺杆；两边的为从动螺杆，是凹螺杆。从横截面来看，它们的齿廓是由几对共轭曲线组成的，螺杆的啮合线将主动螺杆和从动螺杆的螺旋槽分割成多个相互隔离的密封工作腔。当电动机带动主动螺杆旋转时，这些密封的工作腔不断地在左端形成，并从左向右移动，在右端消失。在密封工作腔形成时，其容积增大，进行吸油；而在消失过程中，容积减小，将油压出。这种泵的排量取决于螺杆直径及螺旋槽的深度。同时，螺杆越长，其密封就越好，泵的额定压力就会越高。

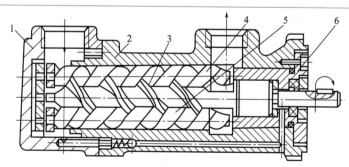

图 3.22　螺杆泵工作原理
1—后盖；2—泵体；3—主螺杆；4，5—从动螺杆；6—前盖

螺杆泵除了具有齿轮泵的结构简单、紧凑、体积小、重量轻、对油液污染不敏感等优点外，还具有运转平稳、噪声小、容积效率高的优点。螺杆泵的缺点是螺杆形状复杂、加工困难、精度不易保证。

3.6　液压马达简介

液压马达是一种液压执行机构，它将液压系统的压力能转化为机械能，以旋转的形式输出转矩和角速度[5]。

3.6.1　液压马达的分类

类似于液压泵，液压马达按其结构分为齿轮马达、叶片马达及柱塞马达；按其输入的油液的流量能否变化可以分为变量液压马达及定量液压马达。

3.6.2　液压马达的工作原理

从理论上讲，液压泵与液压马达是可逆的。也就是说，液压泵也可作液压马达使用。但由于各种泵的结构不一样，如果想当马达使用，在有些泵的结构上还需要做一些改进才行。

齿轮泵作为液压马达使用时，要注意进出油口尺寸要一致，只要在进油口中通入压力油，压力油作用于齿轮渐开线齿廓上的力就会产生一个转矩，使得齿轮轴转动。

叶片泵的工作是在离心力作用下使叶片紧贴定子内曲线上形成密封的工作腔而工作的，因此，叶片泵作为液压马达要采取在叶片根部加弹簧等措施。否则，开始时，泵处于静止状态，没有离心力就无法形成工作腔，马达就不能工作。这种马达主要是靠压力油作用于工作腔内（双作用式叶片泵在过渡曲线段区域内）的两个不同接触面积叶片上的力不平衡而产生转矩，使得马达旋转的。

柱塞泵作为柱塞马达可以使结构简化，特别是轴向柱塞泵，在结构上可以简化滑履结构。如图3.23所示的轴向柱塞马达，当通过配油窗口进入柱塞上的压力油在柱塞的轴向产生一个力时，在柱塞与斜盘的接触点上，斜盘会对柱塞产生支反力，由于柱塞位于斜盘的不同位置（除去最上和最下位置的柱塞），这个力会分解为几个分力，其中，沿圆周方向的分力会产生一个转矩，使得马达旋转。

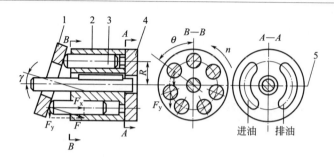

图 3.23　轴向柱塞马达
1—斜盘；2—转子；3—柱塞；4—配油盘；5—转轴

3.6.3　液压马达的主要性能参数

液压马达是一种将油液的压力能转化为机械能的能量转换装置。

（1）液压马达的压力

① 工作压力（工作压差）：是指液压马达在实际工作时的输入压力。马达的入口压力与出口压力的差值为马达的工作压差，一般在马达出口直接回油箱的情况下，近似认为马达的工作压力就是马达的工作压差。

② 额定压力：是指液压马达在正常工作状态下，按实验标准连续使用中允许达到的最高压力。

（2）液压马达的排量

液压马达的排量是指马达在没有泄漏的情况下每转一转所需输入的油液的体积。它是通过液压马达工作容积的几何尺寸变化计算得出的。

（3）液压马达的流量

液压马达的流量分为理论流量、实际流量。

① 理论流量是指马达在没有泄漏的情况下单位时间内其密封容积变化所需输入的油液的体积，可见，它等于马达的排量和转速的乘积。

② 实际流量是指马达在单位时间内实际输入的油液的体积。

由于存在着油液的泄漏，马达的实际输入流量大于理论流量。

（4）功率

① 输入功率　液压马达的输入功率就是驱动马达运动的液压功率，它等于液压马达的输入压力乘以输入流量：

$$P_i = \Delta p q (\text{W}) \tag{3.13}$$

② 输出功率　液压马达的输出功率就是马达带动外负载所需的机械功率，

它等于马达的输出转矩乘以角速度：

$$P_{\mathrm{o}} = T\omega \, (\mathrm{W}) \tag{3.14}$$

（5）效率

① 液压马达的容积效率是理论流量与实际输入流量的比值：

$$\eta_{\mathrm{mv}} = \frac{q_{\mathrm{t}}}{q} = \frac{q - \Delta q}{q} = 1 - \frac{\Delta q}{q} \tag{3.15}$$

② 液压马达的机械效率可表示为：

$$\eta_{\mathrm{mm}} = \frac{T}{T_{\mathrm{t}}} = \frac{T}{T + \Delta T} \tag{3.16}$$

液压马达的总效率：

$$\eta_{\mathrm{m}} = \eta_{\mathrm{mv}} \eta_{\mathrm{mm}} \tag{3.17}$$

（6）转矩和转速

对于液压马达的参数计算，常常是要计算马达能够驱动的负载及输出的转速为多少。由前面计算可推出，液压马达的输出转矩为：

$$T = \frac{\Delta p V}{2\pi} \eta_{\mathrm{mm}} \tag{3.18}$$

马达的输出转速为：

$$n = \frac{q \eta_{\mathrm{mv}}}{V} \tag{3.19}$$

3.6.4 液压马达的图形和符号

液压马达的图形符号与液压泵的类似（图 3.24），但要注意，液压马达是输入液压油。

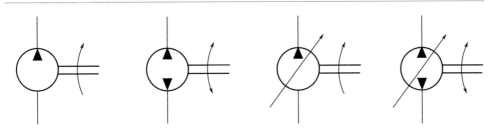

(a) 定量液压马达　　　(b) 双向定量液压马达　　　(c) 单向变量液压马达　　　(d) 双向变量液压马达

图 3.24　液压马达的图形符号

3.7　液压泵的性能比较及应用

液压泵是海洋液压系统的核心部件，设计一个液压系统时选择泵是一个非常关键的步骤。

首先，选择液压泵一定要了解各种液压泵的性能特点，根据本章的介绍我们将各种常用液压泵的技术性能及应用范围列出如表 3.1 所示。

表 3.1　液压泵的性能比较及应用场合

特性及应用场合＼泵类型	齿轮泵			叶片泵		柱塞泵			螺杆泵
	内啮合		外啮合	双作用	单作用	轴向		径向	
	渐开线	摆线				斜轴式	斜盘式		
压力范围	低压	低压	低压	中压	中压	高压	高压	高压	低压
排量调节	不能	不能	不能	不能	能	能	能	能	不能
输出流量脉动	小	小	很大	很小	一般	一般	一般	一般	最小
自吸特性	好	好	好	较差	较差	差	差	差	好
对油的污染敏感性	不敏感	不敏感	不敏感	较敏感	较敏感	很敏感	很敏感	很敏感	不敏感
噪声	小	小	大	小	较大	大	大	大	最小
价格	较低	低	最低	较低	一般	高	高	高	高
功率重量比	一般	一般	一般	一般	小	一般	大	小	小
效率	较高	较高	低	较高	较高	高	高	高	较高
应用场合	机床、农业机械、工程机械、航空、船舶、一般机械的润滑系统等			机床、工程机械、液压机、起重机、飞机等		工程机械、运输机械、锻压机械、农业机械、飞机等			精密机床、食品、化工、石油、纺织等

其次，在选择液压泵时，主要考虑在满足海洋系统使用要求的前提下，决定其价格、质量、维护、外观等方面的需求。一般情况下，在功率较小的条件下，可选用齿轮泵和双作用式叶片泵等，齿轮泵也常用于污染较大的地方；若有平稳性要求、精度较高的设备，可选用螺杆泵和双作用式叶片泵；在负载较大、且速度变化较大的条件下（如海洋组合机械等），可选择限压式变量泵；在功率、负载较大的条件下（如深海高压机械、运输锻压机械），可选用柱塞泵。

第4章

液压缸

在液压系统中，液压缸属于执行装置，用以将液压能转变成往复运动的机械能。由于工作机的运动速度、运动行程与负载大小、负载变化的种类繁多，液压缸的规格和种类也呈现出多样性。凡需要产生巨大推力以完成确定工作任务或作用力虽然不大但要求运动比较精确和复杂的，往往都采用液压缸。诸如自升式石油钻井平台的液压缸升降装置，自升式、半潜式或钻井平台液压缸式起重机，深海和海底的推土机、液压挖掘机液压缸，海底地质取样钻机的竖井架液压缸、井口钳液压缸、进给和提升液压缸，海洋石油钻井的液压防喷器、连接器、各种运动补偿器液压缸，机械手和人工智能机液压缸等，凡是需要实现机械化、自动化的场合，往往都与液压缸的使用分不开[6]。

本章将在 4.1 节系统介绍液压缸的种类及各自的特点；由于海洋装备中液压缸需适应复杂的深海环境，如较高的环境压力与防泄漏，具有独有的特点，本章将在 4.2 节进行介绍；4.3 节介绍液压缸的设计与计算。

4.1 液压缸种类和特点

液压缸的种类繁多，分类方法亦有多种。可以根据液压缸的结构形式、支承形式、额定压力、使用的工作油以及作用的不同进行分类。

液压缸按基本结构形式可分为活塞缸（单杆活塞和双杆活塞缸）、柱塞缸和摆动缸（单叶片式、双叶片式）。其按作用方式可分为单作用缸和双作用缸两种：单作用缸是缸一个方向的运动靠液压油驱动，反向运动必须靠外力（如弹簧力或重力）来实现；双作用缸是缸两个方向的运动均靠液压油驱动。其按缸的特殊用途可分为串联缸、增压缸、增速缸、步进缸和伸缩套筒缸等。此类缸都不是一个单纯的缸筒，而是和其他缸筒和构件组合而成的，所以从结构的观点看，这类缸又叫组合缸。

4.1.1 活塞缸

1）双作用双杆缸

图 4.1 所示为双作用双杆缸的工作原理。在活塞的两侧均有杆伸出，两腔有

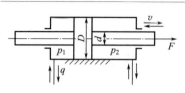

图 4.1　双作用双杆缸

效面积相等。

（1）往复运动的速度（供油流量相同）

$$v = \frac{q\eta_v}{A} = \frac{4q\eta_v}{\pi(D^2 - d^2)} \tag{4.1}$$

（2）往复出力（供油压力相同）

$$F = A(p_1 - p_2)\eta_m = \frac{\pi}{4}(D^2 - d^2)(p_1 - p_2)\eta_m \tag{4.2}$$

式中　q——缸的输入流量；

　　　A——活塞有效作用面积；

　　　D——活塞直径（缸筒内径）；

　　　d——活塞杆直径；

　　　p_1——缸的进口压力；

　　　p_2——缸的出口压力；

　　　η_v——缸的容积效率；

　　　η_m——缸的机械效率。

（3）特点

① 往复运动的速度和出力相等。

② 长度方向占有的空间，当缸体固定时约为缸体长度的三倍；当活塞杆固定时约为缸体长度的两倍。

2）双作用单杆缸

图 4.2 所示为双作用单杆缸的工作原理。其一端伸出活塞杆，两腔有效面积不相等。

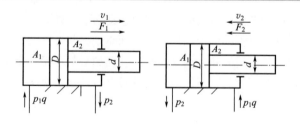

(a) 无杆腔进油　　　　　(b) 有杆腔进油

图 4.2　双作用单杆缸

（1）往复运动的速度（供油流量相同）

$$v_1 = \frac{q\eta_v}{A_1} = \frac{q\eta_v}{\frac{\pi}{4}D^2} \tag{4.3}$$

$$v_2 = \frac{q\eta_v}{A_2} = \frac{q\eta_v}{\frac{\pi}{4}(D^2-d^2)} \tag{4.4}$$

速比：

$$\varphi = \frac{v_2}{v_1} = \frac{D^2}{D^2-d^2} \tag{4.5}$$

式中　q——缸的输入流量；

　　　A_1——无杆腔的活塞有效作用面积；

　　　A_2——有杆腔的活塞有效作用面积；

　　　D——活塞直径（缸筒内径）；

　　　d——活塞杆直径；

　　　η_v——缸的容积效率。

（2）往复出力（供油压力相同）

$$F_1 = (p_1A_1 - p_2A_2)\eta_m = \frac{\pi}{4}[p_1D^2 - p_2(D^2-d^2)]\eta_m \tag{4.6}$$

$$F_2 = (p_1A_2 - p_2A_1)\eta_m = \frac{\pi}{4}[p_1(D^2-d^2) - p_2D^2]\eta_m \tag{4.7}$$

式中　η_m——缸的机械效率；

　　　p_1——缸的进口压力；

　　　p_2——缸的出口压力。

（3）特点

① 往复运动的速度及出力均不相等；

② 长度方向占有的空间大致为缸体长的两倍；

③ 活塞杆外伸时受压，要有足够的刚度。

3）差动连接缸

所谓的差动连接就是把单杆活塞缸的无杆腔和有杆腔连接在一起，同时通入高压油，如图 4.3 所示。由于无杆腔受力面积大于有杆腔受力面积，使得活塞所受向右的作用力大于向左的作用力，因此活塞杆作伸出运动，并将有杆腔的油液挤出，流进无杆腔。

（1）运动速度

$$q + vA_2 = vA_1$$

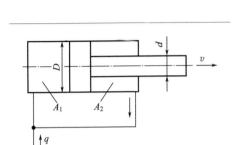

图 4.3 差动连接缸

在考虑了缸的容积效率 η_v 后得：

$$v = \frac{q\eta_v}{A_1 - A_2} = \frac{4q\eta_v}{\pi d^2} \qquad (4.8)$$

（2）出力

$$F = p(A_1 - A_2)\eta_m = \frac{\pi}{4}d^2 p\eta_m \qquad (4.9)$$

（3）特点

① 只能向一个方向运动，反向时必须断开差动（通过控制阀来实现）。

② 速度快、出力小，用于增速、负载小的场合。

4.1.2 柱塞缸

所谓的柱塞缸就是缸筒内没有活塞，只有一个柱塞，如图 4.4(a) 所示。柱塞端面是承受油压的工作面，动力通过柱塞本身传递；缸体内壁和柱塞不接触，因此缸体内孔可以只作粗加工或不加工，简化加工工艺；由于柱塞较粗，刚度强度足够，因此适用于工作行程较长的场合；只能单方向运动，工作行程靠液压驱动，回程靠其他外力或自重驱动，可以用两个柱塞缸来实现双向运动（往复运动），如图 4.4(b) 所示。

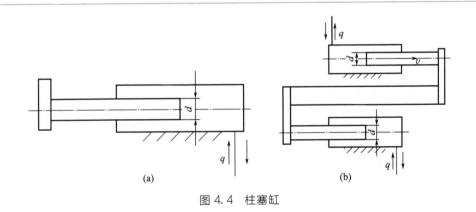

(a)   (b)

图 4.4 柱塞缸

柱塞缸的运动速度和出力分别为：

$$v = \frac{q\eta_v}{\frac{\pi}{4}d^2} \qquad (4.10)$$

$$F = p\,\frac{\pi}{4}d^2\eta_{\mathrm{m}} \tag{4.11}$$

式中　d——柱塞直径；

　　　q——缸的输入流量；

　　　p——液体的工作压力。

4.1.3　摆动缸

摆动缸是实现往复摆动的执行元件，输入的是压力和流量，输出的是转矩和角速度。它有单叶片式和双叶片式两种形式。

图 4.5(a)、(b) 所示分别为单叶片式摆动缸和双叶片式摆动缸，它们的输出转矩和角速度分别为：

$$T_{\mathrm{单}} = \left(\frac{R_2 - R_1}{2} + R_1\right)(R_2 - R_1)b(p_1 - p_2)\eta_{\mathrm{m}} = \frac{b}{2}(R_2^2 - R_1^2)(p_1 - p_2)\eta_{\mathrm{m}} \tag{4.12}$$

$$\omega_{\mathrm{单}} = \frac{q\eta_{\mathrm{v}}}{(R_2 - R_1)b\left(\dfrac{R_2 - R_1}{2} + R_1\right)} = \frac{2q\eta_{\mathrm{v}}}{b(R_2^2 - R_1^2)} \tag{4.13}$$

$$T_{\mathrm{双}} = 2T_{\mathrm{单}} \qquad \omega_{\mathrm{双}} = \omega_{\mathrm{单}}/2$$

式中　R_1——轴的半径；

　　　R_2——缸体的半径；

　　　p_1——进油的压力；

　　　p_2——回油的压力；

　　　b——叶片宽度。

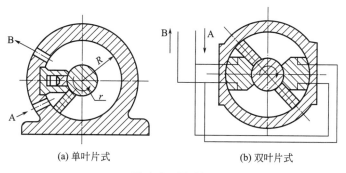

(a) 单叶片式　　　　　　　　(b) 双叶片式

图 4.5　摆动缸

单叶片的摆动角度为 300°左右，双叶片的摆动角度为 150°左右。

4.1.4　其他形式的液压缸

（1）伸缩套筒缸

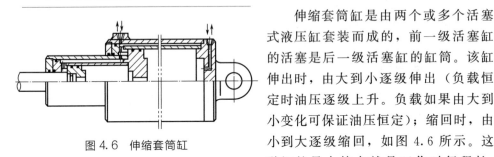

图 4.6　伸缩套筒缸

伸缩套筒缸是由两个或多个活塞式液压缸套装而成的，前一级活塞缸的活塞是后一级活塞缸的缸筒。该缸伸出时，由大到小逐级伸出（负载恒定时油压逐级上升。负载如果由大到小变化可保证油压恒定）；缩回时，由小到大逐级缩回，如图 4.6 所示。这种缸的最大特点就是工作时行程长，停止工作时行程较短。各级缸的运动速度和出力可按活塞式液压缸的有关公式计算。

伸缩套筒缸特别适用于工程机械和步进式输送装置上。

（2）增压缸

增压缸又叫增压器，如图 4.7 所示。它是在同一个活塞杆的两端接入两个直径不同的活塞，利用两个活塞有效面积之差来使液压系统中的局部区域获得高压的。具体工作过程是这样的：在大活塞侧输入低压油，根据力平衡原理，在小活塞侧必获得高压油（有足够负载的前提下）。即

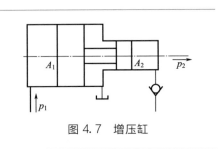

图 4.7　增压缸

$$p_1 A_1 = p_2 A_2$$

故：

$$p_2 = p_1 \frac{A_1}{A_2} = p_1 K \tag{4.14}$$

式中　p_1——输入的低压；

　　　p_2——输出的高压；

　　　A_1——大活塞的面积；

　　　A_2——小活塞的面积；

　　　K——增压比，$K = A_1/A_2$。

增压缸不能直接驱动工作机构，只能向执行元件提供高压，常与低压大流量泵配合使用来节约设备的费用。

（3）增速缸

图 4.8 所示为增速缸的工作原理。先从 a 口供油使活塞 2 以较快的速度右移，活塞 2 运动到某一位置后，再从 b 口供油，活塞以较慢的速度右移，同时输出力也相应增大。增速缸常用于卧式压力机上。

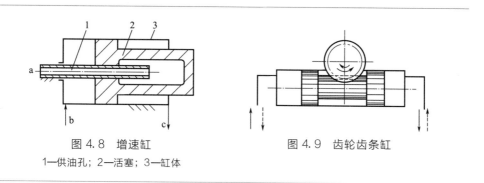

图 4.8　增速缸　　　　　　　　　图 4.9　齿轮齿条缸
1—供油孔；2—活塞；3—缸体

（4）齿轮齿条缸

齿轮齿条缸由带有齿条杆的双活塞缸和齿轮齿条机构组成，如图 4.9 所示。它将活塞的往复直线运动经齿轮齿条机构转变为齿轮轴的转动，多用于回转工作台和组合机床的转位、液压机械手和装载机铲斗的回转等。

4.2　海洋液压缸结构

在液压缸中最具有代表性的结构就是双作用单杆缸的结构，如图 4.10 所示（此缸是工程机械中的常用缸）。下面就以这种缸为例来讲讲液压缸的结构。

液压缸的结构基本上可以分为缸筒及缸盖组件、活塞与活塞杆组件、密封装置、缓冲装置和排气装置五个部分。

4.2.1　缸筒及缸盖组件

（1）连接形式

① 法兰连接式，如图 4.11(a) 所示。这种连接形式的特点是结构简单、容易加工、装拆；但外形尺寸和重量较大。

② 半环连接式，如图 4.11(b) 所示。这种连接分为外半环连接和内半环连接两种形式［图 4.11(b) 所示为外半环连接］。这种连接形式的特点是容易加

工、装拆，重量轻；但削弱了缸筒强度。

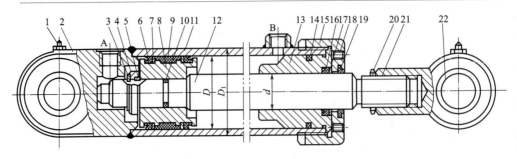

图 4.10　双作用单杆缸的结构

1—螺钉；2—缸底；3—弹簧卡圈；4—挡环；5—卡环（由两个半圆圈组成）；6—密封圈；7, 17—挡圈；
8—活塞；9—支撑环；10—活塞与活塞杆之间的密封圈；11—缸筒；12—活塞杆；13—导向套；
14—导向套和缸筒之间的密封圈；15—端盖；16—导向套和活塞杆之间的密封圈；
18—锁紧螺钉；19—防尘圈；20—锁紧螺母；21—耳环；22—耳环衬套圈

③ 螺纹连接式，如图 4.11(c)、(f) 所示。这种连接有外螺纹连接和内螺纹连接两种形式。这种连接形式的特点是外形尺寸和重量较小；但结构复杂，外径加工时要求保证与内径同心，装拆要使用专用工具。

④ 拉杆连接式，如图 4.11(d) 所示。这种连接的特点是结构简单、工艺性好、通用性强、易于装拆；但端盖的体积和重量较大，拉杆受力后会拉伸变长，影响密封效果，仅适用于长度不大的中低压缸。

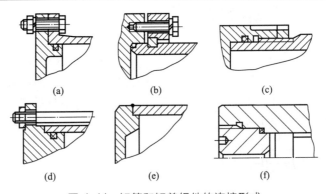

(a)　　　　　(b)　　　　　(c)

(d)　　　　　(e)　　　　　(f)

图 4.11　缸筒和缸盖组件的连接形式

⑤ 焊接式连接，如图 4.11(e) 所示。这种连接形式只适用于缸底与缸筒间的连接。这种连接形式的特点是外形尺寸小、连接强度高、制造简单；但焊后易使缸筒变形。

（2）密封形式

如图 4.11 所示，缸筒与缸盖间的密封属于静密封，主要的密封形式是采用 O 形密封圈密封。

（3）导向与防尘

对于缸前盖还应考虑导向和防尘问题。导向的作用是保证活塞的运动不偏离轴线，以免产生"拉缸"现象，并保证活塞杆的密封件能正常工作（$\frac{H8}{f8}$ 间隙）。导向套是用铸铁、青铜、黄铜或尼龙等耐磨材料制成的，可与缸盖做成整体或另外压制。导向套不应太短，以保证受力良好，见图 4.10 中的 13 号件。防尘就是防止灰尘被活塞杆带入缸体内，造成液压油的污染。通常是在缸盖上装一个防尘圈，见图 4.10 中的 19 号件。

（4）缸筒与缸盖的材料

缸筒：35 或 45 调质无缝钢管；也有采用锻钢、铸钢或铸铁等材料的，在特殊情况下也有采用合金钢的。

缸盖：35 或 45 锻件、铸件、圆钢或焊接件；也有采用球铁或灰口铸铁的。

4.2.2 活塞与活塞杆组件

（1）连接形式

① 螺纹连接式，如图 4.12（a）所示。这种连接形式的特点是结构简单，装拆方便；但高压时会松动，必须加防松装置。

② 半环连接式，如图 4.12（b）所示。这种连接形式的特点是工作可靠；但结构复杂、装拆不便。

③ 整体式和焊接式，适用于尺寸较小的场合。

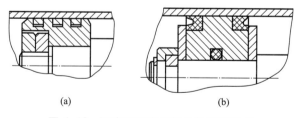

(a)　　　　　　　　　(b)

图 4.12　活塞和活塞杆组件的连接形式

（2）密封形式

活塞与活塞杆间的密封属于静密封，通常采用 O 形密封圈来密封。

　　活塞与缸筒间的密封属于动密封，既要封油，又要相对运动，对密封的要求较高，通常采用的形式有以下几种。

　　① 图 4.13(a) 所示为间隙密封，它依靠运动件间的微小间隙来防止泄漏，为了提高密封能力，常制出几条环形槽，增加油液流动时的阻力。它的特点是结构简单、摩擦阻力小、可耐高温；但泄漏大、加工要求高、磨损后无法补偿，用于尺寸较小、压力较低、相对运动速度较高的情况下。

　　② 图 4.13(b) 所示为摩擦环密封，靠摩擦环支承相对运动，靠 O 形密封圈来密封。它的特点是密封效果较好，摩擦阻力较小且稳定，可耐高温，磨损后能自动补偿；但加工要求高，拆装较不便。

　　③ 图 4.13(c)、(d) 所示为密封圈密封，它采用橡胶或塑料的弹性使各种截面的环形圈贴紧在静、动配合面之间来防止泄漏。它的特点是结构简单，制造方便，磨损后能自动补偿，性能可靠。

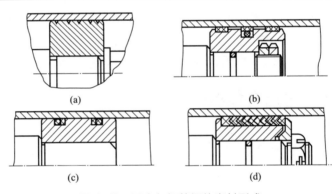

图 4.13　活塞与缸筒间的密封形式

　　(3) 液压缸、活塞、活塞杆的常用连接、密封结构和技术要求

　　① 液压缸头部与端盖的连接和密封结构　液压缸头部与端盖的连接结构有螺纹连接、法兰连接、半环连接、嵌丝连接、拉杆连接以及焊接等几种。其密封方式大都采用 O 形密封圈径向密封，个别也有采用 O 形密封圈或者密封垫进行端面密封的，其连接和密封结构见表 4.1。

　　② 液压缸与活塞、活塞与活塞杆的结构和密封方式　液压缸和活塞密封有 O 形密封圈密封，Y 形、U 形、V 形密封环密封，活塞环密封和间隙密封四种；活塞与活塞杆由于相对静止，其密封大都采用 O 形密封圈密封，也有采用间隙密封、螺纹沾锡（锡事先熔化）密封等的。以上机构见表 4.2 中的图例和说明（注：由于一般常用液压缸工作压力不大于 20MPa，因此对适应于 32MPa 下的 U 形夹织物密封环密封和适于 50MPa 以下的 V 形密封环密封，其结构图省略）。

表 4.1 液压缸头部与端盖的连接和密封结构

项目		螺纹连接		法兰连接		
		外螺纹连接	内螺纹连接			
结构示意图	（1—端盖；2—O形密封圈；3—液压缸缸体；4—锁紧螺母）	（1—螺母；2—防松螺钉；3—端盖；4—液压缸缸体；5—O形密封圈）	（1—液压缸缸体；2—O形密封圈；3—锁紧螺母；4—端盖）	（1—液压缸缸体；2—O形密封圈；3—螺旋压紧环；4—端盖）	（1—端盖；2—内六角螺钉；3—液压缸缸体；4—O形密封圈）	（1—六角螺母；2—端盖；3—六角头螺栓；4—O形密封圈；5—液压缸缸体）
特点	适用于较小直径的液压缸，结构较简单，径向尺寸较大，但需专用拆装工具，液压缸需加工外圆和螺纹	适用于装配时要求端盖3不能旋转的场合，零件较多	结构较简单，径向尺寸不太大，不适用于较大的液压缸，需专用拆装工具	径向尺寸较小，适用于结构简单或者中等直径的液压缸，要求端盖4安装时需旋转，能旋转时需专用拆装工具	适用于铸钢缸体，结构简单，加工方便，无需专用拆装工具，无缝钢管不宜采用（用铸件）	径向尺寸大，液压缸缸体不宜采用无缝钢管，采用铸件

（法兰连接第三图： 1—六角螺母；2—端盖；3—六角头螺栓；4—法兰盘（与缸体焊接）；5—液压缸缸体；6—密封垫　特点：结构简单，加工方便，但需专用拆装工具，径向尺寸大，密封压力大，密封理想压力也不高）

续表

项目	焊接连接	法兰连接		螺纹连接　内螺纹连接		螺纹连接　外螺纹连接	
结构示意图	1—端盖;2—焊缝;3—液压缸缸体	1—六角螺母;2—端盖;3—拉杆双头螺栓;4—液压缸缸体;5—O形密封圈	1—液压缸缸体;2—O形密封圈;3—钢丝;4—端盖	1—螺钉;2—压环;3—开口环;4—液压缸缸体;5—O形密封圈;6—端盖	1—卡簧;2—垫环;3—开口半环（由两个对开半环组成）;4—O形密封圈;5—液压缸缸体;6—端盖	1—六角螺母;2—端盖;3—六角头螺栓;4—开口环（由两个对开半环组成）;5—圆环法兰;6—O形密封圈;7—液压缸缸体	1—端盖;2—内六角螺栓;3—O形密封圈;4—开口环（由两个对开半环组成）;5—圆环法兰
特点	结构简单、径向尺寸小（一般是液压缸焊接后好容液压缸缸体和缸盖有焊接性能要求	结构简单，液压缸加工容易，但径向尺寸较大	结构简单、径向尺寸小，易加工，重量轻，但不易装卸	径向尺寸较小		液压缸无需焊接或加工螺纹，适用于焊接性不好的钢管做液压缸（如45无缝钢管）和液压缸直径较大的场合，但半环槽削弱了缸体强度相应要增加壁厚，外半环连接的径向尺寸也比较大	

表 4.2 液压缸与活塞、活塞与活塞杆的结构和密封方式

	液压缸与活塞用O形密封圈密封		液压缸或活塞用活塞环密封	液压缸与活塞用间隙密封
结构示意图	1—液压缸缸体；2、4—O形密封圈；3—活塞；5—活塞杆；6—挡圈	1—液压缸缸体；2—活塞；3、4—O形密封圈；5—活塞杆；6—槽形六角螺母	1—液压缸缸体；2—活塞环；3—润滑槽；4—活塞杆；5—活塞	1—形密封圈；2—活塞；3—O形密封圈；4—活塞杆
特点	工作压力大于10MPa，工作频繁且运动速率较低	工作压力不大于10MPa，不经常工作，且运动速率较低	适用的工作压力接近20MPa，若工作压力应不超过6.3MPa，则应相应增多活塞环，并加长活塞，适用于高温度或低温工作场合，摩擦损小，寿命长，但不易加工，漏损大，一般不采用	工作压力低于6.3MPa，适用于活塞运动速率高，寿命长，但漏损大，一般不采用。较高温度或低温下工作，

	液压缸与活塞用Y形密封圈密封			
结构示意图	1—液压缸缸体；2—Y形密封圈；3—Y形密封圈；4—活塞；5—O形密封圈；6—活塞杆	1—液压缸缸体；2—蝶形密封圈；3—Y形密封圈；4—活塞；5—O形密封圈；6—活塞杆	1—液压缸缸体；2—Y形密封圈；3—活塞；4—活塞杆；5—Y形密封圈；6—活塞	1—液压缸缸体；2—活塞；3—O形密封圈；4—Y形密封圈；5—螺母
特点	适用于工作压力小于20MPa，且压力变化大，运动速率较高的场合			

③ 液压缸与活塞杆伸出端的连接和密封结构　液压缸与活塞杆伸出端的连接方式基本和前述液压缸缸体与端盖的连接方式相同。其密封结构与前述活塞和液压缸的密封方式相同，即根据工作压力的大小、工作的频繁程度和活塞杆的运动速率来选择。

图 4.14(a) 所示为液压缸活塞杆伸出端结构之一：液压缸缸筒 6 和上盖 3 采用螺纹连接，以三角形槽 O 形密封圈密封；活塞杆 5 与上盖采用 V 形密封环 2 密封，用衬套 4 做导向，并用压紧螺母 1 调节 V 形密封环松紧程度。

图 4.14(b) 所示为液压缸活塞杆伸出端结构之二：液压缸缸筒 1 与端盖 4 用嵌丝 3 连接，以 O 形密封圈 2 密封；活塞杆 5 用 Y 形密封环 6 密封，以橡胶防尘圈 7 防尘。

图 4.14(c) 所示为液压缸活塞杆伸出端的结构之三：液压缸缸筒 10 与前盖 3 用外半环（即卡圈 7）连接，用 O 形密封圈 8 密封；活塞杆用 V 形密封圈（4）密封，以衬套 9 导向，用内六角螺钉 2 调节密封环压紧程度。

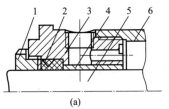

(a)

1—压紧螺母；2—V形密封环；3—上盖；
4—衬套；5—活塞杆；6—液压缸缸筒

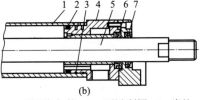

(b)

1—液压缸缸筒；2—O形密封圈；3—嵌丝；
4—端盖；5—活塞杆；6—Y形密封环；
7—橡胶防尘圈

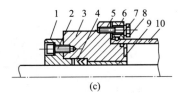

(c)

1—前压盖；2—内六角螺钉；3—前盖；
4—V形密封环；5—六角螺栓；6—压紧圈
7—卡圈(即用两只半环组成)；8—O形密封
圈(耐油橡胶)；9—衬套；10—液压缸缸筒

图 4.14　活塞缸活塞杆伸出端结构

(4) 活塞和活塞杆的材料

活塞：通常用铸铁和钢；也有用铝合金制成的。

活塞杆：35、45 钢的空心杆或实心杆。

4.2.3 缓冲装置

液压缸一般都设置缓冲装置，特别是活塞运动速度较高和运动部件质量较大时，为了防止活塞在行程终点与缸盖或缸底发生机械碰撞，引起噪声、冲击，甚至造成液压缸或被驱动件的损坏，必须设置缓冲装置。其基本原理就是利用活塞或缸筒在走向行程终端时在活塞和缸盖之间封住一部分油液，强迫它从小孔后细缝中挤出，产生很大阻力，使工作部件受到制动，逐渐减慢运动速度。

液压缸中常用的缓冲装置有节流口可调式和节流口变化式两种。

（1）节流口可调式

节流口可调式缓冲装置的工作原理如图 4.15(a) 所示，缓冲过程中被封在活塞和缸盖间的油液经针形节流阀流出，节流阀开口大小可根据负载情况进行调节。这种缓冲装置的特点是起始缓冲效果大，后来缓冲效果差，故制动行程长；缓冲腔中的冲击压力大；缓冲性能受油温影响。缓冲性能曲线如图 4.15(b) 所示。

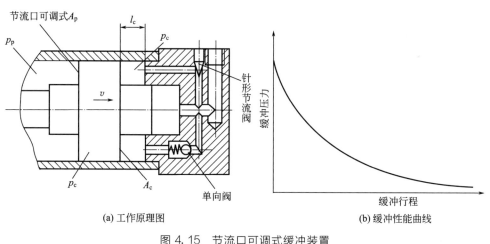

(a) 工作原理图　　　　　　　　　　(b) 缓冲性能曲线

图 4.15　节流口可调式缓冲装置

（2）节流口变化式

节流口变化式缓冲装置的工作原理如图 4.16(a) 所示，缓冲过程中被封在活塞和缸盖间的油液经活塞上的轴向节流阀流出，节流口通流面积不断减小。这种缓冲装置的特点是当节流口的轴向横截面为矩形、纵截面为抛物线形时，缓冲腔可保持恒压；缓冲作用均匀，缓冲腔压力较小，制动位置精度高。缓冲性能曲线如图 4.16(b) 所示。

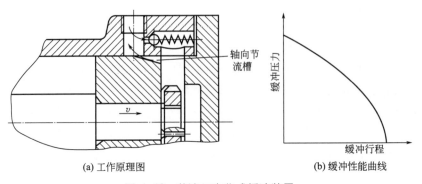

(a) 工作原理图　　　　　　(b) 缓冲性能曲线

图 4.16　节流口变化式缓冲装置

4.2.4　排气装置

液压系统在安装过程中或长时间停止工作之后会渗入空气，油中也会混有空气，由于气体有很大的可压缩性，会使执行元件产生爬行、噪声和发热等一系列不正常现象，因此在设计液压缸时，要保证能及时排除积留在缸内的气体。

一般利用空气比较轻的特点可在液压缸的最高处设置进出油口把气体带走，如不能在最高处设置油口，则可在最高处设置放气孔或专门的放气阀等放气装置，如图 4.17 所示。

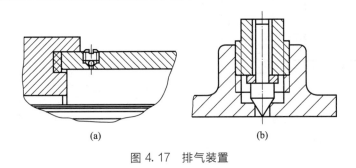

(a)　　　　　　　　　(b)

图 4.17　排气装置

4.3　液压缸的设计与计算

一般来说液压缸是标准件，但有时也需要自行设计或向生产厂家提供主要尺寸，本节主要介绍液压缸主要尺寸的计算及强度、刚度的验算方法。

4.3.1　液压缸的设计依据与步骤

（1）设计依据

① 主机的用途和工作条件。

② 工作机构的结构特点、负载情况、行程大小和动作要求等。

③ 液压系统的工作压力和流量。

④ 有关的国家标准。

国家对额定压力、速比、缸内径、外径、活塞杆直径及进出口连接尺寸等都作了规定（见有关的手册）。

（2）设计步骤

① 液压缸类型和各部分结构形式的选择。

② 基本参数的确定：工作负载、工作速度、速比、工作行程，这些参数应该是已知的；缸内径、活塞杆直径、导向长度等，这些参数应该是未知的。

③ 结构强度计算和验算：缸筒壁厚、缸盖厚度的计算，活塞杆强度和稳定性验算，以及各部分连接结构强度计算。

④ 导向、密封、防尘、排气和缓冲等装置的设计（结构设计）。

⑤ 整理设计计算说明书，绘制装配图和零件图。

应当指出，对于不同类型和结构的液压缸，其设计内容必须有所不同，而且各参数之间往往具有各种内在联系，需要综合考虑反复验算才能获得比较满意的结果，所以设计步骤也不是固定不变的。

4.3.2　液压缸的主要尺寸确定

1）要进行液压缸主要尺寸的计算应已知的参数

（1）工作负载

液压缸的工作负载是指工作机构在满负荷情况下，以一定加速度启动时对液压缸产生的总阻力。

$$F = F_e + F_f + F_i + F_u + F_s \tag{4.15}$$

式中　F_e——负载（荷重）；

　　　F_f——摩擦负载；

　　　F_i——惯性负载；

　　　F_u——黏性负载；

　　　F_s——弹性负载。

把对应各工况下的各负载都求出来，然后作出负载循环图，即 $F(t)$ 图，求

出 F_{max}。

(2) 工作速度和速比

活塞杆外伸的速度 v_1，活塞杆内缩的速度 v_2，以及两者的比值即速比 $\varphi = \dfrac{v_2}{v_1}$。

2) 液压缸主要尺寸的计算

(1) 缸筒内径 D 和活塞杆直径 d

通常根据工作压力和负载来确定缸筒内径。最高速度的满足一般在校核后通过泵的合理选择以及恰当地拟订液压系统予以满足。

对于单杆缸，当活塞杆是以推力驱动负载或以拉力驱动负载时（图 4.2），有（缸的机械效率取为 1）：

$$F_{max} = \frac{\pi}{4} D^2 p_1 - \frac{\pi}{4} (D^2 - d^2) p_2$$

或

$$F_{max} = \frac{\pi}{4} (D^2 - d^2) p_1 - \frac{\pi}{4} D^2 p_2$$

在以上两式中，已知的参数只有 F_{max}，未知的参数有 p_1、p_2、D、d，此方程无法求解。但这里的 p_1 和 p_2 可以查有关的手册选取；D 和 d 之间有如下的关系：当速比 φ 已知时，$d = \sqrt{\dfrac{(\varphi - 1)}{\varphi}} D$；当速比 φ 未知时，可自己设定两者之间的关系，杆受拉时 $d/D = 0.3 \sim 0.5$，杆受压时 $d/D = 0.5 \sim 0.7$。这样我们就可以利用以上各式把 D 和 d 求出来。D 和 d 求出后要按国家标准进行圆整，圆整后 D 和 d 的尺寸就确定了。

(2) 最小导向长度 H

当活塞杆全部外伸时，从活塞支承面中点到导向套滑动面中点的距离称为最小导向长度 H，如图 4.18 所示。如果导向长度过小，将使液压缸的初始挠度（间隙引起的挠度）增大，影响液压缸的稳定性，因此在设计时必须保证有一定的最小导向长度。

对于一般的液压缸，其最小导向长度应满足式(4.16)：

$$H \geqslant \frac{L}{20} + \frac{D}{2} \tag{4.16}$$

式中　L——最大行程；

　　　D——缸筒内径。

若最小导向长度 H 不够，则可在活塞杆上增加一个导向隔套 K（图 4.18）

来增加 H 值。

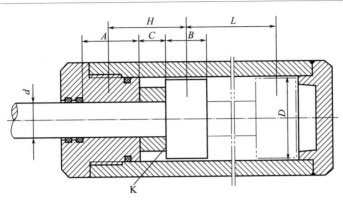

图 4.18 液压缸最小导向长度

4.3.3 强度及稳定性校核

1）缸筒壁厚的计算（主要是校核）

（1）当 $\dfrac{\delta}{D} \leqslant 1/10$ 时按薄壁孔强度校核

$$\delta \geqslant \frac{p_y D}{2[\sigma]} \tag{4.17}$$

（2）当 $\dfrac{\delta}{D} > 1/10$ 时按第二强度理论校核

$$\delta \geqslant \frac{D}{2}\left(\sqrt{\frac{[\sigma]+0.4p_y}{[\sigma]-1.3p_y}}-1\right) \tag{4.18}$$

式中 p_y——缸筒试验压力（缸的额定压力 $p_n \leqslant 16$MPa 时，$p_y = 1.5p_n$；缸的额定压力 $p_n > 16$MPa 时，$p_y = 1.25p_n$）；

$[\sigma]$——缸筒材料的许用拉应力；

D——缸筒内径；

δ——缸筒壁厚。

2）活塞杆强度及稳定性校核

活塞杆的强度一般情况下是足够的，主要是校核其稳定性。

（1）活塞杆的强度校核

活塞杆的强度按式(4.19)校核：

$$d \geqslant \sqrt{\frac{4F_{max}}{\pi[\sigma]}} \tag{4.19}$$

式中　F_{max}——活塞杆上的最大作用力；

　　　$[\sigma]$——活塞杆材料的许用拉应力。

（2）活塞杆的稳定性校核

活塞杆受轴向压缩负载时，它所承受的力（一般指 F_{max}）不能超过使它保持稳定工作所允许的临界负载 F_k，以免发生纵向弯曲，破坏液压缸的正常工作。F_k 的值与活塞杆材料性质、截面形状、直径和长度以及液压缸的安装方式等因素有关。活塞杆的稳定性可按式（4.20）校核：

$$F_{max} \leqslant \frac{F_k}{n} \tag{4.20}$$

式中　n——安全系数，一般取 $n=2\sim4$。

当活塞杆的细长比 $\dfrac{l}{r_k} > \psi_1 \sqrt{\psi_2}$ 时：

$$F_k = \frac{\psi_2 \pi^2 EJ}{l^2} \tag{4.21}$$

当活塞杆的细长比 $\dfrac{l}{r_k} \leqslant \psi_1 \sqrt{\psi_2}$ 时，且 $\psi_1 \sqrt{\psi_2} = 20\sim120$，则：

$$F_k = \frac{fA}{1 + \dfrac{a}{\psi_2}\left(\dfrac{l}{r_k}\right)^2} \tag{4.22}$$

式中　l——安装长度，其值与安装方式有关，见表4.3；

　　　r_k——活塞杆横截面最小回转半径，$r_k = \sqrt{\dfrac{J}{A}}$；

　　　ψ_1——柔性系数，其值见表4.4；

　　　ψ_2——支承方式或安装方式决定的末端系数，其值见表4.3；

　　　E——活塞杆材料的弹性模量；

　　　J——活塞杆横截面惯性矩；

　　　A——活塞杆横截面积；

　　　f——材料强度决定的实验值，其值见表4.4；

　　　a——系数，其值见表4.4。

表 4.3　液压缸支承方式和末端系数 ψ_2 的值

支承方式	支承说明	末端系数 ψ_2
	一端自由 一端固定	1/4

支承方式	支承说明	末端系数 ψ_2
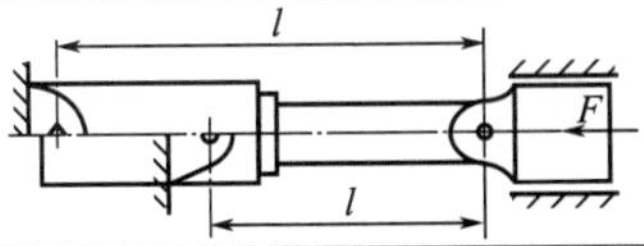	两端铰接	1
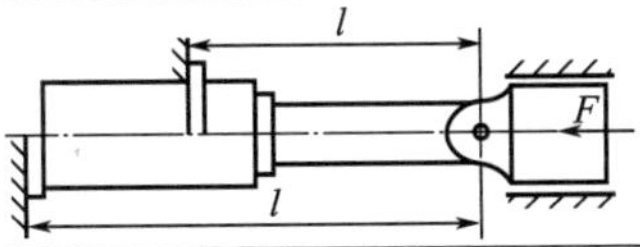	一端铰接 一端固定	2
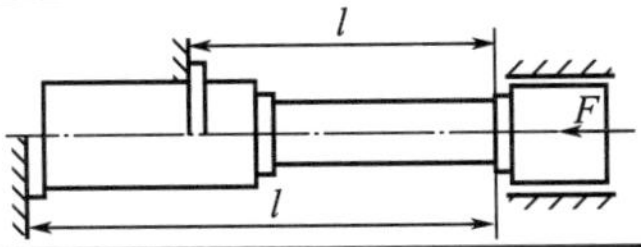	两端固定	4

表 4.4 f、a、ψ_1 的值

材料	$f/10^8$ Pa	a	ψ_1
铸铁	5.6	1/1600	80
锻钢	2.5	1/9000	110
软钢	3.4	1/7500	90
硬钢	4.9	1/5000	85

4.3.4 缓冲计算

液压缸的缓冲计算主要是确定缓冲距离及缓冲腔内的最大冲击压力。当缓冲距离由结构确定后,主要是根据能量关系来计算缓冲腔内的最大冲击压力。

设缓冲腔内的液压能为 E_1,则:

$$E_1 = p_c A_c l_c \tag{4.23}$$

设工作部件产生的机械能为 E_2,则:

$$E_2 = p_p A_p l_c + \frac{1}{2} m v_0^2 - F_f l_c \tag{4.24}$$

式中 $p_p A_p l_c$ ——高压腔中液压能;

$\dfrac{1}{2} m v_0^2$ ——工作部件动能;

$F_f l_c$ ——摩擦能;

p_c ——平均缓冲压力;

p_p ——高压腔中的油液压力;

A_c ——缓冲腔的有效面积;

A_p ——高压腔的有效面积;

l_c——缓冲行程长度；

m——工作部件质量；

v_0——工作部件运动速度；

F_f——摩擦力。

实现完全缓冲的条件是 $E_1 = E_2$，故：

$$p_c = \frac{E_2}{A_c l_c} \tag{4.25}$$

如缓冲装置为节流口可调式缓冲装置，在缓冲过程中的缓冲压力逐渐降低，假定缓冲压力线性地降低，则缓冲腔中的最大冲击压力为：

$$p_{cmax} = p_c + \frac{m v_0^2}{2 A_c l_c} \tag{4.26}$$

如缓冲装置为节流口变化式缓冲装置，则由于缓冲压力 p_c 始终不变，即为 $\dfrac{E_2}{A_c l_c}$。

第5章

液压控制阀

5.1 液压控制阀概述

液压控制阀（简称液压阀）在海洋装备液压系统中的功用是通过控制调节液压系统中油液的流向、压力和流量，使执行器及其驱动的工作机构获得所需的运动方向、推力（转矩）及运动速度（转速）等。任何一个海洋液压系统，不论其如何简单，都不能缺少液压阀；同一工艺目的的海洋设备，通过液压阀的不同组合使用，可以组成油路结构截然不同的多种液压系统方案。因此，液压阀是液压技术中品种与规格最多、应用最广泛、最活跃的原件。一个新设计或正在运转的液压系统，能否按照既定的要求正常可靠地运行，在很大程度上取决于其中所采用的各种液压阀的性能优劣及参数匹配是否合理[7]。另外，在海洋环境中，也要考虑液压控制阀的防腐蚀等问题。

5.1.1 液压阀的分类

（1）根据用途分类

① 方向控制阀：用来控制海洋装备液压系统中液流的方向，以实现机构变换运动方向的要求（如单向阀、换向阀等）。

② 压力控制阀：用来控制海洋装备液压系统中油液的压力以满足执行机构对力的要求（如溢流阀、减压阀、顺序阀等）。

③ 流量控制阀：用来控制海洋装备液压系统中油液的流量，以实现机构所要求的运动速度（如节流阀、调速阀等）。

在实际使用中，根据实际需要，往往将几种用途的阀做成一体，形成一种体积小、用途广、效率高的复合阀，如单向节流阀、单向顺序阀等。

（2）根据控制方式分类

① 开关控制或定值控制：利用手动、机动、电磁、液控、气控等方式来定值地控制液体的流动方向、压力和流量，一般普通控制阀都应用这种控制方式。

② 比例控制：利用输入的比例电信号来控制流体的通路，使其能实现按比

例地控制系统中流体的方向、压力及流量等参数，多用于开环控制系统中。

③ 伺服控制：将微小的输入信号转换成大的功率输出，连续按比例地控制海洋装备液压系统中的参数，多用于高精度、快速响应的闭环控制系统。

④ 电液数字控制：利用数字信息直接控制阀的各种参数。

（3）根据连接方式分类

① 管式连接（螺纹连接）方式：阀口带有管螺纹，可直接与管道及其他元件相连接。

② 板式连接方式：所有阀的接口均布置在同一安装面上，利用安装板与管路及其他元件相连，这种安装方式比较美观、清晰。

③ 法兰连接方式：阀的连接处带有法兰，常用于大流量系统中。

④ 集成块连接方式：将几个阀固定于一个集成块侧面，通过集成块内部的通道孔实现油路的连接，控制集中、结构紧凑。

⑤ 叠加阀连接方式：将阀做成标准型，上下叠加而形成回路。

⑥ 插装阀连接方式：没有单独的阀体，通过插装块内通道把各插装阀连通成回路。插装块起到阀体和管路的作用。

5.1.2　海洋装备对液压阀的基本要求

① 动作灵敏、可靠，工作时冲击、振动要小，使用寿命长。
② 油液流经液压阀时压力损失要小，密封性要好，内泄漏要小，无外泄。
③ 结构简单紧凑，安装、维护、调整方便，通用性能好。
④ 具有一定的抗海水腐蚀的能力。

5.1.3　液压阀在海洋环境中的应用方法

① 为了解决液压控制阀在海洋环境中的应用问题，制造商与设计者现已采取综合防护措施，通过合理的技术手段加强液压设备防腐能力，使液压控制阀可以长时间地在海洋环境中工作。

② 为了提高液压控制阀在海洋环境中的抗腐蚀能力，需要将液压控制阀等元件与海水隔开，使控制阀以及其他元件不会直接与海水接触。例如将连接管道与执行器外的包括控制阀在内的全部液压元件都纳入密封箱体中，箱体中充入压力补偿油，使元件可以在无腐蚀的环境下工作。

③ 对于必须接触海水的元件，其防腐工作可以分为两方面，其一是选择适合的防腐材料，其二是对材料进行表面处理。

④ 目前，我国在海洋环境中采用的抗腐蚀材料有不锈钢、铝合金等材料，

而且工程陶瓷材料逐渐成熟，在许多海洋开发设备中有所应用。

⑤ 但是在使用的过程中，仍然出现了点蚀现象，所以在使用阶段需要采取阴极保护方法，并且合理地控制缝隙与点蚀现象，通过金属涂层处理，加强抗腐蚀性。

5.2 方向控制阀

在海洋装备液压控制系统中，方向控制阀主要有单向阀和换向阀两种。

5.2.1 单向阀

(1) 普通单向阀

普通单向阀的作用就是使油液只能向一个方向流动，不许倒流。因此，对单向阀的要求是：通油方向（正向）要求液阻尽量小，保证阀的动作灵敏，因此弹簧刚度适当小些，一般开启压力为 0.035～0.05MPa；而对截止方向（反向）要求密封尽量好一些，保证反向不漏油。当采用单向阀做背压阀时，弹簧刚度要取得较大一些，一般取 0.2～0.6MPa。

普通单向阀是由阀芯、阀体及弹簧等组成的。根据使用参数不同阀芯可做成球形和圆锥形的，球形阀芯一般用于小流量的场合，图 5.1(a) 所示的是一种圆锥形阀芯的普通单向阀。静态时，阀芯在弹簧力的作用下顶在阀座上，当液压油从阀的左端（P_1）进入，即正向通油时，液压力克服弹簧力使阀芯右移，打开阀口，油液经阀口从右端（P_2）流出；而当液压油从右端进入，即反向通油时，阀芯在液压力与弹簧力的共同作用下，紧贴在阀座上，油液不能通过。

普通单向阀的职能符号如图 5.1(b) 所示。

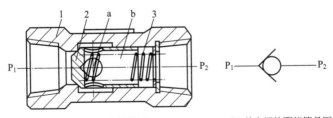

(a) 单向阀的结构图   (b) 单向阀的职能符号图

图 5.1 单向阀

1—阀体；2—阀芯（锥阀）；3—弹簧

（2）液控单向阀

液控单向阀是由一个普通单向阀和一个小型控制液压缸组成的。图 5.2(a) 所示为一种板式连接的液控单向阀，当控制口 K 处没有压力油输入时，这种阀同普通单向阀一样使用，油液从 P_1 口进入，顶开阀芯，从 P_2 口流出；而当油液从 P_2 口进入时，在油液的压力和弹簧力共同作用下使阀芯关闭，油路不通；当控制口 K 有压力油输入时，活塞在压力油作用下右移，使阀芯打开，在单向阀中形成通路，油液在两个方向可自由流通。图 5.2(b) 所示为液控单向阀的职能符号。

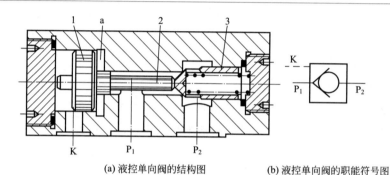

(a) 液控单向阀的结构图　　　　　(b) 液控单向阀的职能符号图

图 5.2　液控单向阀

1—活塞；2—顶杆；3—阀芯

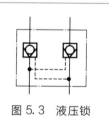

图 5.3　液压锁

如前所述，液控单向阀的作用是可以根据需要控制单向阀在油路中的存在，一般用在液压锁紧回路、平衡回路中。

（3）液压锁

液压锁实际上是两个液控单向阀的组合，如图 5.3 所示。它能在液压执行机构不运动时保持油液的压力，使液压执行机构在不运动时锁紧。

5.2.2　换向阀

换向阀是海洋装备液压系统中用途较广的一种阀，主要作用是利用阀芯在阀体中的移动来控制阀口的通断，从而改变油液流动的方向，达到控制执行机构开启、停止或改变运动方向。

1）换向阀的分类

① 根据阀芯运动方式不同可分为转阀与滑阀两种。

② 根据操纵方式不同可分为手动换向阀、机动换向阀、液动换向阀、电磁

换向阀、电液换向阀。

③ 根据阀芯在阀体中所处的位置不同可分为二位阀、三位阀。

④ 根据换向阀的通口数可分为二通阀、三通阀、四通阀、五通阀。

2）换向阀的基本要求

① 油液流经阀口的压力损失要小。

② 各关闭不相通的油口间的泄漏量要小。

③ 换向要可靠，换向时要平稳迅速。

3）转阀

转阀的主要特点是阀芯与阀体的相对运动为转动，当阀芯旋转一个角度后，即转阀变换了一个工作位置。如图 5.4 所示为一种三位四通转阀。图中的 P、T、A、B 分别为阀的进油口、回油口及两个与执行机构工作腔相连的工作油口，这个阀有三个工作位置，图（a）中的三个图对应于图（b）所示职能符号中的三个位置，中间的图所示为四个油口互不相通，即中位状态；左边的图所示为 P 与 A 相通，B 与 T 相通，即左位状态；右边的图所示为 P 与 B 相通，A 与 T 相通，即右位状态。可见在左位与右位的两个不同位置时，油路互相交换，使得执行机构换向。

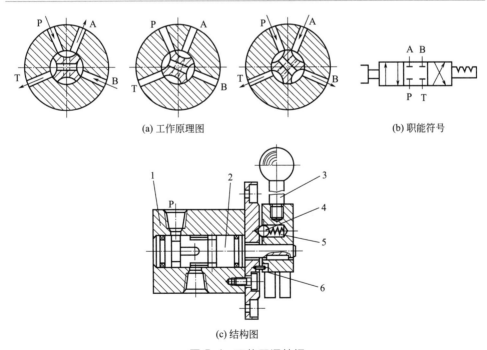

(a) 工作原理图　　　　　　　　　　　(b) 职能符号

(c) 结构图

图 5.4　三位四通转阀

1—阀体；2—阀芯；3—手柄；4—定位钢球；5—弹簧；6—限位销

转阀的结构简单、紧凑，但密封性差、操纵费力、阀芯易磨损，只适用于中低压、小流量的场合。

4）滑阀

滑阀是液压系统中使用最为广泛的换向阀。

（1）滑阀的结构形式

一般对于换向阀，我们都称为几位几通阀。"位"就是指在滑阀结构中，阀芯在阀体内移动能有几个不同的停留位置，也就是工作位置；而"通"就是指滑阀的油液通口数。最常见的滑阀为二位二通、二位三通、二位四通、二位五通、三位四通及三位五通，见表5.1。二位阀有两个工作位置，控制着执行机构的不同工作状态，动、停或者正反向运动；而三位阀除了有二位阀的两个能使油液正、反向流动的工作位置外，还有中位，中位可以控制执行机构停留在任意位置上。当然还有其他的用途，详见滑阀中位机能的相关内容。

表 5.1　常见滑阀的结构形式与图形符号

滑阀名称	结构原理图	图形符号
二位二通	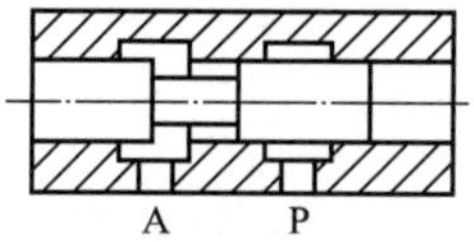 A　P	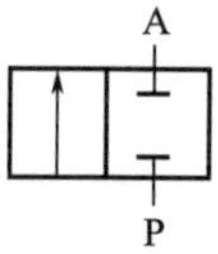 A / P
二位三通	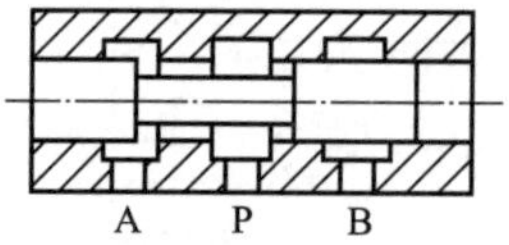 A　P　B	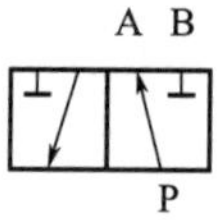 A B / P
二位四通	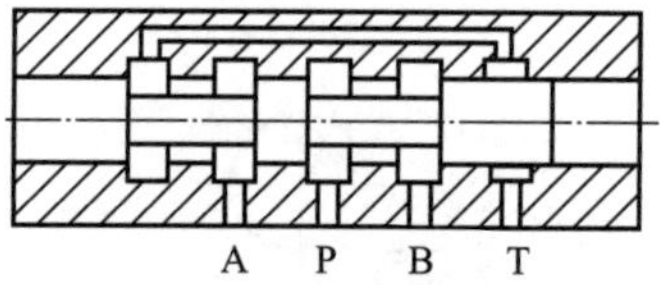 A　P　B　T	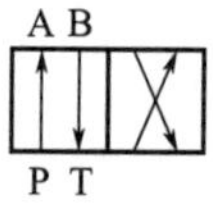 A B / P T
二位五通	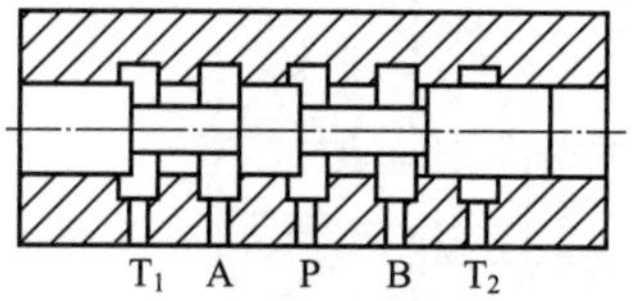 T₁　A　P　B　T₂	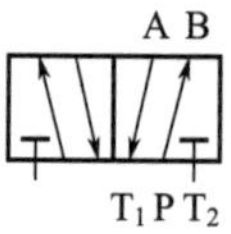 A B / T₁ P T₂
三位四通	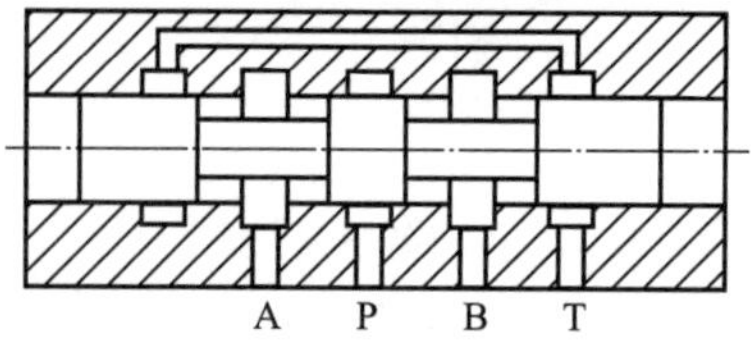 A　P　B　T	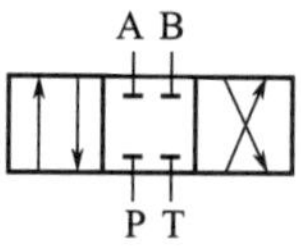 A B / P T

续表

滑阀名称	结构原理图	图形符号
三位五通	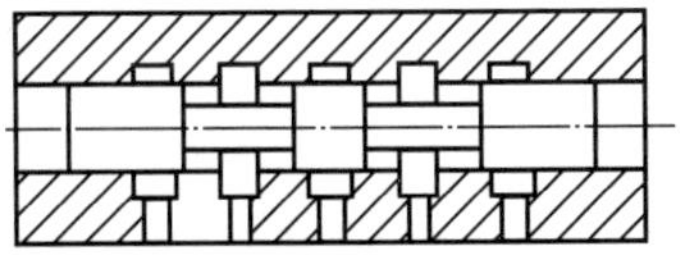 T_1 A P B T_2	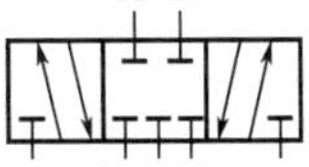 A B T_1 P T_2

（2）滑阀的操纵方式

滑阀的操纵方式有手动、机动、液动、电磁、电液五种，各种操纵方式见表5.2。

表5.2 滑阀的操纵方式

操纵方式	图形符号	说明
手动	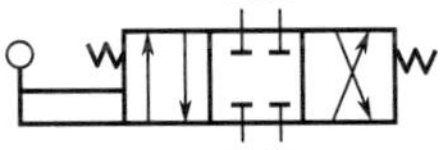 A B P T	手动操纵，弹簧复位，属于自动复位；还有靠钢球定位的，复位时需要人来操纵
机动	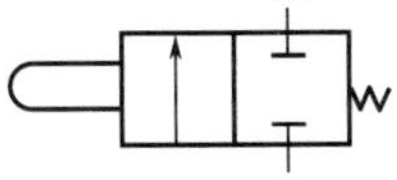 A B	二位二通机动换向阀也称行程阀，是实际应用较为广泛的一种阀，靠挡块操纵，弹簧复位，初始位置处于常闭状态
液动	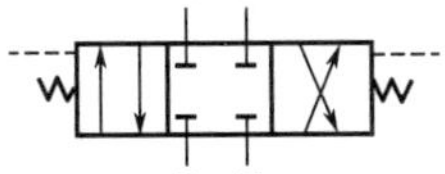 A B P T	液压力操纵，弹簧复位
电磁	 A B P	电磁铁操纵，弹簧复位，是实际应用中最常见的换向阀，有二位、三位等多种结构形式
电液	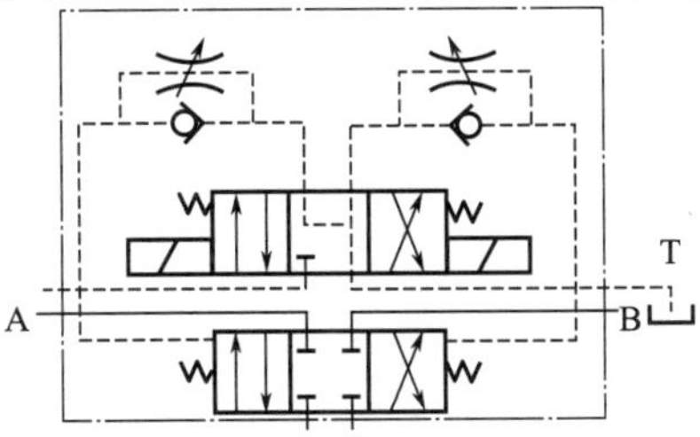 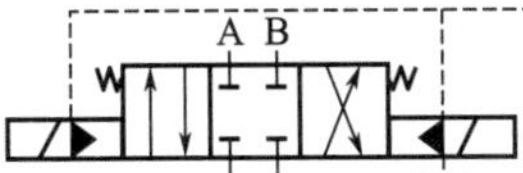	是由先导阀（电磁换向阀）和主阀（液动换向阀）复合而组成的。阀芯移动速度分别由两个节流阀控制，使系统中执行元件能得到平稳的换向

　　电磁换向阀是目前最常用的一种换向阀，利用电磁铁的吸力推动阀芯换向，见图 5.5。电磁换向阀分为直流式电磁阀和交流式电磁阀。

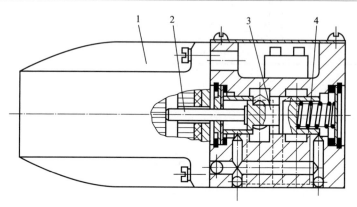

图 5.5　二位二通电磁换向阀

1—电磁铁；2—推杆；3—阀芯；4—复位弹簧

　　直流式电磁阀一般采用 24V 直流电源，其特点是工作可靠、过载不会烧坏电磁线圈，噪声小、寿命长，但换向时间长、启动力小，工作时需直流电源。

　　交流式电磁阀一般采用 220V 电源，它的特点是不需特殊电源，启动力大，换向时间短，但换向冲击大、噪声大、易烧坏电磁线圈。

　　电磁阀使用方便，特别适合自动化作业，但对于换向时间要求调整或流量大、行程长、移动阀芯需力大的场合来说，采用单纯电动式是不适宜的。

　　液动换向阀的阀芯移动是靠两端密封腔中的油液压差来移动的，推力较大，适用于压力高、流量大、阀芯移动长的场合。

　　电液换向阀是一种组合阀。电磁阀起先导作用，而液动阀是通过改变其阀芯位置而改变油路上油流方向的，起"放大"作用。

　　(3) 滑阀的中位机能

　　三位换向阀处于中位时，各通口的连通形式称为换向阀的中位机能。

　　换向阀的中位机能不仅在换向阀阀芯处于中位时对系统工作状态有影响，而且在换向阀切换时对液压系统的工作性能也有影响[8]。

　　选择换向阀的中位机能时应注意以下几点。

　　① 系统保压　在三位阀的中位时，将 P 口堵住，液压泵即可保持一定的压力，这种中位机能如 O 型、Y 型、J 型、U 型，它适用于一泵多缸的情况。如果在 P、T 口之间有一定阻尼，如 X 型中位机能，系统也能保持一定压力，可供控制油路使用。

② 系统卸荷 系统卸荷即在三位阀处于中位时，泵的油直接回油箱，让泵的出口无压力，这时只要将 P 口与 T 口接通即可，如 M 型中位机能。

③ 换向平稳性和换向精度 在三位阀处于中位时，A、B 口各自堵塞，如 O 型、M 型，当换向时，一侧有油压，一侧负压，换向过程中容易产生液压冲击，换向不平稳，但位置精度好。

若 A、B 口与 T 口接通，如 Y 型，则作用相反，换向过程中无液压冲击，但位置精度差。

④ 启动平稳性 当三位阀处于中位时，有一工作腔与油箱接通，如 J 型，则工作腔中无油，不能形成缓冲，液压缸启动不平稳。

⑤ 液压缸在任意位置上的停止和"浮动"问题 当 A、B 油口各自封死时，如 O 型、M 型，液压缸可在任意位置上锁死。当 A、B 口与 P 口接通时，如 P 型，若液压缸是单作用式液压缸，则形成差动回路；若液压缸是双作用式液压缸，则液压缸可在任意位置上停留。

当 A、B 通口与 T 口接通时，如 H 型、Y 型，则三位阀处于中位时，卧式液压缸任意浮动，可用手动机构调整工作台。

（4）滑阀的换向可靠性

换向可靠性是对于电磁换向阀和用弹簧对中的液动换向阀而言的，就是在电磁铁通电后，在电磁力作用下，阀是否能保证可靠换向；而当电磁铁断电后，阀能否在弹簧力作用下可靠地复位。

解决换向可靠性的问题主要是分析电磁力、弹簧力和阀芯的摩擦阻力之间的关系，弹簧力应大于阀芯的摩擦阻力，以保证滑阀的复位；而电磁力又应大于弹簧力和阀芯摩擦阻力之和，以保证换向可靠性。

阀芯的摩擦阻力主要是作用于阀芯与阀体间的压力油产生的径向不平衡力引起的，也叫液压卡紧现象。产生液压卡紧现象的主要原因是在滑阀制造过程中加工误差及装配误差造成了在阀芯与阀体之间径向的间隙偏差，使得径向不平衡力产生，理论上在第 2 章已做过分析，解决的措施主要是在滑阀阀芯上沿圆周方向开环形平衡槽。影响阀芯的摩擦阻力的另外一个力就是液动力，这个力在第 2 章中也已介绍过。这两个力与通过阀的流量和压力有关，因此电磁阀要控制在一定的压力和流量范围内工作。

阀芯的摩擦阻力还与油液不纯、杂质进入滑阀缝隙、阀芯与阀孔间的间隙过小、当油温升高时阀芯膨胀而卡死等因素有关。

可见解决滑阀的换向可靠性应从多方面入手，特别要注意设计制造过程中的产品质量及使用过程中的油液的纯净度等问题。

5.3　压力控制阀

压力控制阀是利用作用于阀芯上的液压力和弹簧力相平衡来进行工作的，当控制阀芯移动的液压力大于弹簧力时，平衡状态被破坏，造成了阀芯位置变化，这种位置变化引起了两种工作状况：一种是阀口开度大小变化（如溢流阀、减压阀），另一种是阀口的通断（如安全阀、顺序阀）。

5.3.1　溢流阀

1）功用和性能

溢流阀的基本功用有两个：

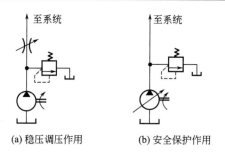

(a) 稳压调压作用　　　　(b) 安全保护作用

图 5.6　溢流阀的应用

第一个是通过阀口油液的经常溢流，保证液压系统中压力的基本稳定，实现稳压、调压或限压的作用，这种功用常用于定量泵系统中，与节流阀配合使用，如图 5.6(a) 所示。

第二个是过载时溢流，平时系统工作时，阀口关闭，当系统压力超过调定的压力时，阀口才打开。这时溢流阀主要起安全保护作用，所以也称安全阀。图 5.6(b) 所示的是安全阀与变量泵配合使用的情况。

对液流阀性能的要求主要有：

① 调压范围要大，且当流过溢流阀的流量变化时，系统中的压力变化要小，启闭特性要好；

② 灵敏度要高；

③ 工作平稳，没有振动和噪声；

④ 当阀关闭时，泄漏量要小。

溢流阀按其工作原理可分为直动式和先导式两种。

2）直动式溢流阀

图 5.7 所示为直动式溢流阀的工作原理。其中，P 为进油口，T 为出油口，阀芯在调压弹簧的作用下处于最下端，在阀芯中开有径向通孔，并且在径向通孔与阀芯下部之间开有一阻尼孔 g。工作时，压力油从进油口 P 进入溢流阀，通过

径向通孔及阻尼孔 g 进入阀芯的下部，此时作用于阀芯上的力的平衡方程为：

　　液体作用于阀芯底部的力＝弹簧力＋重力＋摩擦力＋液动力

$$pA = F_s + G + F_f + F_y \qquad (5.1)$$

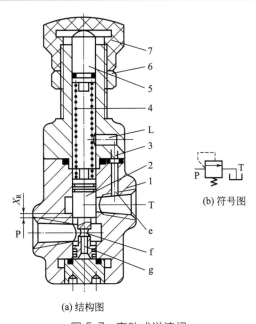

(b) 符号图

(a) 结构图

图 5.7　直动式溢流阀

1—阀体；2—阀芯；3—阀盖；4—弹簧；5—推杆；6—锁紧螺母；7—调节螺母

　　当等式左边的液压力小于等式右边的合力时，溢流阀阀芯不动，溢流阀无输出；而当等式左边的液压力大于等式右边的合力时，溢流阀阀芯上移，油液经溢流阀从出油口溢出。

　　上述过程的稳定需要过渡阶段，该过程经振荡后达到平衡，这时由于阻尼小孔的存在使振幅逐渐衰减而趋于稳定。

　　这种直动式溢流阀当压力较高、流量较大时，要求弹簧的结构尺寸较大，在设计制造过程及使用中带来较大的不便，因此不适合控制高压的场合。

3）先导式溢流阀

　　先导式溢流阀一般用于中高压系统中，在结构上主要是由先导阀和主阀两部分组成的。如图 5.8 所示的先导式溢流阀，其中 P 为进油口，T 为出油口，K 为控制油口。

　　溢流阀工作时，油液从进油口 P 进入（油液的压力为 p_1），并通过阻尼孔 5 进入主阀阀芯上腔（油液的压力为 p_2），由于主阀上腔通过阻尼孔 a 与先导阀相通，因此油液通过孔 a 进入到先导阀的右腔中。先导阀阀芯 1 的开启压力是通过调压手轮 11 调压弹簧 9 的预压紧力来确定的，在进油压力没有达到先导阀的调定压力时，先导阀关闭，主阀的上、下腔油液压力基本相等（实际上这种阀的上端面积略大于下端面积，因此上腔作用力略大于下腔作用力），而在弹簧力的作用下，主阀阀芯关闭。当进油压力增高至打开先导阀时，油流通过阀孔 a、先导阀阀口、主阀中心孔至阀底下部的出油口 T 溢流回油箱。当油液通过主阀阀芯上的阻尼孔 5 时，在阻尼孔 5 的两端产生了压差，而这个压力差是随通过的流量而变化的，当它足够大时，主阀阀芯开始向上移动，阀口打开，溢流阀就开始溢流。

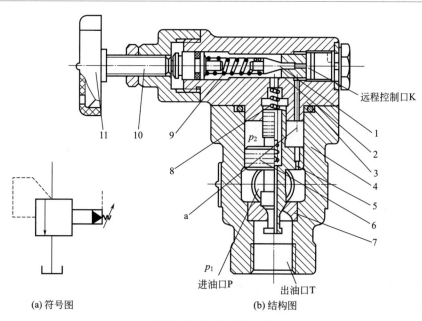

图 5.8　先导式溢流阀

1—先导阀阀芯；2—先导阀阀座；3—先导阀阀体；4—主阀阀体；5—阻尼孔；6—主阀阀芯；
7—主阀阀座；8—主阀弹簧；9—先导阀调压弹簧；10—调节螺钉；11—调压手轮

在这种溢流阀中，作用于主阀阀芯上的力平衡方程为：

油液作用于阀芯下腔的力＝油液作用于主阀阀芯上腔的力＋主阀弹簧力＋重力＋摩擦力＋液动力

$$p_1 A = p_2 A + F_s + G + F_f + F_y$$

即

$$(p_1 - p_2)A = F_s + G + F_f + F_y \tag{5.2}$$

式(5.2) 与式(5.1) 比较，与合力相平衡的液压力在直动式溢流阀中是阀芯底部的压力，而在先导式溢流阀中是主阀阀芯下腔的油液压力与主阀阀芯上腔的油液压力的差值，即 p_1-p_2。因此，先导式溢流阀可以在弹簧较软、结构尺寸较小的条件下控制较高的油液压力。

在阀体上有一个远程控制油口 K，它的作用是使溢流阀卸荷或进行二级调压。当把它与油箱连接时，溢流阀上腔的油直接回油箱，而上腔油压为零，由于主阀阀芯弹簧较软，因此，主阀阀芯在进油压力作用下迅速上移，打开阀口，使溢流阀卸荷；当把该口与一个远程调压阀连接时，溢流阀的溢流压力可由该远程调压阀在溢流阀调压范围内调节。

4）溢流阀工作特性

（1）静态特性

由式(5.1) 可知，直动式溢流阀在工作时，阀芯上受到的力平衡方程为：

$$pA=F_s+G+F_f+F_y$$

若略去重力 G 和摩擦力 F_f，则有：

$$pA=F_s+F_y$$

因为：液动力 $\qquad F_y=2C_dC_v\omega X_R\cos\theta\Delta p$

式中　X_R——溢流阀的开度；

　　　C_v——速度系数，取 1；

　　　C_d——流量系数；

　　　Δp——阀口前后压差；

　　　ω——阀口节流边周长，$\omega=\pi d$；

　　　θ——射流方向角。

则有：

$$p=\frac{F_s}{A-2C_d\omega X_R\cos\theta} \tag{5.3}$$

可见，在这种阀中，出口处的压力主要是由弹簧力决定的，当调压弹簧调整好压力后，溢流阀进油腔的压力 p 基本是个定值；由于弹簧较软，因此当溢流量变化时，进油压力 p 变化也很小，即阀的静态特性好。

在计算弹簧力时，设 X_c 为弹簧调整时的预压缩量，K_s 为弹簧刚度，弹簧力可表示为：

$$F_s=K_s(X_c+X_R)$$

代入式(5.3) 有：

$$p=\frac{K_s(X_c+X_R)}{A-2C_d\omega X_R\cos\theta} \tag{5.4}$$

当溢流阀开始溢流时，阀的开度 $X_R=0$，我们将此时的溢流阀进油处的压力称为开启压力，用 p_0 表示：

$$p_0 = \frac{K_s}{AX_R} \qquad (5.5)$$

而随着阀口的增大，溢流阀的溢流量达到额定流量时，我们将此时的溢流阀出口处的压力称为全流压力，用 p_n 表示。对于溢流阀来说，希望在工作时，当溢流量变化时，系统中的压力较稳定，这一特性叫静态特性或启闭特性，常用开启比和静态调压偏差两个指标来描述，即静态调压偏差 $p_n - p_0$ 和开启比 $\frac{p_0}{p_n}$。

由此可见，溢流阀的静态调压偏差越小，开启比越大，控制的系统越稳定，其静态特性越好。

确定开启压力，目前有如下规定：先将溢流量调至全流量时的额定压力。然后，在开启过程中，当溢流量加大到额定流量的 1% 时，系统压力称为溢流阀的开启压力；在闭合过程中，当溢流量减小到额定流量的 1% 时，系统压力称为溢流阀的闭合压力。

根据第 2 章中公式可计算通过溢流阀的流量。

通过阀的溢流量：

$$q = C_d \omega X_R \sqrt{\frac{2\Delta p}{\rho}}$$

式中，X_R 可由式（5.4）、式（5.5）计算代入，$\Delta p = p$，则：

$$q = \frac{C_d A \omega}{K_s + 2C_d \omega \cos\theta p}(p - p_c)\sqrt{\frac{2p}{\rho}} \qquad (5.6)$$

式（5.6）就是直动式溢流阀的压力-流量特性方程，根据此方程绘制的曲线就是溢流阀的压力-流量特性曲线。如图 5.9 所示，由曲线可知，压力随流量的变化

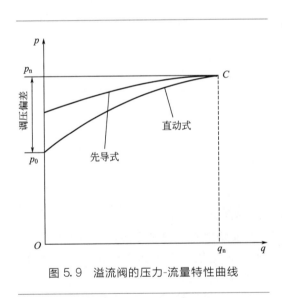

图 5.9　溢流阀的压力-流量特性曲线

越小，特性曲线越接近直线，溢流阀的静态特性越好。

（2）动态特性

溢流阀的动态特性是指阀在开启过程中的特性。当溢流阀开启时，其溢流量从零开始迅速增加到额定流量，相当于给系统加一个阶跃信号，而进口压力也随之迅速变化，经过一个振荡过程后，逐步稳定在调定的压力上。

如图 5.10 所示为溢流阀的动态响应检测结果，根据控制工程理论，若令起始

稳态压力为 p_0，最终稳态压力为 p_n，$\Delta p_t = p_n - p_0$。评价溢流阀动态特性的指标主要有如下几个。

压力超调量 Δp：峰值压力与最终稳态压力的差值。

压力上升时间 t_1：压力达到 $0.9\Delta p_t$ 的时间与达到 $0.1\Delta p_t$ 的时间差值，即图中的 A、B 点的时间间隔，该时间也称为响应时间。

过渡过程时间 t_2：当瞬时压力进入最终稳态压力上下 $0.05\Delta p_t$ 的控制范围内而不再出来时的时间与 $0.9\Delta p_t$ 的时间差值，即图中 B、C 点的时间间隔。

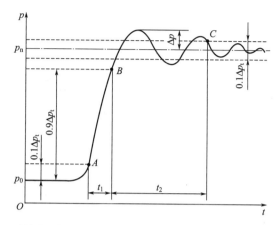

图 5.10　溢流阀启动时进口压力响应特性曲线

这些指标可通过检测结果依据控制工程理论的计算得出。由于溢流阀的动态响应过程很快（一般在零点几秒内就完成了），因此，目前靠人工检测是不可能的，现在的检测一般是应用传感元件，由计算机自动完成。计算机辅助检测包括数据采集、数据处理、结果分析、检测报告输出等，在较短的时间内便可给出阀的动态性能指标，其工作效率和检测精度都达到较高的标准。

5.3.2　减压阀

（1）功用和性能

减压阀的用途是用来降低液压系统中某一部分回路上的压力，使这一回路得到比液压泵所供油压力较低的稳定压力。减压阀常用于系统的夹紧装置、电液换向阀的控制油路、系统的润滑装置等。

对减压阀的要求是：减压阀出口压力要稳定，并且不受进口压力及通过油液流量的影响。

减压阀一般分为定值式减压阀、定差式减压阀和定比式减压阀，本节主要介绍定值式减压阀。

（2）定值式减压阀的结构和原理

同溢流阀一样，定值式减压阀分为直动式和先导式，这里以先导式为例介绍减压阀的工作原理。如图 5.11(a) 所示的是定值式减压阀的结构原理。由图可见，先导式减压阀与先导式溢流阀的结构非常相似，但注意它们的不同点：

① 在结构上，先导式减压阀的阀芯一般有三节，而先导式溢流阀的阀芯是

两节；先导式减压阀的进油口在上、出油口在下，而先导式溢流阀则位置相反。

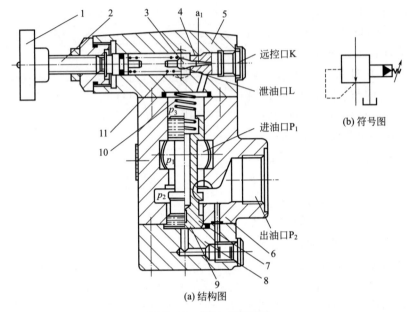

图 5.11　先导式减压阀

1—调压手轮；2—调节螺钉；3—锥阀；4—阀座；5—先导阀体；6—阀体；7—主阀阀芯；
8—端盖；9—阻尼孔；10—主阀弹簧；11—调压弹簧

② 在油路上，由于减压阀的出口与执行机构相连接，而溢流阀的出口直接回油箱，因此先导减压阀通过先导阀的油液有单独泄油通道，而先导式溢流阀则没有。

③ 在使用上，减压阀保持出口压力基本不变，而溢流阀保持进口压力基本不变。

④ 在原始状态下，减压阀进出口是常通的，而溢流阀进出口则是常闭的。

先导式减压阀的工作原理如下：高压油从进油口 P_1 进入阀内，初始时，减压阀阀芯处于最下端，进油口 P_1 与出油口 P_2 是相通的，因此，高压油可以直接从出油口出去。但在出油口中，压力油又通过端盖 8 上的通道进入主阀阀芯 7 的下部，同时又可以通过主阀阀芯 7 中的阻尼孔 9 进入主阀阀芯的上端，从先导式溢流阀的讨论中得知，此时，主阀阀芯正是在上下油液的压力差与主阀弹簧力的作用下进行工作的。

当出油口的油液压力较小时，即没有达到克服先导阀阀芯弹簧力的时候，先导阀阀口关闭，通过阻尼孔 9 的油液没有流动，此时，主阀阀芯上下端无压力差，主阀阀芯在弹簧力的作用下处于最下端；而当出油口的油液压力大于先导阀弹簧的调定压力时，油液经先导阀从泄油口 L 流出，此时，主阀阀芯上下端有压力差，当这个压力差大于主阀阀芯弹簧力时，主阀阀芯上移，阀口缩小，从而降低了出油口油液的压力，并使作用于减压阀阀芯上的油液压力与弹簧力达到了新的平衡，而出口压力就基本保持不变。由此可见，减压阀是以出口油压力为控制信号，自动调节主阀阀口开度，改变液阻，保证油口压力的稳定。

5.3.3 顺序阀

（1）功用与性能

顺序阀主要是用来控制液压系统中各执行元件动作的先后顺序的，也可用来作为背压阀、平衡阀、卸荷阀等使用。

由于顺序阀的结构原理与溢流阀相似，因此，顺序阀的主要性能同溢流阀相同。但是，由于顺序阀主要起控制执行元件的动作顺序的作用，因此要求动作灵敏，调压偏差要小，在阀关闭时密封性要好。

（2）结构与工作原理

根据控制油液方式不同来分，顺序阀分为内控式（直控）和外控式（远控）两种。内控式就是利用进油口的油液压力来控制阀芯移动的；外控式就是引用外来油液的压力来遥控顺序阀的。同溢流阀和减压阀相同，在结构上顺序阀也有直动式和先导式两种。

如图 5.12（a）所示为外控先导式顺序阀的结构原理。其中 P_1 为进油口，P_2 为出油口。从结构上看，顺序阀与溢流阀的基本结构相同。所不同的是由于顺序阀出口的油液不是回油箱，而是直接输出到工作机构，因此，顺序阀打开后，出口压力可继续升高，所以，通过先导阀的泄油需单独接回油箱。图 5.12（b）所示的是内控先导式顺序阀的结构，若将底盖旋转 90°并打开螺堵，它将变成外控先导式顺序阀，如图 5.12（a）所示。

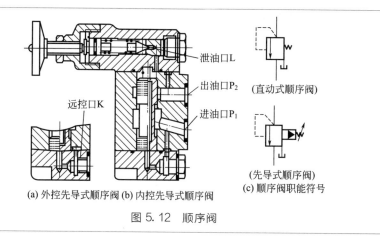

(a) 外控先导式顺序阀 (b) 内控先导式顺序阀

图 5.12 顺序阀

5.3.4　压力继电器

（1）功用与性能

压力继电器与前面所述的几种压力阀功用不同，它并不是依靠控制油路的压力来使阀口改变的，而是一个靠液压系统中油液的压力来启闭电气触点的电气转换元件。在输入压力达到调定值时，它发出一个电信号，以此来控制电气元件的动作，实现液压回路的动作转换、系统遇到故障的自动保护等功能。压力继电器实际上是一个压力开关。

压力继电器的主要性能有调压范围、灵敏度、重复精度、动作时间等。

（2）结构特点

如图 5.13 所示为一种机械式压力继电器，当液压力达到调定压力时，柱塞 1 上移通过顶杆 2 合上微动开关 4，发出电信号。

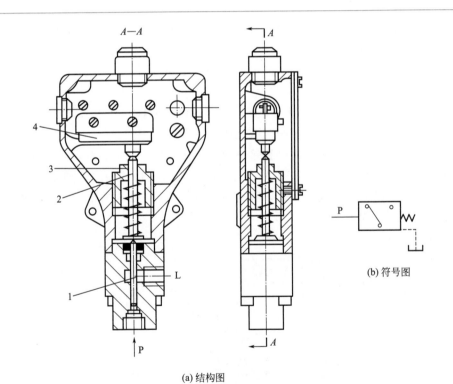

(a) 结构图

图 5.13　机械式压力继电器

1—柱塞；2—顶杆；3—调节螺钉；4—微动开关

图 5.14 所示为一半导体式压力继电器，这种压力继电器装有带有电子回路

的半导体压力传感器，其输出采用光电隔离的光隔接头，由于传感器部分是由半导体构成的，压力继电器没有可动部分，因此耐用性好、可靠性高、寿命长、体积小，特别适合有抗振要求的场合。

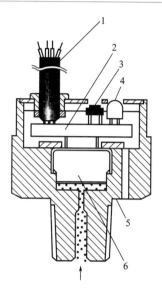

图 5.14　半导体式压力继电器

1—电缆线；2—电子回路；3—微调电容器；4—LED 指示灯；5—外壳；6—压力传感器

5.4　流量控制阀

　　海洋设备中的流量控制阀的功用主要是通过改变节流阀工作开口的大小或节流通道的长短，来调节通过阀口的流量，从而调节海洋装备执行机构的运动速度。

　　对海洋设备的流量控制阀的要求主要有：

　① 足够的流量调节范围；

　② 较好的流量稳定性，即当阀两端压差发生变化时，流量变化要小；

　③ 流量受温度的影响要小；

　④ 节流口应不易堵塞，保证最小稳定流量；

　⑤ 调节方便、泄漏要小；

　⑥ 耐腐蚀、防生物附着；

　⑦ 耐高压、稳定性好。

5.4.1　节流口的流量特性

（1）节流口的形式

如图 5.15 所示为几种常见的节流口的形式。

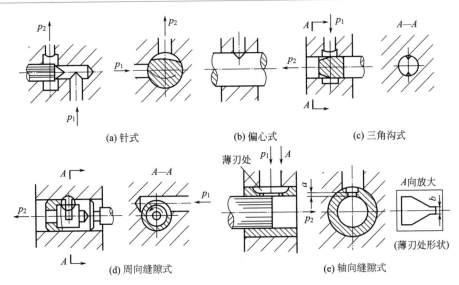

（a）针式　　　　（b）偏心式　　　　（c）三角沟式

（d）周向缝隙式　　　　　　（e）轴向缝隙式

图 5.15　节流阀的节流口形式

① 针式：针阀作轴向移动，调节环形通道的大小以调节流量。

② 偏心式：在阀芯上开一个偏心槽，转动阀芯即可改变阀开口大小。

③ 三角沟式：在阀芯上开一个或两个轴向的三角沟，阀芯轴向移动即可改变阀开口大小。

④ 周向缝隙式：阀芯沿圆周上开有狭缝与内孔相通，转动阀芯可改变缝隙大小以改变阀口大小。

⑤ 轴向缝隙式：在套筒上开有轴向狭缝，阀芯轴向移动可改变缝隙大小以调节流量。

（2）节流口的流量特性公式

油液流经各种节流口的流量计算公式见第 2 章，但是一般节流口介于薄壁小孔与细长孔之间，因此可用下面的流量计算公式来计算：

$$q = KA(\Delta p)^m$$

式中　K——流量系数，是由节流口形状及油液性质决定的，见第 2 章；

　　　A——节流口的开口面积；

m——节流指数，一般在 $0.5\sim1$ 之间，薄壁小孔 $m=0.5$；细长孔 $m=1$。

（3）影响流量稳定的因素

海洋装备的液压系统在工作时，希望节流口大小调节好之后，流量 q 稳定不变，但这在实际中是很难达到的。液压系统在工作时，影响流量稳定的主要因素有：

① 节流阀前后的压差 Δp 从节流口流量公式来看，流经节流阀的流量与其前后的压差成正比，并且与节流指数 m 有关，节流指数越大，影响就越大，可见，薄壁小孔（$m=0.5$）比细长孔（$m=1$）要好。

② 油温 油温的变化会引起黏度的变化，从而对流量产生影响。温度变化对于细长孔流量影响较大，但对于薄壁小孔，和油液流动时的雷诺数有关。从第2章讨论的结果得知，当雷诺数大于临界雷诺数时，温度对流量几乎没有影响；而当压差较小、开口面积较小时，流量系统与雷诺数有关，温度会对流量产生影响。

③ 节流口的堵塞 当节流口面积较小时，节流口的流量会出现周期性脉动，甚至造成断流，这种现象称为节流口的堵塞。产生这种现象的主要原因有两方面：一方面，工作时的高温、高压使油氧化，生成胶质沉淀物、氧化物等；另一方面，还有部分没过滤干净的机械杂质。这些东西在节流口附近形成附着层，随着附着层的逐渐增加，当达到一定厚度时造成节流口堵塞，形成周期性的脉动。

综上所述，同样条件下，水力半径大的比小的流量稳定性好，在使用上选择化学稳定性和抗氧化性好的油液精心过滤，效果会更好。

（4）流量调节范围和最小稳定流量

流量调节范围是指通过节流阀的最大流量和最小流量之比，它同节流口的形状和开口特性有很大关系，一般可达 50 以上，三角沟式的流量调节范围较大，可达 100 以上。

节流阀的最小稳定流量也同节流口的开口形式关系密切，一般三角沟式可达 $0.03\sim0.05\mathrm{L/min}$，薄壁小孔为 $0.01\sim0.015\mathrm{L/min}$。

5.4.2 节流阀

（1）普通节流阀

如图 5.16 所示为普通节流阀的结构，这种节流阀的阀口采用的是轴向三角沟式。该阀在工作时，油液从进油口 P_1 进入，经孔 b，通过阀芯 1 上左端的阀口进入孔 a，然后从出油口 P_2 流出。节流阀流量的调节是通过旋转手柄 3，经推杆 2 推动阀芯移动改变阀口的开度而实现的。

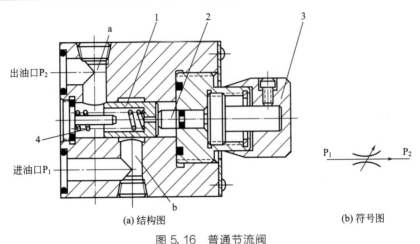

图 5.16　普通节流阀

1—阀芯；2—推杆；3—旋转手柄；4—弹簧

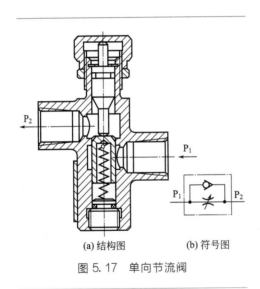

(a) 结构图　　(b) 符号图

图 5.17　单向节流阀

(2) 单向节流阀

在海洋装备的液压系统中，如果要求单方向控制油液流量一般采用单向节流阀。如图 5.17 所示为单向节流阀。该阀在正向通油时，即油液从 P_1 口进入、从 P_2 口输出，其工作原理如同普通节流阀；但油液反向流动时，即从 P_2 口进入，则推动阀芯压缩弹簧全部打开阀口，实现单方向控制油液的目的。

(3) 单向行程节流阀

单向行程节流阀一般用于执行机构有快慢速度转换要求的场合。如图 5.18 所示为单向行程节流阀的结构。其中，主阀为可调节流阀，当执行机构需要快速进给运动时，阀处于原始状态，阀芯 1 在弹簧的作用下处于最上端，此时阀口全开，油液从进油口 P_1 进入，直接从出油口 P_2 输出；当执行机构快速进给结束后，转为工作进给时，运动件上的挡块则压下阀芯 1 上的滚轮，阀芯下移，节流口起作用，油液需经过节流阀才能输出，实现调节流量的目的；当反向通油时，油液从 P_2 进入，顶开单向阀的球型阀芯 2 直接从 P_1 流出。

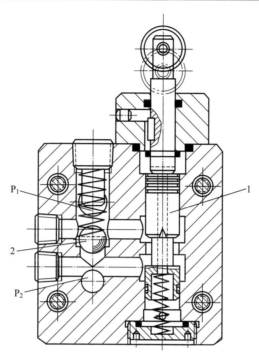

图 5.18　单向行程节流阀
1—节流阀阀芯；2—单向阀阀芯

（4）节流阀流量与两端压差的关系

从节流口流量计算公式 $q=KA(\Delta p)^m$ 知，节流阀流量与阀两端的压差成正比，其压差对流量影响的大小还要看节流指数 m，也就是说与阀口的形式有关。图 5.19 所示为在不同的开口面积下的压差与流量之间的关系。

从图 5.19 中可以看出，若要获得相同的最小稳定流量 q_{min}，选用较小压差 Δp，相对开口面积 A 就要大些，这样阀口不易堵塞，但同时曲线斜率较大，压差的变化引起流量变化较大，速度稳定性不好，所以 Δp 也不宜过小。

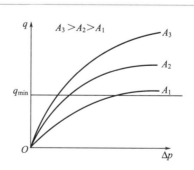

图 5.19　不同节流口开口面积压差与流量的关系

5.4.3　调速阀

在海况下的节流阀中，即使采用节流指数较小的开口形式，由于节流阀流量是其压差的函数，因此负载变化时，还是不能保证流量稳定。要获得稳定的流量，就必须保证节流口两端压差不随负载变化，按照这个思想设计的阀就是调速阀。

调速阀实际上是由节流阀与减压阀组成的复合阀。有的将减压阀做在前面，即先减压、后节流；有的将减压阀做在后面，即先节流、后减压。不论哪种，工作原理都基本相同。

下面就如图 5.20 所示的调速阀叙述一下调速阀的工作原理。

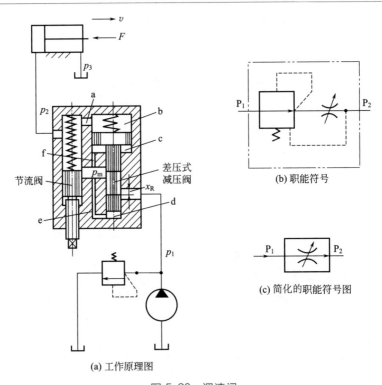

图 5.20　调速阀

这是一种先减压、后节流的调速阀。调速阀进油口就是减压阀的入口，直接与泵的输出油口相接，入口的油液压力 p_1 是由溢流阀调定的，基本保持恒定。调速阀的出油口即节流阀的出油口与执行机构相连，其压力 p_2 由液压缸的负载 F 决定。减压阀与节流阀中间的油液压力设为 p_m，在节流阀的出口处与减压阀的上腔开有通孔 a。

调速阀在工作时，其流量主要是由节流阀阀口两端的压差 $p_m - p_2$ 决定的。当外负载 F 增大时，调速阀的出口压力 p_2 随之增大，但由于 p_2 与减压阀上腔 b 连通，因此，减压阀的上腔的油液压力也增加。由于减压阀的阀口是受作用于减压阀阀芯上的弹簧力与上下腔油液的压力差 $p_1 - p_m$ 控制的，因此当上腔油液压力增大时，减压阀阀芯必然下移，使减压阀阀口 x_R 增大，作用于减压阀阀口的压差 $p_1 - p_m$ 减小，由于 p_1 基本不变，因此势必有 p_m 增加，使得作用于节流阀两端的压差 $p_m - p_2$ 基本保持不变，保证了通过调速阀的流量基本恒定。如果外负载 F 减小，根据前面的讨论，不难得出，作用于节流阀阀口两端的压差 $p_m - p_2$ 仍保持不变，同样可保证调速阀的流量保持不变。

如图 5.21 所示是调速阀与节流阀的流量与压差的关系的比较，由图可知，调速阀的流量稳定性要比节流阀好，基本可达到流量不随压差变化而变化。但是，调速阀特性曲线的起始阶段与节流阀重合，这是因为此时减压阀没有正常工作，阀芯处于最底端。要保证调速阀正常工作中必须达到 0.4～0.5MPa 的压力差，这是减压阀能正常工作的最低要求。

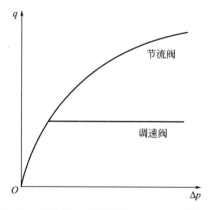

图 5.21　调速阀与节流阀的流量与压差的关系

5.4.4　温度补偿调速阀

如图 5.22 所示为海洋设备的温度补偿调速阀。其主要结构与普通节流阀基本相似，不同的是在阀芯上增加了一个温度补偿调节杆 2（一般用聚氯乙烯制造，工作时，主要利用聚氯乙烯的温度膨胀系数较大的特点）。当温度升高时，油液的黏度降低，流量会增大，但调节杆自身的膨胀引起阀芯轴向的移动，以关小节流口，达到补偿温度升高时对流量的影响的目的。

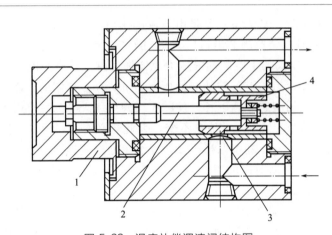

图 5.22　温度补偿调速阀结构图

1—手柄；2—温度补偿调节杆；3—节流口；4—节流阀芯

5.4.5　溢流节流阀

海洋装备上使用的溢流节流阀是由差压式溢流阀 3 与节流阀 2 并联组成的，如图 5.23 所示。

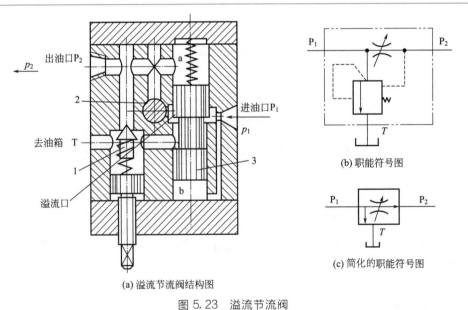

(a) 溢流节流阀结构图

(b) 职能符号图

(c) 简化的职能符号图

图 5.23　溢流节流阀

1—安全阀；2—节流阀；3—溢流阀

海洋装备的溢流节流阀的工作原理是：进油处 P_1 的高压油一部分经节流阀从出油口 P_2 去执行机构，而另一部分经溢流阀溢流至油箱中，而溢流阀的上、下端与节流口的前后相通。当负载增大引起出口压力 p_2 增大时，溢流阀阀芯也随之下移，溢流阀开口减小，进口压力 p_1 随之增大，使得节流阀两端压差保持不变，保证了通过节流阀的油液的流量不变。

海洋装备的溢流节流阀同海洋装备的调速阀相比较其性能不一样，但起的作用是一样的。

对于海洋装备的调速阀，泵输出的压力是一定的，它等于溢流阀的调整压力，因此，泵消耗功率始终是很大的，而溢流节流阀的泵供油压力是随工作载荷而变化的，功率损失小，但流量是全流的，阀芯尺寸大，弹簧刚度大，流量稳定性不如调速阀，适用于速度稳定性要求较低而功率较大的泵系统中。

5.4.6　分流集流阀

海洋装备的分流集流阀实际上是分流阀、集流阀与分流集流阀的总称。分流阀的作用是使液压系统中由同一个能源向两个执行机构提供相同的流量（等量分流），或按一定比例向两个执行机构提供流量（比例分流），以实现两个执行机构速度同步或有一个定比关系。而集流阀则是从两个执行机构收集等流量的液压油或按比例地收集回油量，同样实现两个执行机构在速度上的同步或按比例关系运动。分流集流阀则是实现上述两个功能的复合阀。

（1）分流阀的工作原理

海洋装备的分流阀的结构如图 5.24 所示。分流阀由阀体 5、阀芯 6、固定节流口 1、2 及复位弹簧 7 等所组成。工作时，若两个执行机构的负载相同，则分流阀的两个与执行机构相连接的出口油液压力 $p_3 = p_4$，由于阀的结构尺寸完全对称，因而输出的流量 $q_1 = q_2 = q_0/2$。若其中一个执行机构的负载大于另一个（设 $p_3 > p_4$），当阀芯还没运动仍处于中间位置时，根据通过阀口的流量特性，必定使 $q_1 < q_2$，而此时作用在固定节流口 1、2 两端的压差的关系为 $(p_0 - p_1) < (p_0 - p_2)$，因而使得 $p_1 > p_2$，此时阀芯在作用于两端不平衡的压力下向左移，使节流口 3 增大，则节流口 4 减小，从而使 q_1 增大，而 q_2 减小，直到 $q_1 = q_2$，$p_1 = p_2$，阀芯在一个新的平衡位置上稳定下来，保证了通向两个执行机构的流量相等，使得两个相同结构尺寸的执行机构速度同步。

（2）分流集流阀的工作原理

如图 5.25(a) 所示为海洋装备的分流集流阀的结构。初始时，阀芯 5、6 在弹簧力的作用下处于中间平衡位置。工作时，分两种状态：分流与集流。

分流工作时，由于 $p_0 > p_1$、p_2，因此阀芯 5、6 相互分离，且靠结构相互勾住，假设 $p_4 > p_3$，必然使得 $p_2 > p_1$，使阀芯向左移，此时，节流口 3 相应减小，使得 p_1 增加，直到 $p_1 = p_2$，阀芯不再移动。由于两个固定节流口 1、2 的面积相等，因此通过的流量也相等，并不因 p_3、p_4 的变化而变化。

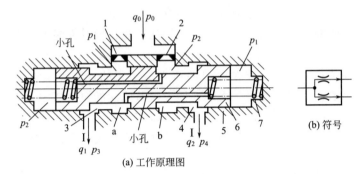

(a) 工作原理图

图 5.24　分流阀的工作原理图

1，2—固定节流口；3，4—节流口；5—阀体；6—阀芯；7—复位弹簧

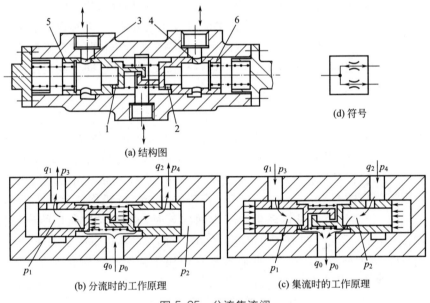

图 5.25　分流集流阀

1，2—固定节流口；3，4—节流口；5，6—阀芯

集流工作时，由于 $p_0 < p_1$、p_2，因此阀芯 5、6 相互压紧，仍设 $p_4 > p_3$，必然使得 $p_2 > p_1$，使相互压紧的阀芯向左移，此时，节流口 4 相应减小，使得 p_2 下降，直到 $p_1 = p_2$，阀芯不再移动。与分流工作时同理，由于两个固定节流

口 1、2 的面积相等，因此通过的流量也相等，并不因 p_3、p_4 的变化而影响。

5.5 其他类型的控制阀

5.5.1 比例控制阀

海洋装备的比例控制阀是一种按输入的电气信号连续地按比例地对油流的压力、流量和方向进行远距离控制的阀。

目前在工业上应用的比例控制阀主要有两种形式，一种是在电液伺服阀的基础上降低设计制造精度而发展起来的，另一种是在原普通压力阀、流量阀和方向阀的基础上装上电-机械转换器以代替原有控制部分而发展起来的。第二种形式是发展的主流，这种结构的比例控制阀与普通控制阀可以互换。同普通控制阀一样，比例控制阀按其用途和工作特点一般分为比例方向阀、比例压力阀和比例流量阀三大类[9]。

（1）海洋装备的比例控制阀的特点

① 能实现自动控制、远程控制和程序控制。

② 能将电的快速、灵活等优点与液压传动功率大的特点结合起来。

③ 能连续地、按比例地控制执行元件的力、速度和方向，并能防止压力或速度变化及换向时的冲击现象。

④ 简化了系统，减少了液压元件的使用量。

⑤ 具有优良的静态性能和适当的动态性能。

⑥ 抗污染能力较强，使用条件、保养和维护与普通液压阀相同。

⑦ 效率较高。

⑧ 具有良好的耐蚀性。

⑨ 耐高压，稳定性好。

（2）电-机械转换器

目前，海洋装备上使用的比例控制阀上采用的电-机械转换器主要有比例电磁铁、动圈式力马达、力矩电动机、伺服电动机和步进电动机等形式。

① 比例电磁铁　比例电磁铁是一种直流电磁铁，它是在传统湿式直流阀用开关电磁铁的基础上发展起来的。它与普通电磁铁不同的是，普通电磁铁只要求有吸合和断开两个位置，并且为了增加吸力，在吸合时磁路中几乎没有气隙。而比例电磁铁则要求吸力与输入电流成正比，并在衔铁的全部工作位置上，磁路中都要保持一定的气隙。按比例电磁铁输出位移的形式，有单向移动式和双向移动

式之分。因两种比例电磁铁的原理相似，这里只介绍如图 5.26 中所示的一种双向移动式比例电磁铁。

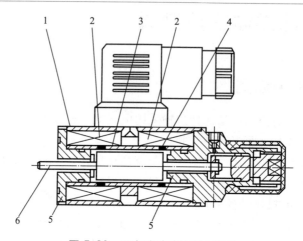

图 5.26　双向移动式比例电磁铁

1—壳体；2—线圈；3—导向套；4—隔磁环；5—轭铁；6—推杆

在双向移动式比例电磁铁中，有两个单向直流比例电磁铁，在壳体内对称安装有两对线圈：一对为励磁线圈，它们极性相反且互相串联或并联，由一恒流电源供给恒定的励磁电流，在磁路内形成初始磁通；另一对为控制线圈，它们极性相同且互相串联。工作时，仅有励磁电流时，左右两端的电磁吸力大小相等、方向相反，衔铁处于平衡状态，此时输出力为零；当有控制电流通过时，两控制线圈分别在左右两半环形磁路内产生差动效应，形成了与控制电流方向和大小相对应的输出力。由于采用了初始磁通，避开了铁磁材料磁化曲线起始阶段的影响，因此它不仅具有良好的位移-力水平特性，还具有无零位死区、线性好、滞环小、动态响应快等特点。

②　动圈式力马达　动圈式力马达与比例电磁铁不同的是：其运动件是线圈而不是衔铁，当可动的控制线圈通过控制电流时，线圈在磁场中受力而移动，其方向由电流方向及固定磁通方向按左手法则来确定，力的大小则与磁场强度及电流大小成正比。

动圈式马达具有滞环小、行程大、可动件质量小、工作频率较宽及结构简单等特点。

③　力矩电动机　力矩电动机是一种输出力矩或转角的电-机械转换器，它的工作原理与前面两种相似，由永久磁铁或励磁线圈产生固定磁场，通过控制线圈上的电流大小来控制磁通，从而控制衔铁上的吸力，使其产生运动。由于结构不

同，其衔铁是带扭轴的可转动机构，因此衔铁失去平衡后产生力矩而使其偏转，但输出力矩较小。

力矩电动机的主要优点是：自振频率高，功率/重量比大，抗加速度零漂性能好。但其缺点是：工作行程很小，制造精度要求高，价格贵，抗干扰能力也不如动圈式力马达和动铁式比例电磁铁。

④ 伺服电动机　伺服电动机是一种可以连续旋转的电-机械转换器，较常见的是永磁式直流伺服电动机和并励式直流伺服电动机，直流伺服电动机的输出转速与输入电压成正比，并能实现正反向速度的控制。作为液压阀控制的伺服电动机，它属于功率很小的微特电动机，其输出转速与输入电压的传递函数可近似看作为一阶延迟环节，机电时间常数一般约在十几毫秒到几十毫秒之间。

伺服电动机具有启动转矩大、调速范围宽、机械特性和调节特性的线性度好、控制方便等特点。近几年出现的无刷直流伺服电动机避免了电刷摩擦和换向干扰，因此更具有灵敏度高、死区小、噪声低、寿命长、对周围的电子设备干扰小等特点。

⑤ 步进电动机　步进电动机是一种数字式旋转运动的电-机械转换器，它可将脉冲信号转换为相应的角位移。每输入一个脉冲信号时，电动机就会相应转过一个步距角，其转角与输入的数字脉冲信号成正比，转速随输入的脉冲频率而变化。若输入反向脉冲信号，步进电动机将反向旋转。步进电动机工作时需要专门的驱动电源，一般包括变频信号源、脉冲分配器和功率放大器。

由于步进电动机是直接用数字量控制的，因此可直接与计算机连接，且有控制方便、调速范围宽、位置精度较高、工作时的步数不易受电压波动和负载变化的影响的优点。

（3）比例控制阀

前面介绍过，目前海洋装备中使用的比例控制阀主要还是采用在原普通控制阀的基础上以电-机械转换器代替原控制部分的方法，构成了电磁比例压力阀、电磁比例方向阀、电磁比例流量阀等[10]，因此，这里对各种的阀的结构就不再一一做详细介绍，仅以一种电磁比例方向阀为例来说明其工作原理。各种比例控制阀的比较见表 5.3。

表 5.3　各种比例控制阀的比较

各种比例阀的名称		结构分类	组成特点	应用
比例压力阀	比例溢流阀	直动式和先导式	以电-机械转换器代替原手动调压弹簧控制机构，以控制油液压力	适用于控制液压参数超过 3 个以上的场合
	比例减压阀			
	比例顺序阀			

续表

各种比例阀的名称		结构分类	组成特点	应用
比例流量阀	比例节流阀	直动式和先导式	以电-机械转换器控制阀口的开启量的大小	利用斜坡信号作用在比例方向阀上,可对机构的加速和减速进行有效的控制
	比例调速阀			
	比例旁通型调速阀			
比例方向阀	比例方向节流阀	有直动式和先导式,分开环控制和阀芯位移反馈闭环控制两类	电-机械转换器既可以控制阀口的启闭又可以控制开启量的大小;既可以控制方向也可以控制流量。若用定差式减压阀或定差式溢流阀对阀口进行压力补偿,则构成比例调速阀	利用比例方向阀和压力补偿器实现负载补偿,可精确地控制机构的运动参数而不受负载影响
	比例方向调速阀			

如图 5.27 所示为一种先导式比例方向控制阀的结构。它是一种先导式开环控制的比例方向节流阀,其先导阀及主阀都是四边滑阀,该阀的先导阀是一双向控制的直动式比例减压阀。

工作时,当比例电磁铁 1 通电时,先导阀阀芯右移,油液从 X 经先导阀阀芯及固定液阻等油路作用于主阀芯 6 的右端,推动主阀芯左移,主阀口 P 与 A、B 与 T 接通,此时,主阀芯上所开的节流槽与主阀体上控制台阶形成的滑阀开口根据连续供给比例电磁铁的输入信号而按比例地变化,以使得主阀通道所通过油液的流量按比例得到控制。

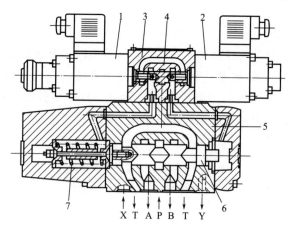

图 5.27　先导式比例方向控制阀的结构图

1,2—比例电磁铁;3—先导阀体;4—先导阀芯;5—主阀体;6—主阀芯;7—主阀弹簧

5.5.2 插装阀（逻辑阀）

（1）插装阀概述

插装阀是 20 世纪 70 年代后发展起来的一种新型的阀，它是以插装单元为主体、配以盖板和不同的先导控制阀组合而成的具有一定控制功能的组件，可以根据需要组成方向阀、压力阀和流量阀。因插装阀基本组件只有两个油口，故也被称为二通插装阀。

从逻辑关系上看，插装阀相当于逻辑元件中的"非"门，因此也叫逻辑阀。

（2）插装阀的特点

与普通液压阀比较，海洋装备中应用的插装阀具有以下特点。

① 通流能力较大，特别适合高压、大流量且要求反应迅速的场合。最大流量可达 100000L/min。

② 阀芯动作灵敏，切换时响应快，冲击小。

③ 密封性好，泄漏少，油液经阀时的压力损失小。

④ 结构简单，不同的阀有相同的阀芯，一阀多能，易于实现标准化。

⑤ 稳定性好，制造起来工艺性好，便于维修更换。

⑥ 不易腐蚀，耐高压。

海洋装备的插装阀阀孔的设计通用性的重要性在于大批量生产。就某一种规格的插装阀而言，为了批量生产，阀口的尺寸是统一的。此外，不同功能的阀可以采用同一规格的阀腔，例如：单向阀、锥阀、流量调节阀、节流阀、二位电磁阀等等。如果同一规格、不同功能的插装阀无法采用不同阀体，那么阀块的加工成本势必增加，插装阀的优势就不复存在。

海洋装备的插装阀在流体控制功能的领域的使用种类比较广泛，已应用的元件有电磁换向阀、单向阀、溢流阀、减压阀、流量控制阀和顺序阀。通用性在流体动力回路设计和机械实用性方面的延伸，充分展示了插装阀对系统设计和应用的重要性。由于其装配过程的通用性以及阀孔规格的通用性、互换性的特点，使用插装阀完全可以实现完善的设计配置，也使插装阀广泛地应用于各种液压机械。

（3）插装阀的结构与工作原理

如图 5.28 所示的插装阀单元（也就

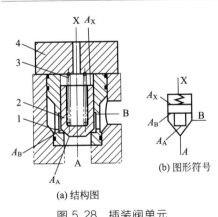

(a) 结构图

(b) 图形符号

图 5.28 插装阀单元

1—阀套；2—阀芯；3—弹簧；4—盖板

是插装阀的主体）是由阀套 1、阀芯 2、弹簧 3、盖板 4 及密封件组成的。主阀芯上腔作用着由 X 口流入的油液的液压力和弹簧力，A、B 两个油口的油液压力作用于阀芯的下锥面，也是插装阀的主通道。其 X 口油液的压力起着控制主通道 A、B 的通断的作用。盖板具有固定插装件及密封、连接插装件与先导件的作用，在盖板上也可装嵌节流螺塞等微型控制元件，还可安装位移传感器等电器附件，以便构成具有某种控制功能的组合阀。

二通插装阀从工作原理上看就相当于一个液控单向阀，A、B 为两个工作油口，形成主通路；X 为控制油口，起控制作用，通过该油口中油液压力大小的变化可控制主阀芯的启闭及主通油路油液的流向及压力。将若干个不同控制功能的二通插装阀组装在一起，就组成了液压回路。

（4）插装阀控制组件

部分插装阀控制组件见表 5.4。

表 5.4　部分插装阀控制组件

各种控制阀名称		组成原理图	基本功能
方向控制阀	插装单向阀		
	插装液控单向阀		
	插装换向阀		

各种控制阀名称		组成原理图	基本功能
方向控制阀	插装换向阀		
压力控制阀	插装溢流阀		当 B 口接油箱时,相当于先导式溢流阀;当 B 口接负载时,相当于先导式顺序阀
	插装卸荷阀		当二位二通电磁阀断电时,可做溢流阀使用;当二位二通电磁阀通电时,即为卸荷阀
	插装减压阀		B 口为进油口,A 口为出油口,并且与控制腔 X、先导阀进口相通,由于控制油取自 A 口,因而能得到恒定的二次压力,相当于定压输出减压阀
流量控制阀	插装节流阀		A 为进油口,B 为出油口,在盖板上增加阀芯行程调节器,用以调节阀芯开度,达到控制流量的目的。阀芯上开有三角槽,作为节流口
	插装调速阀		在二通插装式节流阀前串联一个定差式减压阀就组成了二通插装式调速阀

5.5.3　叠加阀

　　海洋装备的叠加阀是在安装时以叠加的方式连接的一种液压阀，它是在板式连接的液压阀集成化的基础上发展起来的新型液压元件。

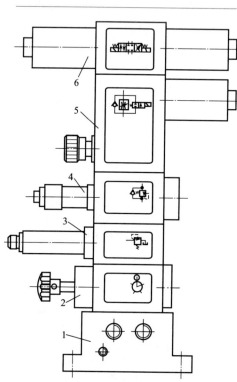

图 5.29　叠加阀式液压装置
1—底块；2—压力表开关；3—溢流阀；4—单向
顺序阀；5—单向调速阀；6—换向阀

　　叠加阀是一种标准化的液压元件，同普通液压阀一样，根据用途不同可以分为方向控制阀、压力控制阀及流量控制阀，方向控制阀中只有换向阀时不属于叠加阀系列。叠加阀在设计制作过程中，虽然功能不同，但相同孔径的叠加阀有着同样的外形尺寸、标准的油路通道及连接螺栓位置。叠加阀一般是以控制一个执行元件为一组，每组的最下端为底板（集成块），最上端是与之匹配的换向阀，中间按要求选择各种功能的叠加阀，每一个液压回路视执行元件的多少而由若干个叠加阀组合而成。叠加阀式液压装置见图 5.29，液压系统图见图 7.42。

　　海洋装备的叠加阀的优点为：

　　① 组成回路的各单元叠加阀间不用管路连接，因而结构紧凑、体积小，由于管路连接引起的故障也少。

　　② 由于叠加阀是标准化元件，设计中仅需要绘出液压系统原理图即可，因而设计工作量小，设计周期短。

　　③ 根据需要更改设计或增加、减少液压元件较方便、灵活。

　　④ 系统的泄漏及压力损失较小。

　　⑤ 防腐蚀，防生物附着。

　　⑥ 耐高压，性能稳定。

第6章

液压辅助装置

6.1 蓄能器

6.1.1 蓄能器的功用

蓄能器的功用是将液压系统中液压油的压力能储存起来，在需要时重新放出。压力突降是影响深海环境实验装置工作性能的一个不确定因素，舱体类工作装置在爆破时造成系统压力突降，为了使系统恢复正常，必须要迅速回升系统压力，这个时候就需要在液压回路中安装蓄能器对压力冲击进行吸收。其主要作用具体表现在以下几个方面。

（1）用作辅助动力源

某些液压系统的执行元件是间歇动作的，总的工作时间很短，在一个工作循环内速度差别很大。使用蓄能器作辅助动力源可降低泵的功率，提高效率，降低温升，节省能源。图 6.1 所示的液压系统中，当液压缸的活塞杆接触工件慢进和保压时，泵的部分流量进入蓄能器 1 被储存起来，达到设定压力后，卸荷阀 2 打开，泵

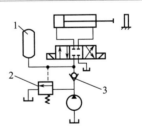

图 6.1　蓄能器作辅助动力源
1—蓄能器；2—卸荷阀；3—单向阀

卸荷。此时，单向阀 3 使压力油路密封保压。当液压缸活塞快进或快退时，蓄能器与泵一起向缸供油，使液压缸得到快速运动，蓄能器起到补充动力的作用。

（2）保压补漏

对于执行元件长时间不动而要保持恒定压力的液压系统，可用蓄能器来补偿泄漏，从而使压力恒定。如图 6.2 所示的液压系统处于压紧工件状态（机床液压夹具夹紧工件），这时可令泵卸荷，由蓄能器保持系统压力并补充系统泄漏。

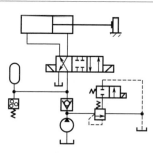

图 6.2 蓄能器作保压补漏

（3）用作紧急动力源

某些液压系统要求在液压泵发生故障或失去动力时，执行元件应能继续完成必要的动作以紧急避险、保证安全。为此可在系统中设置适当容量的蓄能器作为紧急动力源，避免事故发生。

（4）吸收脉动，降低噪声

当液压系统采用齿轮泵和柱塞泵时，因其瞬时流量脉动将导致系统的压力脉动，从而引起振动和噪声。此时可在液压泵的出口安装蓄能器吸收脉动、降低噪声，减少因振动对仪表和管接头等元件造成的损坏。

（5）吸收液压冲击

由于换向阀的突然换向、液压泵的突然停止工作、执行元件运动的突然停止等原因，液压系统管路内的液体流动会发生急剧变化，产生液压冲击。这类液压冲击大多发生于瞬间，系统的安全阀来不及开启，会造成系统中的仪表、密封损坏或管道破裂。若在冲击源的前端管路上安装蓄能器，则可以吸收或缓和这种压力冲击。

6.1.2 蓄能器的分类

蓄能器有各种结构形状，根据加载方式可分为重锤式、弹簧式和充气式三种。其中充气式蓄能器是利用气体的压缩和膨胀来储存和释放能量的，用途较广，目前常用的是活塞式、气囊式、隔膜式蓄能器。

（1）重锤式蓄能器

重锤式蓄能器的结构原理如图 6.3 所示，它是利用重物的位置变化来储存和释放能量的。重物 1 通过柱塞 2 作用

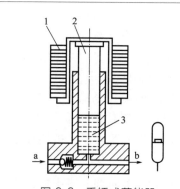

图 6.3 重锤式蓄能器
1—重物；2—柱塞；3—液压油

于液压油 3 上，使之产生压力。当储存能量时，油液从孔 a 经单向阀进入蓄能器内，通过柱塞推动重物上升；释放能量时，柱塞同重物一起下降，油液从 b 孔输出。这种蓄能器结构简单、压力稳定，但容量小、体积大、反应不灵活、易产生

泄漏，目前只用于少数大型固定设备的液压系统。

（2）弹簧式蓄能器

图 6.4 所示为弹簧式蓄能器的结构原理，它是利用弹簧的伸缩来储存和释放能量的。弹簧 1 的力通过活塞 2 作用于液压油 3 上。液压油的压力取决于弹簧的预紧力和活塞的面积。由于弹簧伸缩时弹簧力会发生变化，所形成的油压也会发生变化。为减少这种变化，一般弹簧的刚度不能太大，弹簧的行程也不能过大，从而限定了这种蓄能器的工作压力。这种蓄能器用于低压、小容量的液压系统。

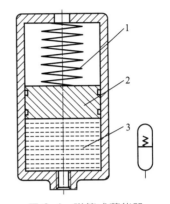

图 6.4　弹簧式蓄能器
1—弹簧；2—活塞；3—液压油

（3）活塞式蓄能器

活塞式蓄能器的结构如图 6.5 所示。活塞 1 的上部为压缩气体（一般为氮气），下部为压力油，气体由气门充入，压力油经油孔 a 通入液压系统，活塞的凹部面向气体，以增加气体室的容积。活塞随下部压力油的储存和释放而在缸筒 2 内滑动。为防止活塞上下两腔互通而使气液混合，活塞上装有密封圈。这种蓄能器的优点是：结构简单，寿命长。其缺点是：由于活塞运动惯性大和存在密封摩擦力等原因，反应灵敏性差，不宜用于吸收脉动和液压冲击；缸筒与活塞配合面的加工精度要求较高；密封困难，压缩气体将活塞推到最低位置时，由于上腔气压稍大于活塞下部的油压，活塞上部的气体容易泄漏到活塞下部的油液中，使气液混合，影响系统的工作稳定性。

（4）气囊式蓄能器

气囊式蓄能器的结构如图 6.6 所示。该种蓄能器有一个均质无缝壳体 2，其形状为两端呈球形的圆柱体。壳体的上部有个容纳充气阀的开口。气囊 3 用耐油橡胶制成，固定在壳体 2 的上部，由气囊把气体和液体分开。囊内通过充气阀 1 充进一定压力的惰性气体（一般为氮气）。壳体下端的提升阀 4 是一个受弹簧作用的菌形阀，压力油从此通入。当气囊充分膨胀时，即油液全部排出时，迫使菌形阀关闭，防止气囊被挤出油口。该种结构的蓄能器的优点是：气液密封可靠，能使油气完全隔离；气囊惯性小，反应灵敏；结构紧凑。其缺点是：气囊制造困难，工艺性较差。气囊有折合型和波纹型两种，前者容量较大，适用于蓄能；后者则适用于吸收冲击。

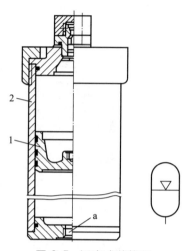

图 6.5 活塞式蓄能器

1—活塞；2—缸筒

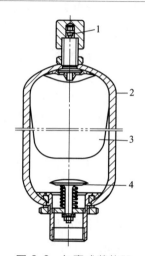

图 6.6 气囊式蓄能器

1—充气阀；2—壳体；3—气囊；4—提升阀

（5）隔膜式蓄能器

隔膜式蓄能器的结构如图 6.7 所示。该种蓄能器以耐油橡胶隔膜代替气囊，把气和油分开。其优点是壳体为球形，重量与体积的比值最小；缺点是容量小（一般在 $0.95 \sim 11.4L$ 范围内）。其主要用于吸收冲击。

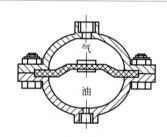

图 6.7 隔膜式蓄能器

6.1.3 蓄能器的容量计算

蓄能器的容量是选用蓄能器的主要指标之一。不同的蓄能器其容量的计算方法不同，下面介绍气囊式蓄能器容量的计算方法。

气囊式蓄能器在工作前要先充气，当充气后气囊会占据蓄能器壳体的全部体积，假设此时气囊内的体积为 V_0，压力为 p_0；在工作状态下，压力油进入蓄能器，使气囊受到压缩，此时气囊内气体的体积为 V_1，压力为 p_1；压力油释放后，气囊膨胀其体积变为 V_2，压力降为 p_2。由气体状态方程有：

$$p_0 V_0^k = p_1 V_1^k = p_2 V_2^k = 常数$$

式中，k 为指数，其值由气体的工作条件决定。当蓄能器用来补偿泄漏起保压作用时，因释放能量的速度很低，可认为气体在等温条件下工作，$k=1$；当蓄能器用作辅助动力源时，因释放能量较快，可认为气体在绝热条件下工作，

$k = 1.4$。

若蓄能器工作时要求释放的油液体积为 V，则由 $V = V_2 - V_1$ 可求得蓄能器的容量：

$$V_0 = V\left(\frac{1}{p_0}\right)^{\frac{1}{k}} \Bigg/ \left[\left(\frac{1}{p_2}\right)^{\frac{1}{k}} - \left(\frac{1}{p_1}\right)^{\frac{1}{k}}\right] \tag{6.1}$$

为保证系统压力为 p_0 时，蓄能器还能释放压力油，应取充气压力 $p_0 < p_2$，对于波纹型气囊取 $p_0 = (0.6 \sim 0.65)p_2$，对于折合型气囊取 $p_0 = (0.8 \sim 0.85)$ p_2，有利于延长其使用寿命。

6.1.4 蓄能器的安装和使用

在安装和使用蓄能器时应考虑以下几点：

① 由于是在海洋环境中使用，为防止蓄能器被海水腐蚀，不能在蓄能器上进行焊接、铆焊或机械加工；

② 蓄能器应安装在便于检查、维修并远离热源的位置；

③ 必须将蓄能器牢固地固定在托架或基础上；

④ 在蓄能器和泵之间应安装单向阀，以免泵停止工作时，蓄能器储存的压力油倒流而使泵反转；

⑤ 用作降低噪声、吸收脉动和液压冲击的蓄能器应尽可能靠近振动源处；

⑥ 气囊式蓄能器应垂直安装，油口向下。

6.2 油箱及热交换器

6.2.1 油箱的作用和结构

油箱在液压系统中的主要作用是储存液压系统所需的足够油液，散发油液中的热量，分离油液中的气体及沉淀污物。另外对中小型液压系统，往往把泵和一些控制元件安装在油箱顶板上使液压系统结构紧凑。

油箱有整体式和分离式两种。整体式油箱是与机械设备的机体做在一起的，利用机体空腔部分作为油箱；此种形式结构紧凑，各种漏油易于回收，但散热性差，易使邻近构件发生热变形，从而影响了机械设备的精度，再则维修不方便，使机械设备复杂。分离式油箱是一个单独的与主机分开的装置，它布置灵活，维修保养方便，可减少油箱发热和液压振动对工作精度的影响，便于设计成通用化、系列化的产品，因而得到广泛的应用。对一些小型液压设备，或为了节省占地面积，或为了批量生产，常将液压泵-电动机装置及液压控制阀安装在分离式油箱的顶部组成一体，称为液压站。对大中型液压设备一般采用独立的分离油箱，即油箱与液压泵-电动机装置及液压控制阀分开放置。

图 6.8 所示为小型分离式油箱。通常油箱用 2.5～5mm 钢板焊接而成。

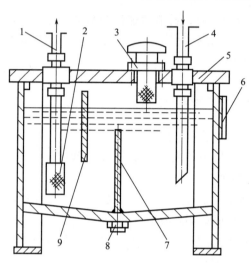

图 6.8　分离式油箱

1—吸油管；2—网式过滤器；3—空气过滤器；4—回油管；5—顶盖；
6—油面指示器；7，9—隔板；8—放油塞

6.2.2　油箱的设计要点

油箱除了其基本作用外，有时它还兼作液压元件的安装台。因此设计油箱时应注意以下几点。

① 油箱应有足够的容量（通常取液压泵每分钟流量的 3～12 倍进行估算）。液压系统工作时油面应保持一定高度（一般不超过油箱高度的 80％），以防止液压泵吸空。为防止系统油液全部回油箱时溢出油箱，油箱容积还应有一定裕量。

② 油箱中应设吸油过滤器，要有足够的通流能力。因为需经常清洗过滤器，所以在油箱结构上要考虑拆卸方便。

③ 油箱底部做成适当斜度，并设放油塞。大油箱为清洗方便应在侧面设计清洗窗孔。油箱箱盖上应安装空气过滤器，其通气流量不小于泵流量的 1.5 倍，以保证具有较好的抗污能力。

④ 在油箱侧壁安装油位指示器，以指示最低、最高油位。为了防锈、防凝水，新油箱内壁经喷丸酸洗和表面清洗后，可涂一层与工作油液相容的塑料薄膜

或耐油清漆。

⑤ 吸油管及回油管要用隔板分开，增加油液循环的距离，使油液有足够时间分离气泡、沉淀杂质，隔板高度一般取油面高度的 3/4。吸油管与油箱底面距离 $H \geqslant 2D$（D 为吸油管内径），距油箱壁不小于 3D，以利吸油通畅。回油管插入最低油面以下，防止回油时带入空气，与油箱底面距离 $h \geqslant 2d$（d 为回油管内径），回油管排油口应面向箱壁，管端切成 45°，以增大通流面积。泄漏油管则应在油面以上。

⑥ 油箱散热条件要好，必要时应安装温度计、温控器和热交换器。

⑦ 大、中型油箱应设起吊钩或孔。

具体尺寸、结构可参看有关资料及设计手册。在海洋装备的设计中，应考虑到油箱不能或者不方便拆卸的因素，对吸油过滤器进行特殊设计；同时应该考虑海洋环境中的频繁摇晃等因素，对吸油、回油管的位置的设置进行考虑，以防油品泄漏。

6.2.3 油箱容积的确定

油箱的容积是油箱设计时需要确定的主要参数。油箱体积大时散热效果好，但用油多、成本高；油箱体积小时，占用空间小、成本低，但散热条件不足。在实际设计时，可用经验公式初步确定油箱的容积，然后再验算油箱的散热量 Q_1，计算系统的发热量 Q_2，当油箱的散热量大于液压系统的发热量（$Q_1 > Q_2$）时，油箱容积合适，否则需增大油箱的容积或采取冷却措施（油箱散热量及液压系统发热量计算请查阅有关手册）。

油箱容积的估算经验公式为：

$$V = aq \tag{6.2}$$

式中　V——油箱的容积，L；

　　　q——液压泵的总额定流量，L/min；

　　　a——经验系数，min，其数值确定如下：对低压系统，$a = 2 \sim 4$min；对中压系统，$a = 5 \sim 7$min；对中、高压或高压大功率系统，$a = 6 \sim 12$min。

6.2.4 热交换器

液压系统的大部分能量损失转化为热量后，除部分散发到周围空间外，大部分使油液温度升高。若长时间油温过高，则油液黏度下降，油液泄漏增加，密封材料老化，油液氧化，严重影响液压系统正常工作。因结构限制，油箱又不能太大，依靠自然冷却不能使油温控制在所希望的正常工作温度范围即 20~65℃时，需在液压系统中安装冷却器,以控制油温在合理范围内。相反,如户外作业设备在冬季启动时,油温过低,油黏度过大,设备启动困难,压力损失加大并引起过大的振动。在此种情况下,系统中应安装加热器,将油液升高到适合的温度。

热交换器是冷却器和加热器的总称,下面分别予以介绍。

(1) 冷却器

对冷却器的基本要求是:在保证散热面积足够大、散热效率高和压力损失小的前提下,结构紧凑、坚固、体积小和重量轻,最好有自动控温装置以保证油温控制的准确性。

根据冷却介质不同,冷却器有风冷式、水冷式和冷媒式三种。风冷式利用自然通风来冷却,常用在行走设备上。冷媒式是利用冷媒介质如氟利昂在压缩机中作绝热压缩、散热器放热、蒸发器吸热的原理,把热油的热量带走,使油冷却,此种方式冷却效果最好,但价格昂贵,常用于精密机床等设备上。水冷式是一般液压系统常用的冷却方式。在海洋装备中,风冷式冷却器的适用范围太过狭窄;冷媒式冷却器的应用设备比较精密,对恶劣的海洋环境适应性也不高;所以采用水冷式冷却器是比较好的思路,且冷却材料容易获得。

水冷式冷却器利用水进行冷却,它分为有板式、多管式和翅片式。图 6.9 所示为多管式冷却器。油从壳体左端进油口流入,由于挡板 2 的作用,使热油循环路线加长,这样有利于和水管进行热量交换,最后从右端出油口排出。水从右端盖的进水口流入,经上部水管流到左端后,再经下部水管从右端盖出水口流出,由水将油液中的热量带出。此种方法冷却效果较好。

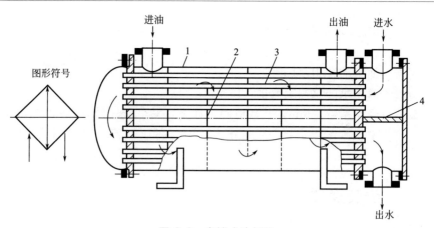

图 6.9　多管式冷却器

1—外壳;2—挡板;3—钢管;4—隔板

冷却器一般安装在回油管路或低压管路上。

（2）加热器

油液加热的方法有用热水或蒸汽加热和电加热两种方式。由于电加热器使用方便，易于自动控制温度，因此应用较广泛。如图 6.10 所示，电加热器 2 用法兰固定在油箱 1 的内壁上，发热部分全浸在油液的流动处，便于热量交换。电加热器表面功率密度不得超过 $3W/cm^2$，以免油液局

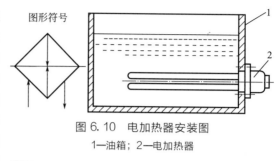

图形符号

图 6.10　电加热器安装图
1—油箱；2—电加热器

部温度过高而变质，为此，应设置联锁保护装置，在没有足够的油液经过加热循环时，或者在加热元件没有被系统油液完全包围时，阻止加热器工作。

有关冷却器、加热器的具体结构尺寸、性能及设计参数可参看有关设计资料。

6.3　过滤器

6.3.1　过滤器的功用

在液压系统中，由于系统内的形成或系统外的侵入，液压油中难免会存在杂质和污染物，它们中的颗粒不仅会加速液压元件的磨损，还会堵塞阀件的小孔，卡住阀芯，划伤密封件，使液压阀失灵，系统产生故障。因此，必须对液压油中的杂质和污染物的颗粒进行清理。特别是对于海洋液压装备，其投放和回收难度大，不像陆地装备那样容易更换保养液压油，海洋装备更换液压油的成本远高于陆地装备，所以其必须对油路过滤提出更高的要求。目前，控制液压油洁净程度的最有效的方法就是采用过滤器。过滤器的主要功用就是对液压油进行过滤，控制油的洁净程度。

6.3.2　过滤器的性能指标

过滤器的主要性能指标有过滤精度、通流能力、压力损失等，其中过滤精度为主要指标。

（1）过滤精度

过滤器的工作原理是用具有一定尺寸过滤孔的滤芯对污物进行过滤。过滤精度就是指过滤器从液压油中所过滤掉的杂质颗粒的最大尺寸（以污物颗粒平均直径 d 表示）。目前所使用的过滤器，按过滤精度可分为四级：粗（$d \geqslant 0.1$mm）、普通（$d \geqslant 0.01$mm）、精（$d \geqslant 0.001$mm）和特精过滤器（$d \geqslant 0.0001$mm）。

过滤精度选用的原则是：使所过滤污物颗粒的尺寸小于液压元件密封间隙尺寸的一半。系统压力越高，液压元件内相对运动零件的配合间隙越小，需要过滤器的过滤精度也就越高。液压系统的过滤精度，主要取决于系统的压力。不同液压系统对过滤器的过滤精度要求如表 6.1 所示。

表 6.1　各种液压系统的过滤精度要求

系统类别	润滑系统	传动系统			伺服系统	特殊要求系统
压力/MPa	0~2.5	≤7	>7	≤35	≤21	≤35
过滤精度/mm	≤0.1	≤0.05	≤0.025	≤0.005	≤0.005	≤0.001

（2）通流能力

过滤器的通流能力一般用额定流量表示，它与过滤器滤芯的过滤面积成正比。

（3）压力损失

压力损失指过滤器在额定流量下的进、出油口间的压差。一般过滤器的通流能力越好，压力损失也越小。

（4）其他性能

过滤器的其他性能主要指滤芯强度、滤芯寿命、滤芯耐蚀性等定性指标。不同过滤器的这些性能会有较大的差异，可以通过比较确定各自的优劣。

6.3.3　过滤器的典型结构

按过滤机理，过滤器可分为机械过滤器和磁性过滤器两类。前者是使液压油通过滤芯的缝隙将污物的颗粒阻挡在滤芯的一侧；后者用磁性滤芯将所通过的液压油内铁磁颗粒吸附在滤芯上。在一般液压系统中常用机械过滤器，在要求较高的系统中可将上述两类过滤器联合使用。在此着重介绍机械过滤器。

（1）网式过滤器

图 6.11 所示为网式过滤器的结构。它是由上端盖 1、下端盖 4 之间连接开有若干孔的筒形塑料骨架 3（或金属骨架）组成的，在骨架外包裹一层或几层过滤网 2。过滤器工作时，液压油从过滤器外通过过滤网进入过滤器内部，

从上盖管口处进入系统。此过滤器属于粗过滤器，其过滤精度为 0.13 ~ 0.04mm，压力损失不超过 0.025MPa，这种过滤器的过滤精度与铜丝网的网孔大小、铜网的层数有关。网式过滤器的特点是：结构简单，通油能力强，压力损失小，清洗方便；但是过滤精度低。一般将其安装在液压泵的吸油管口上用以保护液压泵。

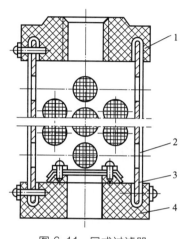 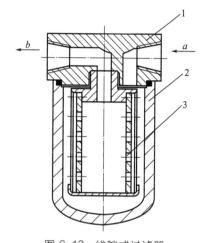

图 6.11　网式过滤器　　　　　　图 6.12　线隙式过滤器

1—上端盖；2—过滤网；3—骨架；4—下端盖　　　1—骨架；2—金属绕线；3—壳体

（2）线隙式过滤器

图 6.12 所示为线隙式过滤器的结构。它是由端盖、壳体 3、带孔眼的筒形骨架 1 和绕在骨架外部的金属绕线 2 组成的。工作时，油液从右端孔进入过滤器内，经线间的间隙，骨架上的孔眼进入滤芯中再由左端孔流出。这种过滤器利用金属绕线间的间隙过滤，其过滤精度取决于间隙的大小。过滤精度有 $30\mu m$、$50\mu m$ 和 $80\mu m$ 三种精度等级，其额定流量为 6 ~ 25L/min，在额定流量下，压力损失为 0.03 ~ 0.06MPa。线隙式过滤器分为吸油管用和压油管用两种。前者安装在液压泵的吸油管道上，其过滤精度为 0.05 ~ 0.1mm，通过额定流量时压力损失小于 0.02MPa；后者用于液压系统的压力管道上，过滤精度为 0.03 ~ 0.08mm，压力损失小于 0.06MPa。这种过滤器的特点是：结构简单，通油性能好，过滤精度较高，所以应用较普遍；但不易清洗，滤芯强度低。其多用于中、低压系统。

（3）纸芯式过滤器

纸芯式过滤器（图 6.13）以滤纸为过滤材料，把厚度为 0.25 ~ 0.7mm

的平纹或波纹的酚醛树脂或木浆的微孔滤纸环绕在带孔的镀锡铁皮骨架上，制成滤芯 2。油液从 a 孔经滤芯外面经滤纸进入滤芯内，然后从 b 孔流出。为了增加滤纸的过滤面积，纸芯一般都做成折叠式。这种过滤器过滤精度有 0.01mm 和 0.02mm 两种规格，压力损失为 0.01～0.04MPa。其优点是过滤精度高；缺点是堵塞后无法清洗，需定期更换纸芯，强度低。其一般用于精过滤系统。

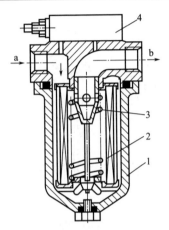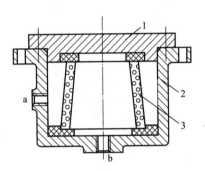

图 6.13　纸芯式过滤器

1—壳体；2—滤芯；3—弹簧；4—发信装置

图 6.14　烧结式过滤器

1—端盖；2—壳体；3—滤芯

（4）烧结式过滤器

图 6.14 所示为烧结式过滤器的结构。此过滤器是由端盖 1、壳体 2、滤芯 3 组成的，滤芯是由颗粒状铜粉烧结而成的。其过滤过程是：压力油从 a 孔进入，经铜颗粒之间的微孔进入滤芯内部，从 b 孔流出。烧结式过滤器的过滤精度与滤芯上铜颗粒之间的微孔的尺寸有关，选择不同颗粒的粉末，制成厚度不同的滤芯，就可获得不同的过滤精度。烧结式过滤器的过滤精度为 0.01～0.001mm，压力损失为 0.03～0.2MPa。这种过滤器的特点是强度大，可制成各种形状，制造简单，过滤精度高；但难以清洗，金属颗粒易脱落。其常用于需要精过滤的场合。

（5）磁性过滤器

磁性过滤器的滤芯采用永磁性材料，可将油液中对磁性敏感的金属颗粒吸附到上面。它常与其他形式的滤芯一起制成复合式过滤器，对金属加工机床的液压系统特别适用。

过滤器的图形符号见表 6.2。

表 6.2　过滤器的图形符号

粗过滤器	精过滤器	带发信装置的过滤器
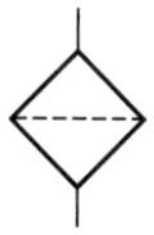	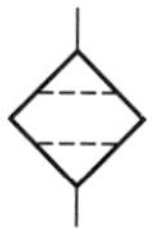	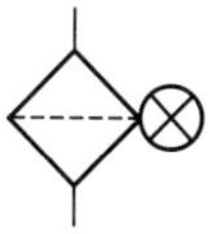

6.3.4　过滤器的选用

选择过滤器时，主要根据液压系统的技术要求及过滤器的特点综合考虑来选择。主要考虑的因素如下。

（1）系统的工作压力

系统的工作压力是选择过滤器精度的主要依据之一。系统的压力越高，液压元件的配合精度越高，所需要的过滤精度也就越高。

（2）系统的流量

过滤器的通流能力是根据系统的最大流量而确定的。一般过滤器的额定流量不能小于系统的流量，否则过滤器的压力损失会增加，过滤器易堵塞，寿命也缩短。但过滤器的额定流量越大，其体积及造价也越大，因此应选择合适的流量。

（3）滤芯的强度

过滤器滤芯的强度是一个重要指标。不同结构的过滤器有不同的强度。在高压或冲击大的液压回路，应选用强度高的过滤器。

6.3.5　过滤器的安装

过滤器的安装是根据系统的需要而确定的，一般可安装在图 6.5 所示的各种位置上。

（1）安装在液压泵的吸油口处

如图 6.15(a) 所示，在泵的吸油口处安装过滤器，可以保护系统中的所有元件，但由于受泵吸油阻力的限制，只能选用压力损失小的网式过滤器。这种过滤器过滤精度低，泵磨损所产生的颗粒将进入系统，对系统其他液压元件无法完全保护，还需其他过滤器串在油路上使用。

（2）安装在液压泵的出油口处

如图 6.15(b) 所示，这种安装方式可以有效地保护除泵以外的其他液压元件，但由于过滤器是在高压下工作，滤芯需要有较高的强度。为了防止过滤器堵塞而引起液压泵过载或过滤器损坏，常在过滤器旁设置一堵塞指示器或旁路阀加以保护。

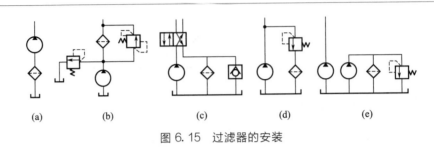

图 6.15　过滤器的安装

（3）安装在回油路上

如图 6.15（c）所示，将过滤器安装在系统的回油路上。这种方式可以把系统内油箱或管壁氧化层的脱落或液压元件磨损所产生的颗粒过滤掉，以保证油箱内液压油的清洁，使泵及其他元件受到保护，由于回油压力较低，所需过滤器强度不必过高。

（4）安装在支路上

这种方式如图 6.15（d）所示，主要安装在溢流阀的回油路上，这时不会增加主油路的压力损失，过滤器的流量也可小于泵的流量，比较经济合理。但这种方式不能过滤全部油液，也不能保证杂质不进入系统。

（5）单独过滤

如图 6.15（e）所示，用一个液压泵和过滤器单独组成一个独立于系统之外的过滤回路，这样可以连续清除系统内的杂质，保证系统内清洁。这种方式一般用于大型液压系统。

6.4　连接件

连接件的作用是连接液压元件和输送液压油。连接件应保证有足够的强度、没有泄漏、密封性能好、压力损失小、拆装方便等。连接件主要包括油管和管接头。

6.4.1　油管

（1）油管的种类

液压系统常用油管有钢管、紫铜管、塑料管、橡胶软管等。应当根据液压装置工作条件和压力大小来选择油管，油管的特点及适用场合如表 6.3 所示。

表 6.3 管道的种类和适用场合

种类		特点和适用场合
硬管	钢管	耐油、耐高压、强度高、工作可靠，但装配时不便弯曲，常在装拆方便处用作压力管道。中压以上用无缝钢管，低压用焊接钢管
	紫铜管	价高，承压能力低（6.5～10MPa），抗冲击和振动能力差，易使油液氧化，但易弯曲成各种形状，常用在仪表和液压系统装配不便处
软管	尼龙管	乳白色半透明，可观察流动情况。加热时可任意弯曲成形和扩口，冷却后即定形，安装方便。承压能力因材料而异（2.5～8MPa）。有发展前途
	普通塑料管	耐油，装配方便，长期使用会老化，只用作压力低于 0.5MPa 的回油管和泄油管
	橡胶软管	用于相对运动部件的连接，分高压和低压两种。高压软管由耐油橡胶夹几层钢丝编织网（层数越多耐压越高）制成，价高，用于压力管路。低压软管由耐油橡胶夹帆布制成，用于回油管路

（2）油管的特征尺寸

油管的特征尺寸为通（内）径 d，它代表油管的通流能力，为油管的名义尺寸，单位为 mm。油管的通流能力和特征尺寸可查相应手册。

（3）油管尺寸的计算

根据液压系统的流量和压力，油管的通径 d 可按式（6.3）计算：

$$d = 2\sqrt{\frac{q}{\pi v}} \tag{6.3}$$

式中 q——通过油管的流量；

　　v——流速，推荐值：吸油管取 0.5～1.5m/s，回油管取 1.5～2m/s，压油管取 2.5～5m/s（压力高、流量大、管道短时取大值），控制油管取 2～3m/s，橡胶软管取值应小于 4m/s。

管道壁厚 δ 按式（6.4）计算：

$$\delta = \frac{pd}{2[\sigma]} \tag{6.4}$$

式中 p——工作压力，Pa；

　　d——管子内径，mm；

　　$[\sigma]$——油管材料的许用应力，对铜管 $[\sigma] \leqslant 25$MPa，对钢管 $[\sigma] = \sigma_b / n$；

　　σ_b——管材的抗拉强度；

　　n——安全系数，当 $p \leqslant 7$MPa 时，取 $n = 8$；当 7MPa $< p \leqslant 17.5$MPa 时，取 $n = 6$；当 $p > 17.5$MPa 时，取 $n = 4$。

计算出的油管内径和壁厚，应查阅有关手册圆整为标准系列值。

6.4.2　管接头

管接头是油管与油管、油管与液压元件间的可拆式连接件。管接头的形式和质量，直接影响系统的安装质量、油路阻力和连接强度，其密封性能是影响系统外泄漏的重要原因。管接头与其他元件之间可采用普通细牙螺纹连接（与 O 形橡胶密封圈等合用可用于高压系统）或锥螺纹连接（多用于中低压系统）。

管接头的种类很多，按油管与管接头的连接方式可分为：扩口式、卡套式、焊接式和快换式等形式，如图 6.16 所示。

扩口式管接头如图 6.16(a) 所示。这种管接头适用于铜管和薄壁钢管，也可用来连接尼龙管和塑料管。装配时先将管扩成喇叭口，角度为 74°，再用螺母 2 将管套 3 连同接管 6 一起压紧在接头体 1 的锥面上形成密封。这种接头结构简单，装拆方便，但承压能力较低。

卡套式管接头如图 6.16(b) 所示。它是利用卡套卡住油管进行密封的。这种接头结构性能良好，轴向尺寸要求不严，装拆方便，广泛用于高压系统；缺点是对管道的径向尺寸和卡套尺寸精度要求较高，需用精度较高的冷拔无缝钢管。

焊接式管接头如图 6.16(c) 所示。它用在钢管连接中。这种管接头结构简单，连接牢固，利用球面密封方便可靠，装拆方便，耐压能力高，是目前应用较多的一种。其缺点是装配式球形头需与油管焊接，因而必须采用厚壁钢管，而且对焊缝质量要求高。

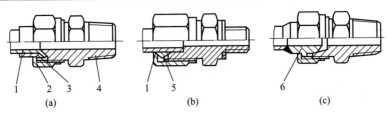

图 6.16　硬管接头

1—接头体；2—接头螺母；3—管套；4—卡套；5—接管；6—管子

快换接头如图 6.17 所示。这种接头能快速装拆，且无需工具，用于需经常装拆处。图 6.17 所示为两个接头体连接时的工作位置，外套 7 把钢球 6 压入槽底将两端头连接起来，单向阀阀芯 3 和 10 互相挤紧顶开使油路接通。当需拆开时，可用力把外套 7 向左推，同时拉出接头体 9，管路就断开了。与此同时，单向阀阀芯 3 和 10 分别在各自的弹簧 2 和 11 的作用下外伸，顶在两端接头体的阀底上使两边管子内的油封闭在管中不致流出。

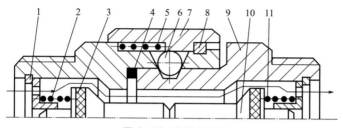

图 6.17 快换接头

1, 8—卡环；2, 5, 11—弹簧；3, 10—单向阀阀芯；4—密封圈；6—钢球；7—外套；9—接头体

6.5 密封装置

与常规液压系统相比，水下液压系统有很多独到之处，使用条件也较为苛刻：

① 水下液压系统工作在海水环境中，工作深度从几百米到几千米，液压系统不仅要承受内部高压，还要承受外界海水压力；

② 水下液压系统对安全性要求极高，一旦海水渗入到液压系统内部，轻者使液压系统不能正常工作，重者导致液压元件损坏；

③ 水下液压系统在体积和重量方面都有严格限制，体积小、重量轻是提高水下液压系统功率重量比的关键；

④ 水下液压执行器直接暴露在海水中，密封元件不仅要耐液压油腐蚀，还要耐海水腐蚀；

⑤ 水下液压系统不仅在结构设计上要紧凑，在材料选择上也要考虑海水的腐蚀问题。

考虑到防止海水渗入液压系统而采取的密封措施有：

① 对于静密封应尽量采用端面静密封。

② 对于往复式动密封或径向密封，常在与海水接触部分另加设一道 O 形密封圈。

③ 对于旋转式密封，常在与海水接触的旋转部位另加一道相同结构的旋转密封，以分隔海水。

④ 对于阀件可设计成板式连接的集成油路方式置于密封的阀箱中，以确保密封。

⑤ 在系统中加装补偿器。

6.5.1 O形圈密封

O形圈密封如图 6.18 所示,密封圈的截面为圆形。O形圈密封是接触式密封。O形密封圈是一种使用广泛的挤压型密封件,安装时截面被压缩变形,堵住了泄漏通道,起到了密封的作用。它具有下列优点:结构简单、体积小、安装部位紧凑、装卸方便、制造容易;具有自密封作用,不需要周期性调整;适用参数范围宽广,使用温度范围可达 -60～200℃;用于动密封装置时,密封压力可达 35MPa 且价格便宜。O形圈在动密封中应用的不足有:启动摩擦阻力大,易引起忽滑忽黏的爬行现象;使用不当,易引起 O 形圈切、挤、扭、断等事故;动密封还很难做到无泄漏,只能控制其渗漏量不大于规定许可值。

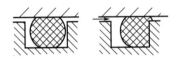

图 6.18　O形圈密封原理图

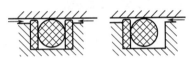

图 6.19　O形圈密封挡圈设置

密封圈的材料要求具有较好的弹性、适当的机械强度、良好的耐热耐磨性、小的摩擦系数,且不易与液压油起化学反应等,目前多用耐油橡胶、尼龙等材料。作为海洋装备密封设备使用的材料,不仅要有良好的耐热性,还要有良好的耐低温性能,保证在低温环境下不硬化、脆裂,同时还要求良好的耐海水腐蚀、耐环境高压的能力。

任何形状的密封圈在安装时,都必须保证适当的预压缩量,过小不能密封,过大则摩擦力增大,且易于损坏,因此,安装密封圈的沟槽尺寸和表面粗糙度必须按有关手册给出的数据严格保证。在动密封中,压力过大时,可设置密封挡圈以防止 O 形圈被挤入间隙中而损坏,如图 6.19 所示。

同时在海洋环境中,O形密封圈的性质和陆地上也略有不同。海水静压会对密封圈造成静压力,从而产生形变,压缩量沿着径向增大,在 10km 深度的深海中,O形圈的压缩幅度会达到 2.0%～4.0%;密封槽底部圆角处可能形成的空腔会随着下潜增加的压力产生爆炸,为了防止这一现象,可以适当增大密封槽宽度或者控制 O 形圈安装位置、增大密封槽底部圆角等。

6.5.2　间隙密封

间隙密封是非接触式密封,它是靠相对运动的配合表面间的微小间隙来实现密封的。这是一种最简单的密封方式,广泛应用于液压阀、泵和液压马达中。常见的结构形式有圆柱面配合（如滑阀与阀套之间）和平面配合（如液压泵的配流盘与转子端面之间）两种。图6.20所示即为圆柱面配合的间隙密封。

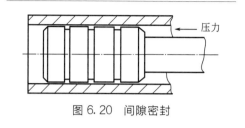

图6.20　间隙密封

间隙密封的密封性能与间隙大小、压力差、配合表面长度、直径和加工质量等因素有关。其中以间隙大小和均匀性对密封的性能影响最大（泄漏量与间隙的立方成正比），设计时可按有关手册给定的推荐值选用液压元件的间隙值。

间隙密封的特点是结构简单、摩擦力小、经久耐用，但对于零件的加工精度要求较高，且难以完全消除泄漏，故适用于低压系统中。

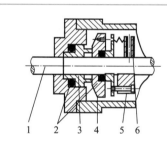

图6.21　间隙密封结构和原理图
1—轴；2—O形圈；3—静环；4—动环；
5—传动螺钉；6—紧定螺钉

其作为旋转设备的轴封装置，广泛应用于石油、化工、能源、制药、冶金、机械等许多行业。如图6.21所示，轴带动动环旋转，静环固定不动，依靠静环和动环之间接触端面的滑动摩擦保持密封，当端面产生磨损时，弹簧推动动环使动环与静环的端面紧密贴合而无间隙。为了防止介质从静环与壳体之间和动环与轴之间的间隙泄漏，静环与壳体及动环与轴之间均装有O形圈。间隙密封的特点是：

① 密封性能可靠，泄漏量极小，通常可控制在3～5L/h。

② 使用范围广，适用于各种工况条件，在高速、高压、高温、低温、高真空、腐蚀性介质、高浓度介质等工况下，都有良好的密封效果，压力可以达到45MPa，温度为200～450℃，旋转速度高达150m/s。

③ 使用寿命长，有的工况可以达到10年不需维修，不需经常更换，功耗小。

④ 抗振性强，缓冲性好。

⑤ 结构复杂，装配较困难，价格较贵。

正是由于这些特点，在我国研制的水下作业系统中很多都采用间隙密封这种密封方式。

6.5.3 　 压力补偿器

在液压系统中加装补偿器，是防止海水渗入液压系统的有效措施，因为水下液压系统常常是由油源以及多个阀件、执行器（液压缸、液压马达）通过管路相连而成的，任何一处环节的密封不可靠都会对整个系统带来危害。加装补偿器，除了可以补偿工作油液因本身的弹性模量、温度及下潜深度而产生的油液体积变化外，更重要的是可以平衡内外压力，使系统内压等于工作水深外压或稍大于外压，这样，系统如有渗漏，只能是工作油液的外渗，而确保海水不会渗入液压系统中。

采用压力补偿器可以解决耐高压和密封的问题，根据在水下液压系统中的不同功能，可将压力补偿分成两类——动态补偿和静态补偿。动态补偿原理如图 6.22(a) 所示，在系统回油路中设置压力补偿器，使系统的回油压力与外界海水压力相等，构成一个回油压力随海水深度变化而自动调节的水下液压系统。此时压力补偿器不仅能对系统的回油压力进行补偿，还能随时补偿油箱内的液压油体积变化，这类压力补偿器称为动态补偿器。

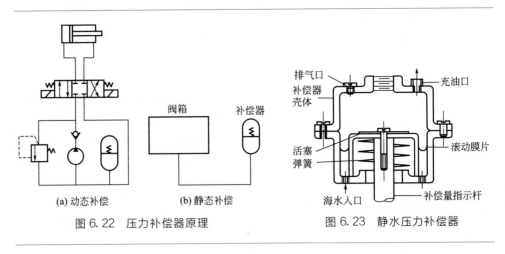

(a) 动态补偿	(b) 静态补偿

图 6.22 　 压力补偿器原理 　 　 　 　 图 6.23 　 静水压力补偿器

水下液压系统除了要对系统的回油压力进行补偿外，还需要对阀箱、电气线路等进行补偿，由于阀箱、电气线路等内部的空腔体积是不变的，因此压力补偿器要补偿的液压油体积也是不变的，主要是由于海水压力而产生的液压油体积压缩量。这类压力补偿器是对阀箱、电气线路等进行静态压力补偿，称为静态补偿器，如图 6.22(b) 所示。图 6.23 所示是静水压力补偿器，它在结构上是一个由薄膜或浮动活塞隔开的空腔。现有的压力补偿器大多采用滚动膜片作为弹性元件，滚动膜片是由橡胶等纤维织物复合而成的，既是密封元件又是压力传递的敏感元件。滚动膜片在自由状态下的形状如同一个礼帽，它是由夹有丝布的橡胶制成的，丝布是滚动膜片的骨架，主要起到增加强度的作用，橡胶则起到密封的作用。滚动膜片的顶部通常设有中间孔，用于安装活塞，活塞带动滚动膜片在活塞缸内运动，活塞与活塞缸之间留有一定的间隙，活塞运动时，膜片沿着活塞缸内壁作无滑动的滚动，所以称为滚动膜片。为了便于安装和密封，滚动膜片底部通常设计成 O 形边或周边带孔等形式。

补偿器的效率是按照体积、工作油液体积的使用程度、结构的重量系数和隔离器对深度变化的灵敏度来判定的。

压力补偿器还能有效防止海水渗入到液压系统内部，由于弹簧的预压缩力作用，使系统的回油压力略高于外界海水压力，这样即使产生泄漏，也只是液压油向外渗出，外界海水则无法渗入到液压系统内部，保证了液压系统的安全。

采用压力补偿可以简化系统的密封设计，由于采用了压力补偿，泵箱、阀箱等内外压力平衡，因此不必按高压密封来设计。

压力补偿器还具有储备油箱的功能，由于水下液压系统为封闭结构，当系统发生少量渗漏时，压力补偿器能够迅速向系统补充液压油，从而避免由于渗漏产生负压而导致油箱破裂。此外，压力补偿器还具有减小脉动、降低噪声、吸收液压冲击等作用。

第7章

海洋液压基本回路

　　海洋液压基本回路是由相关液压元件组成的用来完成特定功能的典型结构，是组成海洋液压系统的基本组成单元，任何一个海洋液压传动系统，即使再复杂也是由若干个最基本的回路所组成的[11]。就像一台机器是由机械部件所组成的，而机械部件是由机械零件所组成的一样，本章我们介绍的海洋液压基本回路就是由前几章我们介绍的海洋液压元件所组成的，由这些基本回路可以组成任意完整的海洋液压系统。

　　海洋液压基本回路按其在回路中的作用一般可分为海洋速度控制回路、海洋压力控制回路及海洋方向控制回路。图 7.1 所示为 ROV 水下液压管路对接装置液压系统基本回路[12]。

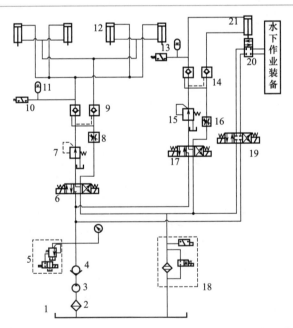

图 7.1　ROV 水下液压管路对接装置液压系统基本回路

1—油箱；2, 18—过滤器；3—液压泵；4—单向阀；5—电磁溢流阀；6, 17, 19—电磁换向阀；
7, 15—减压阀；8, 16—调速阀；9, 14—液控单向阀；10—舱压力继电器；
11, 13—蓄能器；12—抱紧液压缸；20—液压接头；21—对接液压缸

7.1 海洋压力控制回路

海洋压力控制回路利用压力控制阀来控制系统中油液的压力，以满足系统中执行元件对力和转矩的要求。海洋压力控制回路主要包括调压、增压、减压、保压、卸荷、平衡等多种回路。

7.1.1 海洋调压回路

海洋调压回路的功用是：使海洋液压系统整体或某一部分的压力保持恒定或限定为不许超过某个数值。海洋调压回路又分为海洋单级调压和海洋多级调压回路。海洋调压回路主要是应用溢流阀使系统的压力满足需要，液压泵的供油压力可由溢流阀调定。可用溢流阀限制变量泵的最高压力，起安全保护作用，防止系统过载。在系统需要两种以上压力时，可采用多级调压回路。

（1）海洋单级调压回路

图 7.2 所示为海洋单级调压回路，这是液压系统中最为常见的回路，在液压泵的出口处并联一个溢流阀来调定系统的压力。

（2）海洋多级调压回路

图 7.3 所示为海洋多级调压回路。海洋液压泵 1 的出口处并联一个先导式溢流阀 2，其远程控制口上串接一个二位二通电磁换向阀 3 及一个远程调压阀 4。当溢流阀 2 的调压低于远程调压阀 4 的调压时，则系统压力由溢流阀 2 决定；当溢流阀 2 的调压高于远程调压阀 4 时，则系统的压力通过二位二通换向阀 3 的换向可得到两种调定压力，左位接通则系统压力由溢流阀 2 决定，右位接通则系统压力由远程调压阀 4 决定。若将溢流阀的远程控制口接一个多位换向阀，并联多个调压阀，则可获得海洋多级调压。

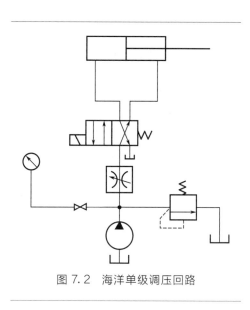

图 7.2 海洋单级调压回路

如果将图 7.2 所示的回路中的溢流阀换成比例溢流阀，则可将此回路变成海洋无级调压回路。

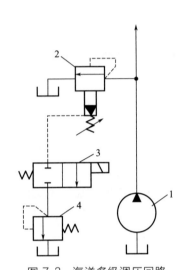

图 7.3　海洋多级调压回路

1—液压泵；2—先导式溢流阀；3—二位二通电
磁换向阀；4—远程调压阀

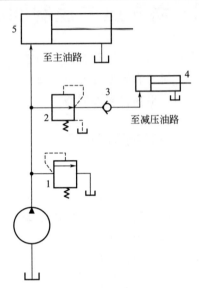

图 7.4　海洋减压回路

1—溢流阀；2—减压阀；
3—单向阀；4，5—液压缸

7.1.2　海洋减压回路

海洋减压回路的作用是：使系统中某一部分油路具有较低的稳定压力。

图 7.4 所示为海洋减压回路，图中所示两个执行元件需要的压力不一样，在压力较低的回路上安装一个减压阀以获得较低的稳定压力。单向阀的作用是当主油路的压力较低时，防止油液倒流，起短时保压作用。

为使减压阀的回路工作可靠，减压阀的最低调压不应小于 0.5MPa，最高压力至少比系统压力低 0.5MPa。当回路执行元件需要调速时，调速元件应安装在减压阀的后面，以免减压阀的泄漏对执行元件的速度产生影响。

7.1.3　海洋增压回路

海洋增压回路的功用是：提高系统中局部油路中的压力，使系统中的局部压力远远大于液压泵的输出压力。

① 采用了增压器的海洋增压回路。图 7.5 所示是一种采用了增压器的海洋增压回路。增压器的两端活塞面积不一样，因此，当活塞面积较大的腔中通入压

力油时，在另一端，活塞面积较小的腔中就可获得较高的油液压力，增压的倍数取决于大、小活塞面积的比值。

② 采用气液增压缸的海洋增压回路。图 7.6 所示是另一种海洋增压回路，采用的是气液增压缸，该回路利用气液增压缸 1 将较低的气压变为液压缸 2 中较高的液压力。

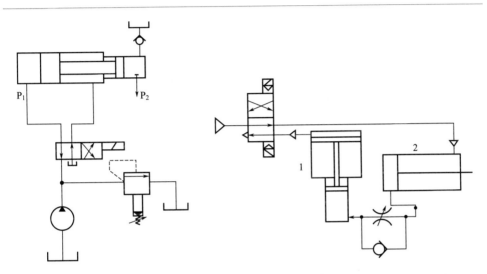

图 7.5 采用增压器的海洋增压回路　　　图 7.6 采用气液增压缸的海洋增压回路
　　　　　　　　　　　　　　　　　　　　　　1—气液增压缸；2—液压缸

7.1.4 海洋保压回路

海洋保压回路的作用是使系统在液压缸不动或仅有极微小位移的情况下维持住压力。当系统中不需要液压泵供油，但需要继续保持压力时，可应用蓄能器保持系统中的油压，并使液压泵卸荷。在液压夹紧装置中常应用这种回路。

如图 7.7 所示，定量泵输出的油液经单向阀进入系统，同时也进入蓄能器，当工作部件停止运动时，系统压力升高，压力继电器发出电信号，使电磁溢流阀通电，于是定量泵输出的油液即在低压下经过电磁溢流阀流回油箱，使系统卸荷。这时蓄能器使系统继续保持压力，并使单向阀关闭。系统中的泄漏则由蓄能器放出的压力油进行补偿，当蓄能器中压力过低时，压力继电器可以发出电信号使电磁溢流阀断电，定量泵再次向系统供油。

海洋保压回路分为三类：利用蓄能器的海洋保压回路、利用液压泵的海洋保压回路、利用液控单向阀的海洋保压回路。

（1）利用蓄能器的海洋保压回路

图 7.7 所示是一种用于夹紧油路的海洋保压回路，当三位四通换向阀左位接通时，液压缸进给，进行夹紧工作，当压力升至调定压力时，压力继电器发出信号，使二位二通电磁换向阀换向，液压泵卸荷。此时，夹紧油路利用蓄能器进行保压。

（2）利用液压泵的海洋保压回路

在系统压力较低时，大流量泵和小流量泵同时供油；当系统压力升高时，低压泵卸荷，高压泵起保压作用。

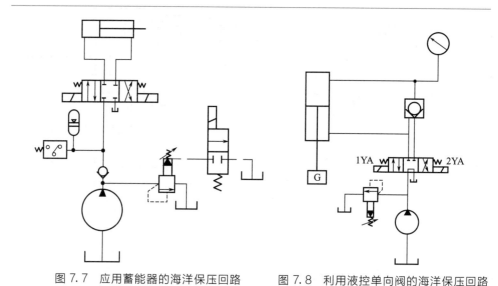

图 7.7　应用蓄能器的海洋保压回路　　　图 7.8　利用液控单向阀的海洋保压回路

（3）利用液控单向阀的海洋保压回路

图 7.8 所示是一种采用液控单向阀和电接触式压力表的自动补油式海洋保压回路，主要是用于保证液压缸上腔通油时系统的压力在一个调定的稳定值。当电磁铁 2YA 通电时，换向阀右位接通，压力油进入液压缸上腔，处于工作状态。当压力升至电接触式压力表上触点调定的上限压力值时，上触点接通，电磁铁 2YA 断电，换向阀处于中位，系统卸荷；当压力降至电接触式压力表上触点调定的下限压力值时，压力表又发出信号，电磁铁 2YA 通电，换向阀右位又接通，泵向系统补油，压力回升。

7.1.5　海洋卸荷回路

海洋卸荷回路的功用是：使液压泵处于接近零压的工作状态下运转，以减少功率损失和系统发热，延长液压泵和电动机的使用寿命。海洋液压设备在短时间停止工作时，一般不停液压泵。这是因为频繁启动液压泵对液压泵的寿命有影响，但若让泵输出的油液经溢流阀流回油箱，又会造成很大的功率损失，使油温升高。这时，需要海洋卸荷回路让液压泵卸荷。所谓卸荷，是指液压泵仍在旋转，而其消耗的功率极小，即让液压泵输出的油液以很低的压力又流回油箱，这样的卸荷方式称为压力卸荷。

① 采用溢流阀的海洋卸荷回路。图 7.9（a）所示的是一种采用溢流阀的海洋卸荷回路，当二位二通电磁换向阀通电时，溢流阀的远程控制口与油箱接通，溢流阀打开，泵实现卸荷。

② 采用三位阀的中位机能的卸荷回路。如图 7.9（b）所示，当三位阀处于中位时，将回油孔 T 与同泵相连的进油口 P 接通（如 M 型），液压泵即可卸荷。

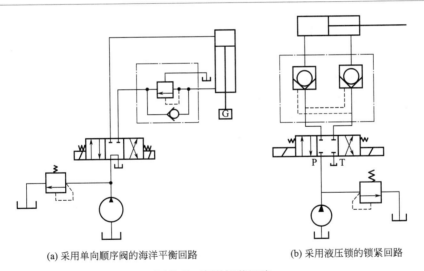

(a) 采用单向顺序阀的海洋平衡回路　　　　(b) 采用液压锁的锁紧回路

图 7.9　海洋卸荷回路

7.1.6　海洋平衡回路

海洋平衡回路的作用是：防止立式液压缸及其工作部件因自重而自行下落或在下行运动中因自重造成的运动失控。海洋平衡回路一般采用平衡阀（单向顺序阀）。

图 7.9(a) 所示就是采用平衡阀实现的海洋平衡回路。在这个回路中，当活塞向下运动时，立式液压缸有杆腔中油液压力必须大于顺序阀的调定压力才能将顺序阀打开，使回油进入油箱中，顺序阀可以根据需要调定压力，以保证系统达到平衡。

7.1.7　海洋锁紧回路

海洋锁紧回路的作用是：使执行机构在需要的任意运动位置上锁紧。如图 7.9(b) 所示的就是一种利用双向液控单向阀（液压锁）的海洋液压锁紧回路。

7.2　海洋速度控制回路

7.2.1　海洋调速回路

1）海洋调速回路的基本概念

海洋调速回路在液压系统中占有突出的重要地位，它的工作性能的好坏对系统的工作性能起着决定性的作用。

对海洋调速回路的要求：

① 能在规定的范围内调节执行元件的工作速度。

② 负载变化时，调好的速度最好不变化，或在允许的范围内变化。

③ 具有驱动执行元件所需的力或力矩。

④ 功率损耗要小，以便节省能量，减小系统发热。

根据前述，我们知道，控制一个系统的速度就是控制液压执行机构的速度，在液压执行机构中：

液压缸速度
$$v = \frac{q}{A} \tag{7.1}$$

液压马达的速度
$$n = \frac{q}{V} \tag{7.2}$$

当液压缸设计好以后，改变液压缸的工作面积 A 是不可能的，因此对于液压缸的回路来讲，就必须通过改变进入液压缸流量的方式来调整执行机构的速度。而在液压马达的回路中，通过改变进入液压马达的流量 q 或改变液压马达排量 V 都能达到调速目的。

目前主要的调速方式有：

① 海洋节流调速，由定量泵供油、流量阀调节流量来调节执行机构的速度。

② 海洋容积调速，通过改变变量泵或改变变量马达的排量来调节执行机构的速度。

③ 海洋容积节流调速，综合利用流量阀及变量泵来共同调节执行机构的速度。

2）海洋节流调速回路

海洋节流调速回路是通过在液压回路上采用流量调节元件（节流阀或调速阀）来实现调速的一种回路，一般又根据流量调节阀在回路中的位置不同分为进油海洋节流调速回路、回油海洋节流调速回路及旁路海洋节流调速回路三种。

（1）采用节流阀的进油海洋节流调速回路

如图 7.10 所示为进油海洋节流调速回路，这种海洋调速回路采用定量泵供油，在泵与执行元件之间串联安装有节流阀，在泵的出口处并联安装一个溢流阀。这种回路在正常工作中，溢流阀是常开的，以保证泵的输出油液压力达到一个稳定的状态，因此，该回路又称为定压式海洋节流调速回路。泵在工作中输出的油液根据需要一部分进入液压缸，推动活塞运动，一部分经溢流阀溢流回油箱。进入液压缸的油液流量的大小就由调节节流阀开口的大小来决定。

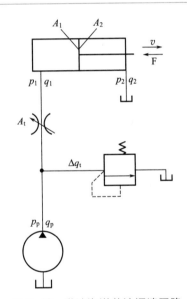

图 7.10　进油海洋节流调速回路

① 速度负载特性　在进油海洋节流调速回路中，当液压缸在稳定工作状态下时，其运动速度等于进入液压缸无杆腔的流量除以有效工作面积：

$$v = \frac{q_1}{A_1} \qquad (7.3)$$

从回路上看，q_1 即是通过串联于进油路上的节流阀的流量，其值根据第 2 章所述油液流经阀口的流量计算公式有：

$$q_1 = KA_t(\Delta p)^m \qquad (7.4)$$

式中，K 为节流阀的流量系数；A_t 为节流阀的开口面积；m 为节流指数；Δp 为作用于节流阀两端的压力差。

$$\Delta p = p_p - p_1 \qquad (7.5)$$

式中，p_p 为液压泵出口处的压力，是由溢流阀调定的；p_1 是根据作用于活塞杆上的力平衡方程来决定的。

$$p_1 A_1 = F + p_2 A_2 \tag{7.6}$$

式中，F 为负载力。由于有杆腔的油液通过回油路直接回油箱，因此，p_2 为零。所以：

$$p_1 = \frac{F}{A_1} \tag{7.7}$$

将式(7.4)、式(7.5)、式(7.7) 代入式(7.3) 中有：

$$v = \frac{KA_t \left(p_p - \dfrac{F}{A_1} \right)^m}{A_1} = \frac{KA_t}{A_1^{m+1}} (p_p A_1 - F)^m \tag{7.8}$$

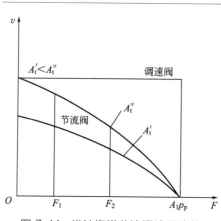

图 7.11　进油海洋节流调速回路的
速度负载特性

公式(7.8) 就是进油海洋节流调速回路的速度负载公式，根据此式绘出的曲线即是速度负载特性曲线。图 7.11 所示的就是进油海洋节流调速回路在节流阀不同开口条件下的速度负载曲线。从该图中可以分析出：在节流阀同一开口条件下，液压缸负载 F 越小时，曲线斜率越小，其速度稳定性越好；在同一负载 F 条件下，节流阀开口面积越小时，曲线斜率越小，其速度稳定性越好。因此，进油海洋节流调速回路适用于小功率、小负载的条件。

速度稳定性还常常用速度刚性 K_v 来表示，速度刚性 K_v 是指速度因负载变化而变化的程度，也就是速度负载特性曲线上某点处斜率的负倒数。

$$\frac{\partial}{\partial F} = \frac{CA_t}{A_1^{m+1}} m (p_p A_1 - F)^{m+1} (-1)$$

$$K_v = -\frac{1}{\tan\alpha} = -\frac{\partial F}{\partial} = \frac{p_p A_1 - F}{m} \tag{7.9}$$

由上面分析可知，速度刚性 K_v 越大，说明速度稳定性越好。

② 功率特性　功率特性是指功率随速度变化而变化的情况，在进油海洋节流调速回路中，可以分为两种情况讨论。

第一种情况是在负载一定的条件下。此时，若不计损失，泵的输出功率 $P_p =$

$p_p q_p$，作用于液压缸上的有效输出功率 $P_1 = p_1 q_1$，该回路的功率损失为：

$$\Delta P = P_p - P_1 = p_p q_p - p_1 q_1$$
$$= p_p(\Delta q + q_1) - p_1 q_1$$
$$= p_p \Delta q + q_1(p_p - p_1) \qquad (7.10)$$
$$= \Delta P_1 + \Delta P_2$$

式中，ΔP_1 是油液通过溢流阀的功率损失，称为溢流损失；ΔP_2 是油液通过节流阀的功率损失，称为节流损失。可见，进油海洋节流调速回路的功率损失是由溢流损失和节流损失两项组成的，如图 7.12 所示，随着速度的增加，有用功率在增加，节流损失也在增加，而溢流损失在减小。这些损失将使油温升高，因而影响系统的工作。

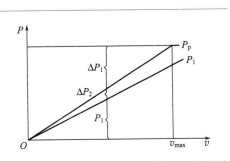

图 7.12 进油海洋节流调速回路的功率特性

在外负载一定的条件下，泵压和液压缸进口处的压力都是定值，此时，改变液压缸的速度是靠调节节流阀的开口面积来实现的。

第二种情况是在外负载变化的条件下。在进油海洋节流调速回路中，当外负载变化时，则液压缸的进油压力 p_1 也随之变化。此时，溢流阀的调定压力按最大 p_1 来调定。液压系统的有效功率为：

$$P_1 = p_1 q_1 = p_1 K A_t (p_p - p_1)^m = p_1 K A_t \left(p_p - \frac{F}{A_1} \right)^m \qquad (7.11)$$

由式(7.11)可见，P_1 是随 F 变化的一条曲线，且 $F = 0$ 时，$P_1 = 0$，$F = F_{max} = p_p A_1$ 时，$P_1 = 0$。其最大值出现在曲线的极值点处。若节流阀开口为薄壁小孔，令 $m = 0.5$，则可求出该回路中的最大有效功率。

$$\frac{\partial P_1}{\partial F} = \frac{K A_t}{A_1}(p_p - p_1)^{0.5} - \frac{K p_1 A}{A_1} 0.5(p_p - p_1)^{-0.5}$$

令上式 $= 0$，有：

$$p_p - p_1 = 0.5 p_1$$

即

$$p_1 = \frac{2}{3} p_p \qquad (7.12)$$

时有效功率最大。

将式(7.12)代入式(7.11)中，再根据式(7.13)可计算出该回路的最大效率：

$$\eta = \frac{P_1}{P_p} = \frac{p_1 q_1}{p_p q_p} = \frac{\frac{2}{3} p_p q_1}{p_p q_p} \tag{7.13}$$

在式(7.13)中，若令 q_1 最大为 q_p 的话，则系统的最大效率为 0.66。

从上面分析来看，进油海洋节流调速回路不宜在负载变化较大的工作情况下使用，这种情况下，速度变化大、效率低，主要原因是溢流损失大。因此，在液压系统中有两种速度要求的场合最好用双泵系统。

（2）采用节流阀的回油海洋节流调速回路

回油海洋节流调速回路就是将节流阀装在液压系统的回油路上，如图 7.13 所示。仿照进油海洋节流调速回路的讨论，我们对回油海洋节流调速回路的速度负载特性和功率特性讨论如下。

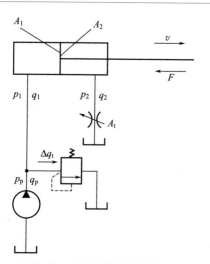

图 7.13　回油海洋节流调速回路

① 速度负载特性　在回油海洋节流调速回路中，当液压缸在稳定工作状态下时，其运动速度等于流出液压缸有杆腔的流量除以有效工作面积：

$$v = \frac{q_2}{A_2} \tag{7.14}$$

从回路上看，q_2 即是通过串联于回油路上的节流阀的流量。

$$q_2 = KA_t (\Delta p)^m \tag{7.15}$$

式中，Δp 为作用于节流阀两端的压力差。其值为：

$$\Delta p = p_2 \tag{7.16}$$

根据作用于活塞杆上的力平衡方程有：

$$p_1 A_1 = F + p_2 A_2 \tag{7.17}$$

$$p_2 = \frac{p_1 A_1 - F}{A_2} \tag{7.18}$$

将式(7.15)、式(7.16)、式(7.18)代入式(7.14)中，又根据 $p_p = p_1$ 有：

$$v = \frac{KA_t \left(\dfrac{p_1 A_1 - F}{A_2} \right)^m}{A_2} = \frac{KA_t}{A_2^{m+1}} (p_p A_1 - F)^m \tag{7.19}$$

公式(7.19)就是回油海洋节流调速回路的速度负载公式。由该公式可知，除了公式分母上的 A_1 变为 A_2 外，其他与进油海洋节流调速回路的速度负载公式(7.8)是相同的，因此，其速度负载特性也一样。进油海洋节流调速回路同样适用于小功率、小负载的条件下。

② 功率特性 这里只讨论负载一定的条件下，功率随速度变化而变化的情况。此时，若不计损失，泵的输出功率 $P_p = p_p q_p$，作用于液压缸上的有效输出功率 $P_1 = p_1 q_1 - p_2 q_2$，该回路的功率损失为：

$$\begin{aligned}
\Delta P &= P_p - P_1 = p_p q_p - (p_1 q_1 - p_2 q_2) \\
&= p_p (q_p - q_1) + p_2 q_2 \\
&= p_p \Delta q + p_2 q_2 \\
&= \Delta P_1 + \Delta P_2
\end{aligned} \quad (7.20)$$

可见，回油海洋节流调速回路的功率损失也同进油海洋节流调速回路的一样，分为溢流损失和节流损失两部分。

③ 进油与回油两种海洋节流调速回路的比较 进油节流调速与回油节流调速相比，虽然流量特性与功率特性基本相同，但在使用时还是有所不同，下面讨论几个主要的不同点。

首先，承受负负载的能力不同。所谓负负载就是与活塞运动方向相同的负载，比如起重机向下运动时的重力、铣床上与工作台运动方向相同的铣削（逆铣）等等。很显然，回油海洋节流调速回路可以承受负负载，而进油节流调速则不能，需要在回油路上加背压阀才能承受负负载，但需提高调定压力，功率损耗大。

其次，回油海洋节流调速回路中油液通过节流阀时油液温度升高，但所产生的热量直接返回油箱时将散掉；而在进油海洋节流调速回路中，热量则进入执行机构中，增加系统的负担。

第三，当两种回路结构尺寸相同时，若速度相等，则进油海洋节流调速回路的节流阀开口面积要大，因而，可获得更低的稳定速度。

在海洋调速回路中，还可以在进、回油路中同时设置节流调速元件，使两个节流阀的开口能同时联动调节，以构成进、出油的海洋节流调速回路，比如由伺服阀控制的液压伺服系统经常采用这种调速方式。

(3) 采用节流阀的旁路海洋节流调速回路

如图7.14所示为旁路海洋节流调速回路。在这种海洋调速回路中，将调速元件并联安装在泵与执行机构油路的一个支路上，此时，溢流阀阀口关闭，做安全阀使用，只有在过载时才会打开。泵出口处的压力随负载变化而变化，因此，也称为变压式海洋节流调速回路。此时泵输出的油液（不计损失）一部分进入液压缸，另一部分通过节流阀进入油箱，调节节流阀的开口可调节通过节流阀的流量，也就是调节进入执行机构的流量，从而来调节执行机构的运行速度。

① 速度负载特性 在旁路海洋节流调速回路中，当液压缸在稳定工作状态

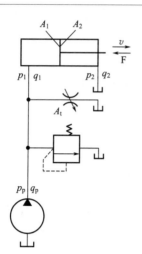

图 7.14　旁路海洋节流调速回路

下时，其运动速度等于进入液压缸无杆腔的流量除以有效工作面积：

$$v = \frac{q_1}{A_1} \qquad (7.21)$$

从回路上看，q_1 等于泵的流量 q_p 减去通过并联于油路上的节流阀的流量 q_1：

$$q_1 = q_p - q_1 \qquad (7.22)$$

通过节流阀的流量根据第 2 章所述油液流经阀口的流量计算公式有：

$$q_1 = K A_t (\Delta p)^m \qquad (7.23)$$

式中，Δp 为作用于节流阀两端的压力差，其值为：

$$\Delta p = p_p \qquad (7.24)$$

p_p 等于 p_1，根据作用于活塞杆上的力平衡方程有：

$$p_1 A_1 = F$$

$$p_1 = \frac{F}{A_1} \qquad (7.25)$$

将式(7.22)～式(7.25) 代入式(7.21) 中有：

$$v = \frac{q_p - K A_t \left(\dfrac{F}{A_1} \right)^m}{A_1} \qquad (7.26)$$

公式(7.26) 就是旁路海洋节流调速回路在不考虑泄漏情况下的速度负载公式。但是由于该回路在工作中溢流阀是关闭的，泵的压力是变化的，因此泄漏量也是随之变化的，其执行机构的速度也受到泄漏的影响，因此，液压缸的速度公式应为：

$$v = \frac{q_p - K_1 \left(\dfrac{F}{A_1} \right) - K A_t \left(\dfrac{F}{A_1} \right)^m}{A_1} \qquad (7.27)$$

式中，K_1 为泵的泄漏系数。同样，根据此式绘出的曲线即是速度负载特性曲线。图 7.15 所示的就是旁路海洋节流调速回路在节流阀不同开口条件下的速度负载曲线。从该图中可以分析出：液压缸负载 F 越大时，其速度稳定性越好；节流阀开口面积越小时，其速度稳定性越好。因此，旁路海洋节流调速回路适用于功率、负载较大的条件下。

根据前述，亦可推出该回路的速度刚性 K_v：

$$K_v = -\frac{1}{\tan\alpha} = -\frac{\partial F}{\partial}$$

$$= \frac{FA_1}{m(q_p - A_1) + (1-m)K_1\frac{F}{A_1}}$$

$$\tag{7.28}$$

② 功率特性　在负载一定的条件下，若不计损失，则泵的输出功率 $P_p = p_p q_p$，作用于液压缸上的有效输出功率 $P_1 = p_1 q_1$，该回路的功率损失为：

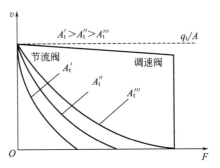

图 7.15　旁路海洋节流调速回路的速度负载特性

$$\Delta P = P_p - P_1 = p_p q_p - p_1 q_1$$
$$= p_p(q_p - q_1) \tag{7.29}$$
$$= p_p q_1$$

可见，该回路的功率损失只有一项，即通过节流阀的功率损失，称为节流损失。其功率特性曲线如图 7.16 所示。由图可见，这种回路随着执行机构速度的增加，有用功率在增加，而节流损失在减小。回路的效率是随工作速度及负载而变化的，并且在主油路中没有溢流损失和发热现象，因此适合于速度较高、负载较大、负载变化不大且对运动平稳要求不高的场合。

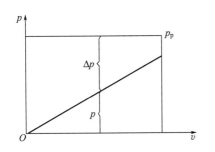

图 7.16　旁路海洋节流调速回路的功率特性

(4) 采用调速阀的海洋节流调速回路

采用节流阀的海洋节流调速回路，由于节流阀两端的压差是随着液压缸的负载变化的，因此其速度稳定性较差。如果用调速阀来代替节流阀，由于调速阀本身能在负载变化的条件下保证其通过内部的节流阀两端的压差基本不变，因此，速度稳定性将大大提高。如图 7.11、图 7.15 中所示为采用调速阀的海洋节流调速回路的速度负载特性曲线。当旁路海洋节流调速回路采用调速阀后，其承载能力也不因活塞速度降低而减小。

在采用调速阀的进、回油海洋节流调速回路中，由于调速阀最小压差比节流阀大，因此，泵的供油压力相应高，所以，负载不变时，功率损失要大些；在功率损失中，溢流损失基本不变，节流损失随负载线性下降。此回路适用于运动平稳性要求高的小功率系统，如组合机床等。

在采用调速阀的旁路海洋节流调速回路中，由于从调速阀回油箱的流量不受负载影响，因而其承载能力较强，效率高于前两种。此回路适用于速度平稳性要求高的大功率场合。

在 ROV 水下液压管路对接装置液压传动系统中设计选用的是定量泵，所以选择海洋节流调速回路。海洋节流调速回路由定量泵、溢流阀、调速阀和执行元件组成。根据调速阀在油路中的位置不同，分为进油路、回油路、旁油路海洋节流调速回路。

进油海洋节流调速回路将调速阀放在定量液压泵的出口与液压缸的入口之间，调节调速阀通流面积，改变进入液压缸的流量，达到调速目的。定量液压泵输出的多余油液经溢流阀排回油箱。

回油海洋节流调速回路将调速阀放在液压缸的出口与油箱之间，即放在回油路上。

旁路海洋节流调速回路将调速阀和溢流阀直接并联放在定量液压泵的出口和油箱的入口之间。

回油节流调速相比进油节流调速的优点是回油节流调速在回油路上有背压力，因此可以承受负载，而进油节流调速则不能承受负载。

回油节流调速时活塞的运动速度较平稳，经回油路调速阀发热的油液排回油箱，对液压缸的泄漏、效率等无影响。进油节流调速时，经调速阀发热的油液进入液压缸，液压缸泄漏增大，活塞运动的平稳性受影响。所以，液压系统采用回油海洋节流调速回路。

如图 7.1 所示，将调速阀放在油箱与液压缸之间，相应地调节调速阀的通流面积，就可达到调速的目的。

3) 海洋容积调速回路

海洋容积调速回路主要是利用改变变量式液压泵的排量或改变变量式液压马达的排量来实现调节执行机构速度的目的，一般分为变量泵与执行机构组成的回路、定量泵与变量马达组成的回路和变量泵与变量马达组成的回路三种。

就回路的循环形式而言，容积式海洋调速回路分为开式回路和闭式回路两种。

在开式回路中，液压泵从油箱中吸油，把压力油输给执行元件，执行元件排出的油直接回油箱，如图 7.17(a) 所示。这种回路结构简单，冷却好，但油箱尺寸较大，空气和杂物易进入回路中，影响回路的正常工作。

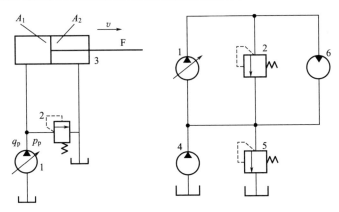

图 7.17 变量泵-定量执行元件的海洋容积调速回路
1—变量泵；2, 5—溢流阀；3—液压缸；4—补液泵；6—定量马达

在闭式回路中，液压泵排油腔与执行元件进油管相连，执行元件的回油管直接与液压泵的吸油腔相连，如图 7.17(b) 所示。闭式回路油箱尺寸小、结构紧凑，且不易污染，但冷却条件较差，需要辅助泵进行换油和冷却。

（1）变量泵与执行机构组成的海洋容积调速回路

在这种海洋容积调速回路中，采用变量泵供油，执行机构为液压缸或定量液压马达。如图 7.17 所示，图（a）所示为液压缸的回路，图（b）所示为定量马达的回路。在这两个回路中，溢流阀主要用于防止系统过载，起安全保护作用，图（b）中所示的泵 4 为补液泵，而溢流阀 5 的作用是控制补液泵 4 的压力。

这种回路速度的调节主要是依靠改变变量泵的排量。在图 7.17(a) 中，若不计液压回路及泵以外的元件泄漏，其运动速度与负载的关系为：

$$v = \frac{q_p}{A_1} = \frac{q_t - k_1 \dfrac{F}{A_1}}{A_1} \tag{7.30}$$

式中，q_t 为变量泵的理论流量；k_1 为变量泵的泄漏系数。

以此式可绘出该回路的速度负载特性曲线，如图 7.18(a) 所示。从图中可以看出，在这种回路中，由于变量泵的泄漏，活塞的运动速度会随着外负载的变化而降低，尤其是在低速下甚至会出现活塞停止运动的情况，可见该回路在低速条件下的承载能力是相当差的。

图 7.17(b) 所示是变量泵和定量马达的海洋调速回路，在这种回路中，若

不计损失，则其转速为：

$$n_m = \frac{q_p}{V_m} \tag{7.31}$$

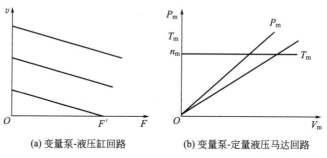

(a) 变量泵-液压缸回路   (b) 变量泵-定量液压马达回路

图 7.18　变量泵-定量执行元件的海洋容积调速回路特性曲线

马达的排量是定值，因此改变泵的排量，即改变泵的输出流量，马达的转速也随之改变。从第 3 章可知，马达的输出转矩为：

$$T_m = \frac{p_p V_m}{2\pi} \eta_{mm} \tag{7.32}$$

从式(7.32) 中可知，若系统压力恒定不变，则马达的输出转矩也就恒定不变，因此，该回路称为恒转矩调速，回路的负载特性曲线见图 7.18(b)。该回路调速范围大，可连续实现无级调速。

（2）定量泵与变量马达组成的海洋容积调速回路

图 7.19 所示为定量泵与变量马达组成的海洋容积调速回路。在该回路中，执行机构的速度是靠改变变量马达 3 的排量来调定的，泵 4 为补液泵。

在这种回路中，液压泵为定量泵，若系统压力恒定，则泵的输出功率恒定。若不计损失，液压马达的输出转速与其排量反比，其输出功率不变，因此，该回路也称为恒功率调速，其速度负载特性曲线如图 7.19(b) 所示。

这种回路不能用马达本身来换向，因为换向必然经过"高转速-零转速-高转速"，速度转换困难，也可能低速时带不动，存在死区，调速范围较小。

（3）变量泵与变量马达组成的海洋容积调速回路

如图 7.20 所示为一种变量泵与变量马达组成的海洋容积调速回路，在一般情况下，这种回路都是双向调速，改变双向变量泵 1 的供油方向，可使双向变量马达 2 的转向改变。单向阀 6 和 8 保证补液泵 4 能双向为泵 1 补油，而单向阀 7 和 9 能使安全阀 3 在变量马达正反向工作时都起过载保护作用。这种回路在工作中，改变泵的排量或改变马达的排量均可达到调节转速的目的。从

图 7.20 中可见，该回路实际上是上两种回路的组合，因此它具有上两种回路的特点。在调速过程中，第一阶段，固定马达的排量为最大，从小到大改变泵的排量，泵的输出流量增加，此时，相当于恒转矩调速；第二阶段，泵的排量固定到最大，从大到小调节马达的排量，马达的转速继续增加，此时，相当于恒功率调速。因此该回路的速度负载特性曲线是上两种回路的组合，其调速范围大大增加。

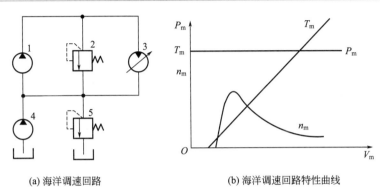

(a) 海洋调速回路　　　　　　(b) 海洋调速回路特性曲线

图 7.19　定量泵-变量马达的容积海洋节流调速回路

1—定量泵；2，5—溢流阀；3—变量马达；4—补液泵

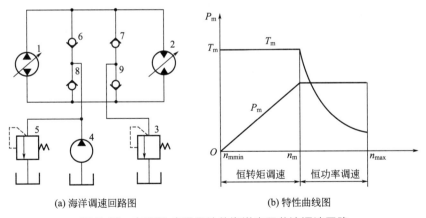

(a) 海洋调速回路图　　　　　　(b) 特性曲线图

图 7.20　变量泵-变量马达的海洋容积节流调速回路

1—双向变量泵；2—双向变量马达；3，5—溢流阀；4—补液泵；6~9—单向阀

4）海洋容积节流调速回路

海洋容积节流调速回路就是海洋容积调速回路与海洋节流调速回路的组合，一般是采用压力补偿变量泵供油，而在液压缸的进油或回油路上安装有流

量调节元件来调节进入或流出液压缸的流量，并使变量泵的输出流量自动与液压缸所需流量相匹配。由于这种海洋调速回路没有溢流损失，其效率较高，速度稳定性也比海洋容积调速回路好，因此适用于速度变化范围大、中小功率的场合。

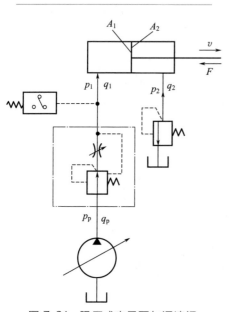

图 7.21　限压式变量泵与调速阀
组成的海洋容积节流调速回路

（1）限压式变量泵与调速阀组成的海洋容积节流调速回路

如图 7.21 所示为限压式变量泵与调速阀组成的海洋容积节流调速回路。在这种回路中，由限压式变量泵供油，为获得更低的稳定速度，一般将调速阀安装在进油路中，回油路中装有背压阀。

这种回路具有自动调节流量的功能。当系统处于稳定工作状态时，泵的输出流量与进入液压缸的流量相适应，若关小调速阀的开口，则通过调速阀的流量减小，此时，泵的输出流量大于通过调速阀的流量，多余的流量迫使泵的输出压力升高，根据限压式变量泵的特性可知，变量泵将自动减小输出流量，直到与通过调速阀的流量相等；反之亦然。由于这种回路中泵的供油压力基本恒定，因此，也称为定压式海洋容积节流调速回路。

（2）差压式变量泵和节流阀的海洋容积节流调速回路

如图 7.22 所示为差压式变量泵与节流阀组成的海洋容积节流调速回路。在这种回路中，由差压式变量泵供油，用节流阀来调节进入液压缸的流量，并使变量泵输出的油液流量自动与通过节流阀的流量相匹配。

由图 7.22 中可见，变量泵的定子是在左右两个液压缸的液压力与弹簧力平衡下工作的，其平衡方程为：

$$p_p A_1 + p_p (A - A_1) = p_1 A + F_s \tag{7.33}$$

故得出节流阀前后的压差为：

$$\Delta p = p_p - p_1 = F_s / A \tag{7.34}$$

由式（7.34）中可看出，节流阀前后的压差基本是由泵右边柱塞缸上的弹簧力来调定的，由于弹簧刚度较小，工作中的伸缩量也较小，基本是恒定值，因此，作用于节流阀两端的压差也基本恒定，所以通过节流阀进入液压缸的流量基本不随负载的变化而变化。由于该回路泵的输出压力是随负载的变化而变化的，因此，这种回路也称为变压式海洋容积节流调速回路。

这种海洋调速回路没有溢流损失，而且泵的出口压力是随着负载的变化而变化的，因此，它的效率较高，且发热较少。这种回路适用于负载变化较大、速度较低的中小功率场合。

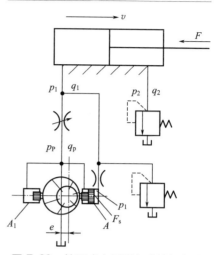

图 7.22　差压式变量泵与节流阀组成的海洋容积节流调速回路

5）三种海洋调速回路特性比较

海洋节流调速回路、海洋容积调速回路、海洋容积节流调速回路的特性比较见表 7.1。

表 7.1　三种海洋调速回路特性比较

特性＼种类	海洋节流调速回路	海洋容积调速回路	海洋容积节流调速回路
调速范围与低速稳定性	调速范围较大，采用调速阀可获得稳定的低速运动	调速范围较小，获得稳定低速运动较困难	调速范围较大，能获得较稳定的低速运动
效率与发热	效率低，发热量大，旁路节流调速较好	效率高，发热量小	效率较高，发热较小
结构(泵、马达)	结构简单	结构复杂	结构较简单
适用范围	适用于小功率轻载的中低压系统	适用于大功率、重载高速的中高压系统	适用于中小功率、中压系统

7.2.2　海洋快速运动回路

海洋快速运动回路的作用就是提高执行元件的空载运行速度，缩短空行程运行时间，以提高系统的工作效率。常见的海洋快速运动回路有以下几种。

（1）液压缸采用差动连接的海洋快速运动回路

在前面已介绍过，单杆活塞液压缸在工作时，两个工作腔连接起来就形成了差动连接，其运行速度可大大提高。如图 7.23 所示就是一种差动连接的回路，二位三通电磁阀右位接通时，形成差动连接，液压缸快速进给。这种回路的最大好处是在不增加任何液压元件的基础上提高工作速度，因此，在液压系统中被广泛采用。

（2）采用蓄能器的海洋快速运动回路

如图 7.24 所示是采用蓄能器的海洋快速运动回路。在这种回路中，当三位换向阀处于中位时，蓄能器储存能量，达到调定压力时，控制顺序阀打开，使泵卸荷。当三位阀换向使液压缸进给时，蓄能器和液压泵共同向液压缸供油，达到快速运动的目的。这种回路换向只能用于需要短时间快速运动的场合，行程不宜过长，且快速运动的速度是渐变的。

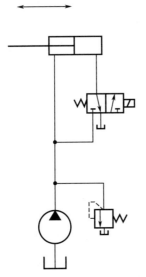

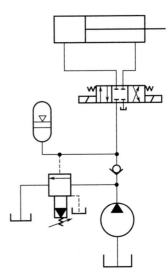

图 7.23　差动连接快速运动回路　　　图 7.24　采用蓄能器的快速运动回路

（3）采用双泵供油系统的海洋快速运动回路

如图 7.25 所示为双泵供油系统。泵 1 为低压大流量泵，泵 2 为高压小流量泵；阀 5 为溢流阀，用以调定系统工作压力；阀 3 为顺序阀，在这里作卸荷阀用。当执行机构需要快速运动时，系统负载较小，双泵同时供油；当执行机构转为工作进给时，系统压力升高，打开卸荷阀 3，大流量泵 1 卸荷，小流量泵单独供油。这种回路的功率损耗小，系统效率高，目前使用得较广泛。其结构可见第 3 章中图 3.16。

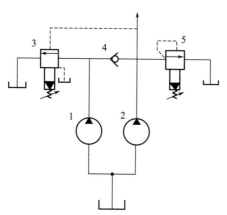

图 7.25 双泵供油系统

1—低压大流量泵；2—高压小流量泵；

3—顺序阀；4—单向阀；5—溢流阀

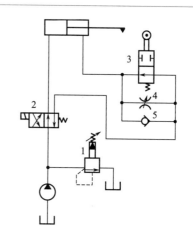

图 7.26 采用行程阀的快慢速度换接回路

1—溢流阀；2—二位四通换向阀；

3—行程阀；4—节流阀；5—单向阀

7.2.3 海洋速度换接回路

海洋速度换接回路的作用是在液压系统工作时，执行机构从一种工作速度转换为另一种工作速度。

（1）快速运动转为工作进给运动的海洋速度换接回路

如图 7.26 所示为最常见的一种快速运动转为工作进给运动的海洋速度换接回路，是由行程阀 3、节流阀 4 和单向阀 5 并联而成的。当二位四通换向阀 2 右位接通时，液压缸快速进给，当活塞上的挡块碰到行程阀，并压下行程阀时，液压缸的回油只能改走节流阀，转为工作进给；当二位四通换向阀 2 左位接通时，液压油经单向阀 5 进入液压缸有杆腔，活塞反向快速退回。这种回路同采用电磁阀代替行程阀的回路比较，其特点是换向平稳、有较好的可靠性、换接点的位置精度高。

（2）两种不同工作进给速度的海洋速度换接回路

两种不同工作进给速度的海洋速度换接回路一般采用两个调速阀串联或并联而成，如图 7.27 所示。

图 7.27(a) 所示为两个调速阀并联，两个调速阀分别调节两种工作进给速度，互不干扰。但在这种海洋调速回路中，一个阀处于工作状态，另一个阀则无油通过，使其定差减压阀处于最大开口位置，速度换接时，油液大量进入使执行

元件突然前冲。因此，该回路不适于在工作过程中的速度换接。

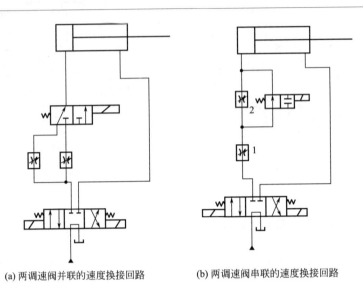

(a) 两调速阀并联的速度换接回路　　　(b) 两调速阀串联的速度换接回路

图 7.27　两种不同工作进给速度的海洋速度换接回路

1，2—调速阀

　　图 7.27(b) 所示为两个调速阀串联。速度的换接是通过二位二通电磁阀的两个工作位置的换接来实现的。在这种回路中，调速阀 2 的开口一定要小于调速阀 1，工作时，油液始终通过两个调速阀，速度换接的平稳性较好，但能量损失也较大。

7.2.4　海洋工程装备实例

1）新型钻柱升沉补偿液压系统[13,14]

　　如图 7.28 所示，该系统对应于海上钻井的工况，能实现升沉补偿功能。补偿缸无杆腔连接蓄能器，因为流量较大，使用插装阀和电磁换向阀共同工作。当正常钻进时，截止阀 14 打开，阀 13 关闭，插装阀 12 打开，液控方向阀 11 在压力作用下关闭，与其相连的插装阀 10 打开，蓄能器连接到补偿缸无杆腔。当补偿缸随船体上升时，活塞相对于缸体向下运动，此时变量泵 5 通过阀 3 的左位向补偿缸有杆腔输送液压油，推动活塞运动，同时无杆腔油液在大钩载荷及有杆腔油压的作用下流回蓄能器，这样大钩相对于船体向下运动，实现补偿；当补偿缸随船体下降时，大钩载荷减小，补偿缸活塞在蓄能器的作用下相对于缸体向上运动，同时阀 3 工作在右位，补偿缸有杆腔液压油通过阀 3 及背压阀 7 回油箱，使得有杆腔压力下降，活塞在无杆腔和有杆腔的压差作用下向上运动，补偿大钩的运动。

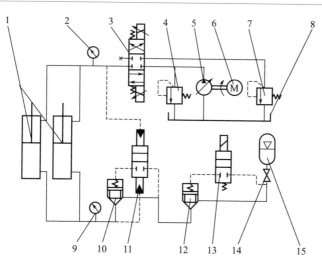

图 7.28 液压系统原理图

1—补偿缸；2—有杆腔压力表；3—电液比例方向阀；4—溢流阀；5—柱塞变量泵；6—电动机；
7—背压阀；8—油箱；9—无杆腔压力表；10，12—二通插装阀；11—液控方向阀（常开）；
13—电磁换向阀；14—截止阀；15—蓄能器

2）潜器外置设备液压系统的压力补偿[15]

（1）整个液压系统都在海水环境中

如图 7.29（a）所示形式，它的所有机构都在海水中，整个液压系统也受到海水的包围。通常情况下，其液压系统的布置有两种情况：一是液压泵站以及所有控制元件都集中布置在一个容器中，容器中充满油液，作为油箱使用，泵及控制元件都浸在油中，而只有执行器在海水中；二是只有液压泵站在封闭式油箱中，而控制元件和执行器都在海水中。

从目前国外已有水下液压系统来看，上面两种布置形式又都有直接式布置和封闭式布置两种方式。所谓直接式布置，是指液压泵控制阀块及执行器等整个系统都直接暴露于海水中，结构比较宽松。所谓封闭式布置，是指液压泵浸没于油箱内，各种控制阀、传感器等也设于油箱中，而其他的部分也都采取同样的方式，元件都被分别置于封闭的充满油液的容器中，结构较紧凑。

（2）液压泵站及控制元件在常压环境中，而执行器在海水环境中

液压泵站或液压泵站及控制元件在常压环境中，而执行器在海水环境中，如图 7.29（b）所示形式。在潜艇耐压壳体内的控制机构的液压控制系统，处于常压环境中，液压系统的工作状态和在水面上的舰艇、船舶的是一样的。但是当把

设备布置到耐压壳体外时，其液压控制的执行器部分自然就在海水中了。潜艇外置设备液压系统就是属于这种类型的布置形式，其泵源部分被安装在耐压壳体内（或泵源与控制元件在耐压壳体内），其所在的环境压力为常压，泵源用以向耐压壳体内外的各子系统供油。外置设备的液压子系统的执行器部分处在海水环境中，环境压力为一定深度海水的压力，则海水环境压力对液压系统的影响需要研究。

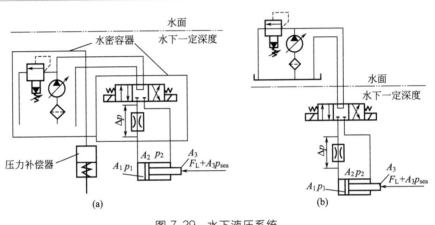

图 7.29　水下液压系统

(3) 开式子回路的水下环境压力补偿方法

图 7.30(a) 所示是无泄油口的水下液压执行器（包括水下液压缸和无泄油口的液压马达）的水下环境压力补偿原理。其工作原理是：在其回油路中串接一只能跟随水下环境压力变化的水下环境压力补偿装置或者单元。水下环境压力补偿单元包括水下环境压力敏感器 9 和压力补偿阀 10 两部分，水下环境压力敏感器 9 检测水下环境压力，并把检测到的水下环境压力传递到压力补偿阀 10，使压力补偿阀 10 的输出补偿压力能够自动跟随水下环境压力的变化。当水下液压执行器 8 工作时，液压泵 3 提供的液压油经调速阀 6 和换向阀 7 到水下液压执行器，水下液压子回路的回油经换向阀 7 通过水下环境压力补偿阀 10 溢流回油箱，使水下液压子回路的回油压力增加一个略高于水下环境压力的压力。如果执行器 8 是对称液压执行器，则通过执行器 8 的力或扭矩平衡作用，在系统的供油路中也增加一个略高于水下环境压力的压力；如果执行器 8 是非对称液压执行器，则执行器两腔的有效工作面积不相等，同样通过力或扭矩平衡得到进油侧的有效工作压力，使执行器的输出功率保持压力补偿前后不变。此时，水下环境压力补偿阀是一只溢流压力随水下环境压力变化而变化的压力控制阀，在水下执行器工作期间处于溢流工作状态。

当水下执行器处于非工作状态时，水下液压子回路中回油流量为零，由于液压系统不可避免地存在内泄漏现象，随着时间的延续，水下液压子回路中的液压油会经内部泄漏通道泄油，回油压力降低。为了防止这种现象的发生，在这种情况下需要向回油路中补油，保证回油路中的压力不会降低，仍然能够随水下环境压力变化而变化。此时，系统压力油经水下环境压力补偿阀减压向回油路补油，减压后的 A 口压力同样要随水下环境压力变化而变化。这种情况下，液压泵 3 停止工作，依靠蓄能器 5 向压力补偿阀 10 提供压力油。

图 7.30(b) 所示是具有单独泄油口的水下液压马达的水下环境压力补偿原理。对于具有泄油口的水下液压执行器 8，为了保证它的正常工作，要求它的回油口压力要略高于泄油口的压力。由于其工作特性的特殊性，要求它的回油口和泄油口的补偿压力不同。因此，需要在它的回油路上安装一只能适应其流量要求的水下环境压力补偿阀 10，而在它的泄油路上安装另一只小流量的直动式水下环境压力补偿阀 11。所安装的这两只水下环境压力补偿阀的输出补偿压力应能满足液压马达两个油口的最低压力差的要求。

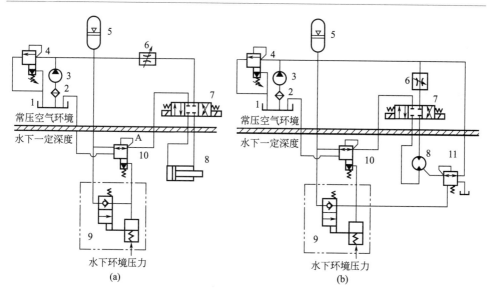

图 7.30　开式子回路的水下液压执行器的水下环境压力补偿方法
1—油箱；2—过滤器；3—液压泵；4—溢流阀；5—蓄能器；6—调速阀；
7—换向阀；8—水下液压执行器；9—水下环境压力敏感器；
10—先导式水下环境压力补偿阀；11—直动式水下环境压力补偿阀

对于图 7.30 中所示主回路的压力补偿方式，当水下液压执行器的工作流量较小时，可以应用直动式水下环境压力补偿阀；当流量较大时，就应该采用先导式水下环境压力补偿阀。

当潜器整个液压系统中包括多个水下执行器时，如果各个液压子回路所补偿压力相同时，多个水下液压子回路可以共用一只水下环境压力补偿阀，在它们的总回油路处安装一只压力补偿阀，以简化系统结构。

当潜器整个液压系统中既有外置液压子回路又有内置的液压执行器时，外置液压子回路进行了水下环境压力补偿，内部子回路的回油路是直接回油箱的，不需要进行水下环境压力补偿。各执行器的回油路之间虽不会产生相互干扰，但是，在进行水下环境压力补偿的水下子回路的回油路上也增加了一个略高于水下环境压力的压力，而内置子回路的回油路上则没有，由于是共用一个液压源，因此，内外子回路必会产生互相干扰现象。

另外，由于水下液压回路中增加了一个水下环境压力，致使系统总有部分功率消耗在水下压力所引起的无用功上，使系统的效率降低。因此，此种形式的压力补偿方法可应用于潜器工作深度较浅、系统克服水下环境压力所消耗的无用功对系统效率不致产生较大影响的工作场合。当潜器工作深度较深时，则需要采取措施消除或减小水下环境压力对系统效率的影响，即需要进行压力补偿后的液压系统节能设计。

(4) 闭式子回路的水下环境压力补偿方法

当潜器外置的液压执行器所在的液压子回路为闭式回路的形式时，可采取如图 7.31 所示的水下环境压力补偿方法。

在这个液压回路中，双向变量液压泵 6 向水下液压马达 11 供油，并用于水下液压马达的换向和调速。溢流阀 8 经两只单向阀 9 起安全溢流作用。潜器内部的补液泵 3 经水下环境压力补偿阀 13 和两只单向阀 7 向闭式回路的低压油路补油。液控换向阀 10 则使闭式回路的多余油液经水下环境压力补偿阀 15 回油箱。上述两部分完成了闭式回路的换油功能。当水下液压马达有泄油口时，其泄油路经另一只水下环境压力补偿阀 14 回油箱。在这个闭式回路中，共安装了三只水下环境压力补偿阀 13~15。根据闭式回路的工作原理，这三只水下环境压力补偿阀的工作状态及补偿压力是不同的。水下环境压力补偿阀 13 完成的是补油功能，实际上该阀处于减压工作状态，其输出压力即补偿压力随水下环境压力变化，它的补偿压力比水下环境压力补偿阀 14 和 15 的都大。水下液压马达泄油路所需要的补偿压力最小，要求精度最高，必须严格控制阀 14 输出的补偿压力与水下环境压力的差恒定，压力波动小。阀 14 的补偿压力太大，水下液压马达壳体中的油液会向水中泄漏；补偿压力一旦低于水下环境压力，水就会侵入液压系统，影响液压系统的正常工作。阀 14 无论水下液压马达工作与否，都一直处于小流量的溢流工作状态。水下环境压力补偿阀 15 在系统工作期间一直处于溢流工作状态，其输出补偿压力大于阀 14 的而小于阀 13 的。

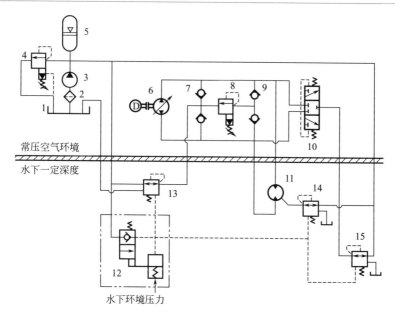

图 7.31　闭式回路的水下液压马达的水下环境压力补偿方法

1—油箱；2—过滤器；3—补液泵；4—溢流阀；5—蓄能器；6—双向变量液压泵；7, 9—单向阀；

8—溢流阀；10—液控换向阀；11—水下液压马达；12—水下环境压力敏感器；

13～15—直动式水下环境压力补偿阀

　　当水下液压马达处于非工作状态情况下，双向变量液压泵 6 和补液泵 3 都停止工作，此时，由蓄能器 5 向三只水下环境压力补偿阀提供油源，完成水下子回路的补油功能。当蓄能器 5 需要补油时，再次启动小功率的补液泵就可以了。再者，系统中的三只水下环境压力补偿阀中的压力补偿阀 13～15 共用一只水下环境压力敏感器 12，便于元件的集成及进行水下环境压力敏感器 12 的冗余设计。

　　在液压闭式回路的水下环境压力补偿中，同样由于水下液压马达 11 的平衡作用，在液压马达 11 的进口也增加了一个略高于水下环境压力的压力。液压泵 6 的进口即液压马达回油路，液压泵 6 的出口即液压马达进油路。使液压泵 6 的进出口压力差在进行水下环境压力补偿前后保持不变，所补偿的水下环境压力被互相抵消，不会出现因进行压力补偿使系统的效率降低的问题。因此，对于闭式液压回路进行水下压力补偿明显地比开式回路性能好。

　　对于开式与闭式水下液压子回路的水下环境压力补偿方法，如图 7.30 和图 7.31 所示，与潜器的液压源比较发现，它们的油箱不同。潜器的油箱是具有一定压力的密封油箱，而在压力补偿的系统中，水下环境压力补偿阀的回油都要求无压回油。否则，水下液压执行器的压力补偿就不能正常进行。假如，水下液压马达是一个带有泄油口的低速大扭矩内曲线液压马达，这是潜器外置液压系统中常用的液压执行器。从有关资料中了解到，内曲线液压马达的壳体压力即泄油口压力最大为 0.1MPa，当超过这一值时，密封就会被破坏。换句话说，即内曲线液压马达的内外压力差不能大于此值。当潜器在水面上工作时，液压马达所处环境的水压为零，而泄油口的补偿压力一定低于 0.1MPa，那么，水下环境压力补偿阀的回油压力必须为零，才能保证水下液压子回路正常工作。

7.3　方向控制回路

在液压系统中，控制执行元件的启动、停止及换向作用的回路，称为方向控制回路。方向控制回路分为简单方向控制回路和复杂方向控制回路。

7.3.1　简单方向控制回路

一般的方向控制回路就是在动力元件与执行元件之间采用换向阀即可实现。简单的换向回路只需采用标准的普通换向阀，其中电磁换向阀的换向回路应用最为广泛，如前面的图 7.26、图 7.27 所示。

7.3.2　复杂方向控制回路

复杂方向控制回路是指执行机构需要频繁连续地作往复运动或在换向过程上有许多附加要求时采用的换向回路。它用于解决在机动换向过程中因速度过慢而出现的换向死点问题、因换向速度太快而出现的换向冲击问题等。常见的复杂方向控制回路有时间控制式和行程控制式两种。

（1）时间控制式换向回路

图 7.32 所示为时间控制式换向回路。该换向回路是由主换向阀 6 和先导换向阀 3 两个阀组成的。阀 6 起主油路换向作用，而先导换向阀 3 主要提供主换向阀 6 的换向动力——压力油。主换向阀 6 两端的节流阀 5 和 8 用于控制主阀 6 的换向时间。

在图 7.32 所示位置，先导换向阀 3 的阀芯处于右端，泵输出的油液通过主换向阀 6 后，与液压缸的右端接通，活塞向左移动，而回油经主换向阀 6 及节流阀 10 回油箱。当活塞带动工作台运动到终点时，工作台上的挡铁通过杠杆机构使先导换向阀 3 换向，使先导换向阀 3 的左位接通，液压泵输出的控制油经先导换向阀 3、单向阀 4 后进入主换向阀 6 的左端，而右端的控制液压油经节流阀 8

回油箱。此时，阀 6 的阀芯右移，阀芯上的制动锥面逐渐关小回油通道 b 口，活塞速度减小。当换向阀移动至将阀口 b 全部关闭后，油路关闭，活塞停止运动。可见，换向阀换向时间取决于节流阀 8 的开口大小，调节节流阀 8 的开口即可调节换向时间，因此，该回路称为时间控制式换向回路。

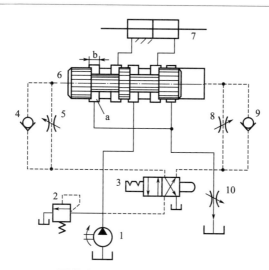

图 7.32　时间控制式换向回路

1—液压泵；2—溢流阀；3—先导换向阀；4, 9—单向阀；5—节流阀；6—主换向阀；
7—液压缸；8, 10—可调节流阀

这种回路的优点是：制动时间可根据主机部件运动速度的快慢、惯性大小、节流阀 5 和节流阀 8 的开口量大小进行调节，以便制动平稳、提高工作效率。这种回路主要用于工作部件运动速度较高、要求换向平稳、无冲击、换向精度要求不高的场合，如平面磨床、插床、拉床的液压系统等。

（2）行程控制式换向回路

图 7.33 所示是行程控制式换向回路。该回路也是由主换向阀 6 和先导阀 3 两个阀所组成的。但在这种回路中，主油路除了受主换向阀 6 的控制外，其回油还要通过先导阀 3，同时受先导阀 3 的控制。

在图 7.33 所示位置，液压泵输出的油液经主换向阀 6 进入液压缸的右腔，活塞左移；液压缸左腔的油经主换向阀 6、先导阀 3 及节流阀 10 回油箱。当换向阀换向时，活塞杆上的拨块拨动先导阀 3 的阀芯移向右端，在移动过程中，先导阀阀芯上 a 口中的制动锥面将主油路的回油通道逐渐关小，实现对活塞的预制动，使活塞的速度减慢。当活塞的速度变得很慢时，换向阀的控制油路才开始切换，控制油通过先导阀 3、单向阀 5 进入主换向阀 6 的左端，而使主换向阀 6 的阀芯向右运动，切断主油路，使活塞完全停止运动，随即在相反的方向启动。可见，此种回路不论运动部件原来的速度如何，先导阀3总是要先移动一段固定行程使工作部件先进行预制动后，再由换向阀来进行换向的。因此，该回路称为行程控制式换向回路。

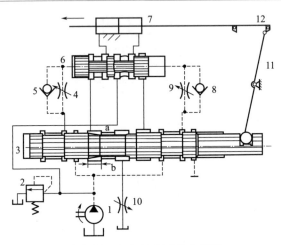

图 7.33　行程控制式换向回路

1—单向定量液压泵；2—溢流阀；3—先导阀；4，9—节流阀；5，8—单向阀；
6—主换向阀；7—液压缸；10—可调节流阀；11—连杆；12—执行元件

这种回路的优点是换向精度高、冲出量小；但制动时间受运动部件速度快慢的影响，在速度快时，制动时间短，冲击就大。另外，阀的制造精度较高，这种回路主要用于运动速度不大、换向精度要求高的场合，如内、外圆磨床的液压系统中等。

7.4　多执行元件控制回路

在液压系统中，用一个能源（泵）向多个执行元件（缸或马达）提供液压油，并能按各执行元件之间一定的运动关系要求进行控制、完成规定动作顺序的回路，被称为多执行元件控制回路。常见的多执行元件控制回路有顺序动作回路、同步回路和多缸工作运动互不干扰回路。

7.4.1　顺序动作回路

在多缸液压系统中，顺序动作回路可以保证各执行元件严格地按照给定的动作顺序运动，例如：自动车床中刀架的纵横向运动、夹紧机构的定位和夹紧等。

顺序动作回路按其控制方式的不同，分为行程控制式、压力控制式及时间控制式。其中，前两类应用较多。

（1）行程控制式顺序动作回路

行程控制式顺序动作回路就是将控制元件安放在执行元件行程中的一定位置，当执行元件触动控制元件时，就发出控制信号，继续下一个执行元件的动作。

图7.34所示是采用行程阀作为控制元件的行程控制式顺序动作回路。当电磁换向阀3通电后，右位接通，液压油进入液压缸1的无杆腔，缸1的活塞向右进给，完成第一个动作。当活塞上的挡块碰到二位四通行程阀4时，压下行程阀，使其上位接通，液压油通过行程阀4进入液压缸2的无杆腔，液压缸2的活塞向右进给，完成第二个动作。当电磁换向阀3断电后，其左位接通，液压油进入液压缸1的有杆腔，液压缸1向左后退，完成第三个动作。当缸1活塞上的挡块脱离二位四通行程阀4时，行程阀4的下位接通，液压油进入液压缸2的有杆腔，缸2随之向左后退，完成第四个动作。这种回路的换向可靠，但改变运动顺序较困难。

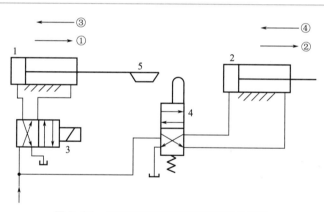

图 7.34 采用行程阀的双缸顺序动作回路

1，2—液压缸；3—电磁换向阀；4—二位四通行程阀；5—挡块

图7.35所示是采用电磁换向阀和行程开关的行程控制式顺序动作回路。当二位四通电磁换向阀7通电时，其左位接通，液压油进入液压缸6的无杆腔，缸6的活塞向右进给，完成第一个动作。当活塞上的挡块碰到行程开关2时，发出电信号，使二位四通阀8通电，使其左位接通，液压油进入液压缸5的无杆腔，液压缸5的活塞向右进给，完成第二个动作。当缸5活塞上的挡块碰到行程开关4时，发出电信号，使二位四通阀7断电，使其右位接通，液压油进入液压缸6的有杆腔，液压缸6的活塞向左退回，完成第三个动作。当缸6活塞上的挡块碰到行程开关1时，发出电信号，使二位四通阀8断电，其右位接通，液压油进入

液压缸 5 的有杆腔，液压缸 5 的活塞向左退回，完成第四个动作。当缸 5 活塞上的挡块碰到行程开关 3 时，发出电信号表明整个工作循环结束。

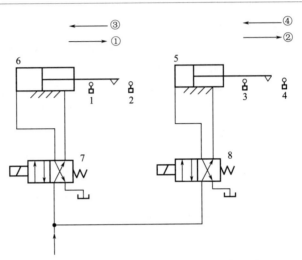

图 7.35　采用电磁阀的双缸顺序动作回路
1~4—行程开关；5，6—液压缸；7，8—二位四通电磁换向阀

行程控制式顺序动作回路的可靠性取决于行程开关和电磁铁的质量与精度，对变更液压缸的动作行程和顺序比较方便。同时，这种回路使用调整方便，便于更改动作顺序，更适合采用 PLC 控制，因此得到广泛的应用。

（2）压力控制式顺序动作回路

压力控制的顺序动作回路有顺序阀控制和压力继电器控制两种形式。

图 7.36 所示是采用顺序阀的压力控制式顺序动作回路。当三位四通电磁换向阀处于左位时，液压油进入液压缸 A 的无杆腔，缸 A 向右运动，完成第一个动作。当缸 A 运动到终点时，油液压力升高，打开顺序阀 D，液压油进入液压缸 B 的无杆腔，缸 B 向右运动，完成第二个动作。当三位四通电磁换向阀处于右位时，液压油进入液压缸 B 的有杆腔，缸 B 向左运动，完成第三个动作。当缸 B 运动到终点时，油液压力升高，打开顺序阀 C，液压油进入液压缸 A 的有杆腔，缸 A 向左运动，完成第四个动作。

对于采用顺序阀的压力控制式顺序动作回路，其回路顺序动作的可靠性取决于顺序阀的性能及其压力的设定值。为保证顺序动作的可靠性，顺序阀的设定压力必须高于前一行程液压缸的最高工作压力，以防止产生误动作。

采用压力继电器的压力控制顺序动作回路比较方便、灵活，但由于压力继电器的灵敏度高，油路中液压冲击容易产生误动作，因此目前应用较少。

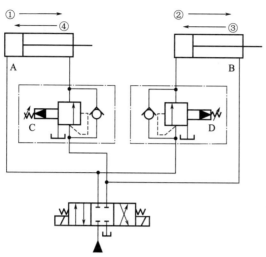

图 7.36　压力控制式的双缸顺序动作回路
A, B—液压缸；C, D—顺序阀

（3）时间控制式顺序动作回路

时间控制式顺序动作回路利用延时元件（如延时阀、时间继电器等）来预先设定多个执行元件之间顺序动作的间隔时间。如图 7.37 所示是一种采用延时阀

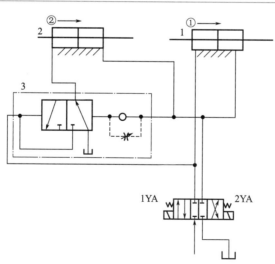

图 7.37　时间控制式的双缸顺序动作回路
1, 2—液压缸；3—延时阀

的时间控制式顺序动作回路。当三位四通电磁换向阀左位接通时，油液进入液压缸1，缸1的活塞向右运动，而此时，油液必须使延时阀3换向后才能进入液压缸2，延时阀3的换向时间要取决于控制油路（虚线所示）上的节流阀的开口大小，因此实现了两个液压缸之间顺序动作的延时。

7.4.2　同步回路

同步回路的作用是：保证液压系统中两个以上执行元件以相同的位移或速度（或一定的速比）运动。

从理论上讲，只要保证多个执行元件的结构尺寸相同、输入油液的流量相同就可使执行元件保持同步动作，但由于泄漏、摩擦阻力、外负载、制造精度、结构弹性变形及油液中的含气量等因素，很难保证多个执行元件的同步。因此，在同步回路的设计、制造和安装过程中，要尽量避免这些因素的影响，必要时可采取一些补偿措施。如果想获得高精度的同步回路，则需要采用闭环控制系统才能实现。

(1) 容积式同步运动回路

这种同步回路一般是利用相同规格的液压泵、执行元件通过机械方式连接等方法实现同步动作的。

如图7.38所示是一种采用同步液压缸的同步回路，图中所示的单向阀的作用是当任意一个液压缸首先运动至终点时，使其进油腔中多余的液压油经安全阀5返回油箱中。还有采用同步马达的同步回路，两个同轴连接的相同规格的马达将等量油液提供给两个液压缸，此时需要补液系统来修正同步误差。

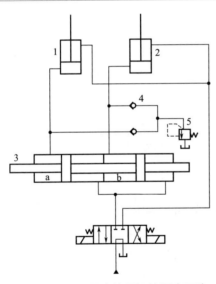

图7.38　采用同步液压缸的同步回路

1，2—液压缸；3—同步液压缸；
4—单向阀；5—安全阀

(2) 节流式同步运动回路

如图7.39所示是采用分流阀的同步回路。分流阀能保证进入两个液压缸等量的液压油以保证两缸的同步运动，若任意一个液压缸首先到达终点，则可经过阀内节流口的调节，使油液进入另一个液压缸内，使其到达终点，以消除积累误差。

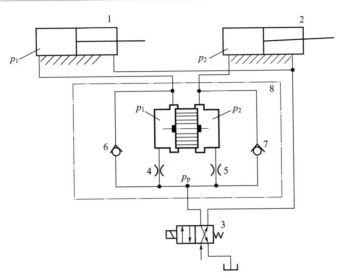

图 7.39　采用分流阀的同步回路

1，2—液压缸；3—二位四通换向阀；4，5—节流口；6，7—单向阀；8—分流阀

（3）采用电液比例阀的同步运动回路

图 7.40 所示为采用电液比例阀的同步运动回路，回路中调节流量的是普通

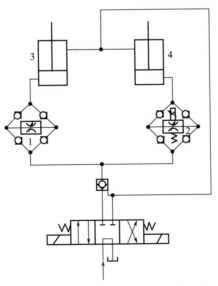

图 7.40　采用电液比例阀的同步回路

1—调速阀；2—电液比例调速阀；3，4—液压缸

调速阀 1 和电液比例调速阀 2，分别控制两个液压缸的运动。当两个液压缸出现位置误差后，检测装置会发出信号，自动调节比例阀的开度，以保证两个液压缸的同步。

如果想获得更高的同步精度，则需采用电液伺服阀。

7.4.3　多缸工作运动互不干扰回路

在多缸系统中，经常要求快速运动与慢速运动的正常速度互不干扰，这时需要采用多缸工作运动互不干扰回路。多缸工作运动互不干扰回路的作用是：防止两个以上执行机构在工作时因速度不同而引起的动作上的相互干扰，保证各自运动的独立和可靠。

图 7.41 所示为双泵供油的快慢速运动互不干扰回路。泵 5 是高压小流量泵，负责两个液压缸的工作进给的供油；泵 6 为低压大流量泵，负责两个液压缸快进时的供油。调速阀的作用是在液压缸工作进给时调节活塞的运动速度。在这种回路中，每个液压缸均可单独实现快进、工进及快退的动作循环，两个液压缸的动作之间互不干扰。若采用叠加阀则实现多缸互不干扰更为容易，如图 7.42 所示，因此在组合机床上被广泛采用。

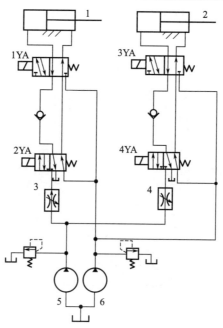

图 7.41　双泵供油的多缸快慢速运动互不干扰回路

1, 2—液压缸；3, 4—调速阀；5—高压小流量泵；6—低压大流量泵

　　图 7.42 所示的回路虽然效率较高，但由于蓄能器的容量有限，因此一般只用于缸的容量较小或互不干扰行程较短的场合。

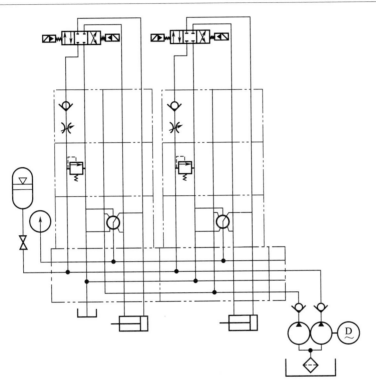

图 7.42　采用叠加阀的多缸互不干扰回路

7.5　深海压力补偿技术

　　海水环境压力对液压系统的压力、流量等性能，元件的承载能力及可靠性等方面都有影响。随着水下深度的不断变化，海水的压力也在不断地变化，如果不采取措施，整个液压系统的工作就会受到严重的影响，深度越深，受影响的严重程度也就越大。对于一些液压元件来说，一旦承受压力，元件将不能正常工作。由于液压系统在水中工作，它们要承受系统内部和周围海水的压力，如果海水压力高于内部压力，海水就很容易进入系统内部，影响设备的运行。海水压力变化时液压系统的压力补偿或压力平衡，就成了水下设备液压系统要解决的关键问题之一。

7.5.1　压力补偿技术

所谓压力补偿技术（或称压力平衡技术），就是通过弹性元件感应海水压力，并将其传递到液压系统内部，使液压系统的回油压力与海水压力相等，并随海水深度变化自动变化。采用压力补偿后的深海水下液压系统，其系统压力建立在海水压力的基础上，液压系统的各个部分，包括液压泵、液压控制阀、液压执行器及液压管路等的工作状态与常规液压系统相同，避免了海水压力的影响。

压力补偿装置一般可以分为两类。一是利用弹性元件如膜片（或称补偿膜）、软囊（或称皮囊）和波纹管等的变形。当弹性元件受到海水压力时，就会产生弹性变形，从而将海水压力传递给水下系统内部的油液，使得仪器设备内外压力平衡。二是利用活塞在海水压力作用下的移动。当活塞受到海水压力作用时，通过活塞的移动，将海水压力通过活塞传递给内部油液，从而使得仪器设备内外压力平衡。滚动膜片式的压力平衡装置相当于将活塞和皮囊压力平衡装置结合在一起，很好地解决了密封问题，并且已经应用于实际。当采用压力平衡装置后，水下仪器设备的壳体和密封元件所受的内外压差较小，壳体的壁厚可以设计得较小，密封也不会受到大压力的影响，从而使水下仪器设备变得轻巧、能量消耗少。

7.5.2　深海油箱设计实例

深海液压油箱主要用在带有液压驱动系统的深海探测、采样等设备仪器上，在液压系统中既作为油箱又作为封装电动机泵组、阀组等元件的隔离舱，囊括了整个动力系统的核心部分，常被称为仪器的"心脏"。深海油箱，即是在深海的环境下工作，这就决定了它不仅仅是一个简单的盛装液体的容器，鉴于这种特殊的工况，在设计过程中我们就要从多方面、多角度进行综合考虑[16]。

（1）问题分析

① 深海的环境压力（如深度为6000m则有约60MPa的海水压力）的平衡问题。由于深海设备的重量在一定程度上受到限制，因此深海油箱只能从平衡环境压力角度出发考虑薄壁油箱，不应考虑刚性油箱。

② 体积差问题。目前我国深海液压系统工作介质主要采用的是液压油，故系统是封闭的，系统中的蓄能器、单出杆缸等在工作过程中造成的体积差会给油箱带来体积变化；液压系统工作时工作介质的高速流动会造成油箱体积变化；如果工作介质中存在大量的气泡，在高压力下也会引起油箱体积的较大变化；深海

的环境温度和海面的温度差异、气泡的存在也会带来体积变化。这几个方面的体积变化都需要采取措施来消除对油箱的影响。

③ 材料的防腐性。油箱的外表面和海水直接接触，需要考虑材料对海水的防腐性。

④ 工作介质的灌注和排气问题。

⑤ 油箱的整体刚性，如水流的冲击、碰撞等。

⑥ 油箱的密封问题，包括整体外密封、输出接口的密封。

从上面的讨论不难看出，设计深海油箱的最大难点是要克服深海的海水压力和系统内体积的变化。

（2）结构设计

下面 3 种方案的深海油箱，其主要出发点是采用橡胶膜或皮囊的方式来平衡压力和体积的变化。

图 7.43(a) 所示是在钢质圆形油箱的一端加橡胶膜或在方形油箱的 5 个面上开窗口加橡胶膜，利用橡胶膜的伸缩变形进行压力平衡和克服体积变化，优点是结构简单、易于加工。但模拟实验证明橡胶膜的边缘易出现疲劳断裂，密封不可靠。

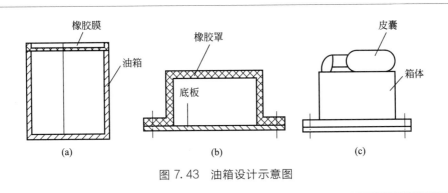

图 7.43　油箱设计示意图

图 7.43(b) 所示的油箱除底面采用钢质材料外，上面采用整体的橡胶罩，利用其余 5 面的变形进行压力平衡和克服体积变化。此种结构制造复杂，成本高，橡胶罩容易变形。

图 7.43(c) 所示油箱整体采用钢质材料，在油箱内或油箱外加可变体积的皮囊进行压力平衡和克服体积变化。此结构制造简单，皮囊更换方便，维护成本低。

上面 3 种方案都能达到平衡海水压力和消除容积变化对油箱的影响的目的，但通过实验和理论对比分析第 3 种方案最优。

7.5.3 压力补偿技术的应用

基于压力补偿技术的深海水下液压系统如图 7.44 所示。

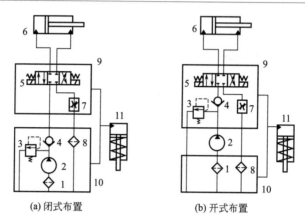

(a) 闭式布置 (b) 开式布置

图 7.44 基于压力补偿技术的深海水下液压系统[17]

1—吸油过滤器；2—液压泵；3—溢流阀；4—单向阀；5—换向阀；6—水下液压执行器；
7—调速阀；8—回油过滤器；9—阀箱；10—油箱；11—压力补偿器

该水下液压系统的组成与常规液压系统基本相同，除了液压源、液压控制单元和液压执行器外，还在系统中设置了压力补偿器，压力补偿器和油箱相连。由于深海水下液压系统工作在海水环境中，因此油箱设计成封闭结构。此外，由液压控制阀、液压集成块及电路等组成的液压控制单元也设计成封闭结构，虽然一些液压控制阀采用了耐海水腐蚀的材料，可以直接暴露在海水中，但是考虑到电磁铁、放大电路等不能在海水中工作，因此设计了封闭式的阀箱，将液压控制单元设置在阀箱内部。为了避免采用耐压结构，将阀箱与压力补偿器相连，实现了阀箱的内外压力平衡，大大减轻了系统的重量。

基于压力补偿技术的深海水下液压系统工作原理如下：水下液压执行器 6 动作时，液压泵 2 通过吸油过滤器 1 从油箱 10 中吸油，液压泵 2 提供的压力油经单向阀 4 和换向阀 5 到达水下液压执行器 6，水下液压执行器 6 的回油经换向阀 5、调速阀 7 和回油过滤器 8 流回油箱 10。压力补偿器 11 不仅与油箱 10 相连，还与阀箱 9 相连。如果水下液压执行器是对称液压执行器，则执行器两腔的有效作用面积相等，执行器动作时油箱内的液压油体积是不变的，此时压力补偿器对油箱的压力补偿是静态的。如果水下液压执行器是非对称液压执行器，则执行器动作时油箱内的液压油体积是变化的，此时压力补偿器对油箱的压力补偿是动态的。阀箱内的液压油体积是不变的，因此对阀箱的压力补偿是静态的。

　　基于压力补偿技术的深海水下液压系统有闭式和开式两种布置方式，闭式布置和开式布置的区别主要在液压源的布置上。闭式布置如图 7.44（a）所示，液压泵布置在油箱内，液压源的其他部分也布置在油箱内，由于液压源的各个元件均布置在油箱内，因此无需耐海水腐蚀。闭式布置结构紧凑，管路连接简单，但维修不方便。闭式布置方式通常用于功率较小的深海水下液压系统。大功率深海水下液压系统由于电动机和液压泵体积都较大，液压泵发热较快，若采用闭式布置方式，为了保证散热油箱的体积会较大，不利于液压系统的安装布置，因此大功率深海水下液压系统多采用开式布置方式。

　　开式布置如图 7.44(b) 所示，液压泵暴露在海水中，通过管路与油箱、阀箱等相连。由于液压泵布置在油箱外，因此大大减小了油箱的体积，并且液压泵在海水中工作，散热迅速，避免了温升过高的问题。不过，液压泵的表面要做防海水腐蚀的处理。开式布置方式结构简单、维修方便，但管路较多、安装复杂。

海洋装备典型液压系统

8.1 液压系统图的阅读和分析方法

8.1.1 液压系统图的阅读

要能正确而又迅速地阅读液压系统图，首先必须掌握液压元件的结构、工作原理、特点和各种基本回路的应用，了解液压系统的控制方式、职能符号及其相关标准；其次，结合实际液压设备及其液压原理图多读多练，掌握各种典型液压系统的特点，对于今后阅读新的液压系统，可起到以点带面、触类旁通和熟能生巧的作用。

阅读液压系统图一般可按以下步骤进行。

① 全面了解设备的功能、工作循环和对液压系统提出的各种要求。

例如组合机床液压系统图，它是以速度转换为主的液压系统，除了能实现液压滑台的快进→工进→快退的基本工作循环外，还要特别注意速度转换的平稳性等指标。同时要了解控制信号的来源、转换以及电磁铁动作表等，这有助于我们有针对性地进行阅读。

② 仔细研究液压系统中所有液压元件及它们之间的联系，弄清各个液压元件的类型、原理、性能和功用。

对一些用半结构图表示的专用元件，要特别注意它们的工作原理，要读懂各种控制装置及变量机构。

③ 仔细分析并写出各执行元件的动作循环和相应的油液所经过的路线。

为便于阅读，最好先将液压系统中的各条油路分别进行编码，然后按执行元件划分读图单元，每个读图单元先看动作循环，再看控制回路、主油路。要特别注意系统从一种工作状态转换到另一种工作状态时，是由哪些元件发出的信号，又是使哪些控制元件动作并实现的。

阅读液压系统图的具体方法有：传动链法、电磁铁工作循环表法和等效油路图法等。

8.1.2 液压系统图的分析

在读懂液压系统原理图的基础上，还必须进一步对该系统进行一些分析，这样才能评价液压系统的优缺点，使设计的液压系统性能不断完善。

液压系统图的分析可考虑以下几个方面：

① 液压基本回路的确定是否符合主机的动作要求？

② 各主油路之间、主油路与控制油路之间有无矛盾和干涉现象？

③ 液压元件的代用、变换和合并是否合理、可行？

④ 液压系统的特点、性能的改进方向。

8.2 120kW 漂浮式液压海浪发电站

8.2.1 概述

随着石化燃料的日益枯竭和环境污染的日趋加剧，有效利用清洁、可再生的海洋能源，成为世界各主要沿海国家的战略性选择。山东大学开展了120kW漂浮式液压海浪发电站的中试研究，研究成果有助于解决海岛居民和海上设施的用电问题，还可以为西沙、南沙等边远驻军提供清洁能源，具有显著的社会效益，对改善我国的能源结构，保障能源安全，缓解所面临的能源紧缺、温室效应和环境污染等问题都将具有重大的现实意义。

漂浮式液压海浪发电站的总体方案如图 8.1 所示，系统主要由顶盖、主浮筒、浮体、导向柱、发电室、调节舱、底架等部分组成。浮体 3 在海浪的作用下沿导向柱 4 作上下运动，并带动液压缸产生高压油，高压油驱动液压马达旋转，带动发电机发电。

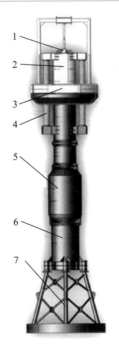

图 8.1 总体方案
1—顶盖；2—主浮筒；3—浮体；4—导向柱；
5—发电室；6—调节舱；7—底架

能量转换过程：波浪能→液压能→电能。

底架主要对主浮筒起到水力约束的作用，在波浪经过时，保持主浮筒基本不产生任何运动。而浮体则在波浪的作用下沿导向柱作往复运动。液压缸与主浮筒连接在一起，活塞杆与浮体的龙门架连接在一起，浮体与主浮筒的相对运动转变为活塞杆与液压缸的相对运动，从而输出液压能。发电室用于放置液压和发电系统。调节舱用于调节主体平衡位置，通过向调节舱中注水、沙，可以降低主体的位置，增加被淹没的高度，最终使浮体处于导向柱的中间位置处。由于系统的浮力大于其所受的重力，整体处于漂浮状态，潮涨潮落时，海浪发电站能够随液面高度的变化而变化。

各模块的具体功能如下。

① 顶盖与主浮筒连接。顶盖上开有可供液压缸伸出的孔、维修人员进出的人孔和通气孔。为防止海水进入主浮筒，顶盖上的通气孔设置了倒 U 形弯管，并在头部锥形上开有多个小孔。

② 主浮筒上端与顶盖相连、下端与发电室相连。主浮筒在提供浮力的同时，固定了液压缸和导向装置。在装置正常工作时，主浮筒上端有部分露出水面。

③ 浮体与液压缸的活塞杆连接，液压缸与主浮筒连接。浮体在波浪的作用下沿着导向柱作往复移动，从而将所采集到的波浪能转换为液压能。

④ 导向柱连接在主浮筒上。导向柱保证了浮体的运动轨迹，减少了浮体对主浮筒的磨损和冲击。导向柱采用可以用水润滑的减摩材料，减小了浮体运动的阻力，提高了吸收波浪能的效率。

⑤ 发电室上端与主浮筒连接，下端与调节舱连接。发电室用于放置液压系统和发电系统，同时也为装置提供了较大的浮力。

⑥ 调节舱上端与发电室相连，下端与底架相连。调节舱主要用于在实际投放时调节主浮筒的平衡位置。在初始状态时调节舱里是常压空气；在实际投放时，若平衡位置高于预定的位置，则可以通过向调节舱中注水来降低主浮筒露出海面的高度。

⑦ 底架上端与调节舱连接，下端与锚链连接。底架上的平板能够起到水力约束的作用，在波浪经过时，能够减小主浮筒的运动幅度。桁架的作用是降低平板的高度，使得平板所处水域的运动更加平缓。

8.2.2　120kW 漂浮式液压海浪发电站液压系统工作原理

120kW 海浪发电液压系统原理如图 8.2 所示。

当双出杆油缸口上腔吸油时，下腔就是工作腔压油，此时缸筒上升，下腔的高压油经过单向阀 3（右侧）进入液压马达 9，从而驱动发电机 11 进行发电。反之亦然。在发电液压系统内部，蓄能器发挥着重要的作用，当系统压力比较高时，它能有效地存储瞬时不能利用的能量；当海浪模拟液压系统中伺服阀换向或者升降台上升、发电液压系统内部压力较低时，蓄能器又能有效地释放能量对发电系统进行补给，这样不仅有效地减少了能量浪费，而且有利于系统减振，稳定系统压力，使发电电压保持稳定，提高发电品质。

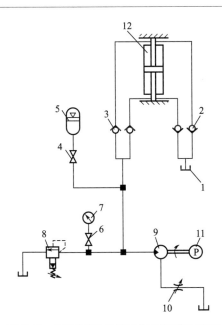

图 8.2　120kW 海浪发电液压系统原理图

1—油箱；2，3—板式单向阀；4—高压球阀；5—蓄能器；6—测压软管；7—耐振压力表；
8—叠加式溢流阀；9—液压马达；10—板式单向节流阀；11—发电机；12—双出杆油缸

8.3　"蛟龙号"液压系统

8.3.1　概述

"蛟龙号"是目前世界上同类产品中工作深度最大的深海载人潜水器，由我国自行设计、集成创新，具有自主知识产权。2012 年 6 月，"蛟龙号"在太平洋马里亚纳海沟共完成了 3 次 7000m 下潜，最大下潜深度为 7062m，创造了我国载人深潜的新纪录，实现了我国深海技术发展的新突破和重大跨越，标志着我国

深海载人技术达到国际领先水平，使我国具备了在全球 99.8％以上的海洋深处
开展科学研究、资源勘探的能力。

8.3.2 "蛟龙号"液压系统的工作原理

液压系统是"蛟龙号"载人潜水器上非常重要的动力源，主要为应急抛弃系
统、主压载系统、可调压载系统、纵倾调节系统、作业系统以及导管桨回转机构
等提供液压动力。它通过有效的压力补偿，可以在高压环境下工作，而不需要设
计坚实的耐压壳体结构来保护。其安装在潜水器的非耐压结构支架上，从而可为
潜水器设计节省更多的耐压空间，降低耐压球壳结构设计的难度，同时提高了整
个潜水器的安全性和可靠性。

"蛟龙号"载人潜水器液压系统原理如图 8.3 所示，主液压源通过主阀箱为
主从式机械手阀箱、开关式机械手阀箱、纵倾调节系统液压马达以及导管桨回转
机构供油。主油箱内设置液位传感器和温度传感器，分别对其液位和温度进行监
测。主阀箱内设置压力传感器，监测主液压源压力；副液压源通过副阀箱为主从
式机械手抛弃机构油缸、开关式机械手抛弃机构油缸、主压载低压通气阀油缸、
主压载高压吹除阀油缸、停止下潜抛载机构油缸、上浮抛载机构油缸、可调压载
海水阀（A、D）油缸、可调压载海水阀（B、C）油缸以及可调压载海水阀 E 油
缸供油。副油箱内设置液位传感器和温度传感器，分别对其液位和温度进行监
测。副阀箱内设置压力传感器，监测副液压源压力；应急液压源内部集成了泵源
和阀箱，为水银释放机构油缸、主蓄电池电缆切割机构油缸供油。应急液压源内
设置了压力传感器，监测应急液压源压力。

8.3.3 "蛟龙号"液压系统的特点

系统设置三套液压源，主液压源为大流量液压用户提供动力，副液压源为小
流量液压用户提供动力，应急液压源为水银释放、主蓄电池电缆切割等应急液压
用户提供动力。应急液压源采用应急 24V DC 电源供电，在潜水器主蓄电池箱
（110V DC）需要应急抛弃或水银应急抛弃时使用。液压系统主要技术指标和性
能参数如下：

① 工作环境：深海 7000m。

② 具备良好的防腐特性。

③ 主液压源：工作压力 18MPa，流量 15L/min，电动机采用 110V DC
供电。

④ 副液压源：工作压力 21MPa，流量 8L/min，电动机采用 110V DC 供电。

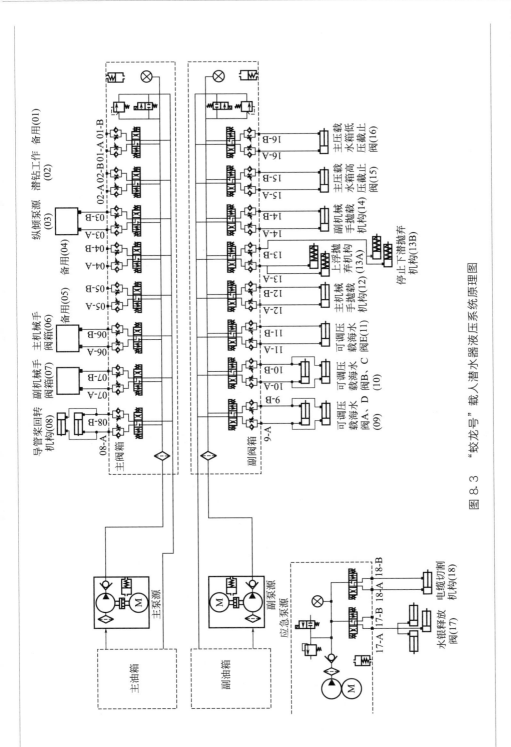

图 8.3 "蛟龙号"载人潜水器液压系统原理图

⑤ 应急液压源：工作压力 21MPa，流量 1.2L/min，电动机采用 24V DC 供电。

⑥ 系统具有压力、温度、液位监测功能。

⑦ 系统具有输入输出管系自动压力补偿功能。

液压系统最大流量需求发生在主从式机械手或开关式机械手作业时，流量为 12L/min。

"蛟龙号"深海工作环境水温基本保持在 1～2℃，属于超高压低温极限工作环境，而系统最高工作温度可维持在低于 40℃。Shell Tellus 22♯液压油在 1～40℃温度范围内满足使用要求，因此系统采用 Shell Tellus 22♯液压油。

8.4 海底底质声学现场探测设备液压系统

8.4.1 概述

海底底质声学特性在海洋工程勘察、海底资源勘探开发、海底环境监测以及军事国防建设等领域具有重要的应用价值。目前，声学探测方法已经广泛应用于海洋探测和调查工作中，尤其是在大尺度探测、浅地层剖面等领域，已经形成了比较成熟的技术。与样品的实验室测试相比，海底底质声学现场探测对沉积物扰动小，能够保持现场环境，测量数据可靠，已成为底质声学特性测量和调查的发展趋势，对底质声学现场探测设备的需求也越来越高。

国家海洋局第一海洋研究所承担了海底底质声学特性现场测量系统产品化及深海应用示范项目，研制了海底底质声学现场探测设备，其中液压系统是设备的关键。

8.4.2 海底底质声学现场探测设备液压系统的工作原理

海底底质声学现场探测设备液压系统原理如图 8.4 所示。控制舱发出指令信号，深水电动机和液压泵启动。控制单元控制电磁阀 2DT 通电，液压油经过单向阀和电磁阀，注入液压缸无杆腔使活塞杆伸出。通过位移传感器和压力传感器测量到液压缸的位移及工作压力，判断声学探杆下插深度及贯入力。当声学探杆下插到设定深度时，深水电动机和液压泵关闭。工作完成后，深水电动机和液压泵再次启动，电磁阀 1DT 通电，高压油注入液压缸有杆腔，活塞杆缩回，声学探杆提起，位移传感器检测到位后，深水电动机和液压泵停止，完成一个工作过程。

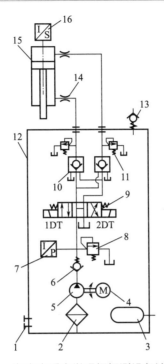

图 8.4　海底底质声学现场探测设备液压系统

1—接口；2—过滤器；3—蓄能器；4—深水电动机；5—液压泵；6, 10, 13—单向阀；
7, 16—传感器；8—溢流阀；9, 11—电磁阀；12—舱体；14—节流孔；15—液压缸

8.5　海水泵架液压油缸升降系统 [18]

8.5.1　概述

　　海洋石油 161 平台是中海石油能源发展股份有限公司为适应海上边际小油田的勘探开发新研制的一种自升式采油平台，是新开创的"蜜蜂式"采油模式（采油平台能像蜜蜂一样从一块油田完成采油任务后，转移到另一块油田从事新采油作业）的主体项目，是国家"九五"重大技术装备研制攻关项目。该平台的设计采用了很多新技术和设计理念，其中海水泵架液压油缸升降系统的设计就具有独特的创新性，在国内外首次采用了以液压油缸为动力的方式，驱动海水泵架升降。相比于传统模式升降海水泵架，该方式具有明显的优势和特点。

8.5.2　海水泵架液压油缸升降系统的工作原理

图 8.5 为海水泵架液压油缸升降结构示意图。相比齿轮齿条升降方式，海水泵架液压油缸升降系统的工作方式是间断的，升降速度慢，但造价低、升降安全可靠、不受海水腐蚀影响、设备使用寿命长。特别是海洋石油 161 平台是自升式采油平台，平台在一个生产井位需要长期采油，无需像自升式钻井、修井平台那样在较短周期内频繁升降移位，因此选用液压油缸升降海水泵架是最佳方式。

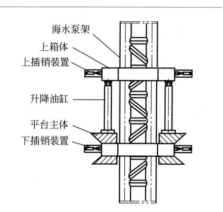

图 8.5　海水泵架液压油缸升降结构示意图

图 8.6 为海水泵架液压油缸升降系统原理图。在初始状态下，海水泵架通过两只下插销油缸和两只上插销油缸固定在平台上。当需要海水泵架下降到海水中为平台供水时，首先从

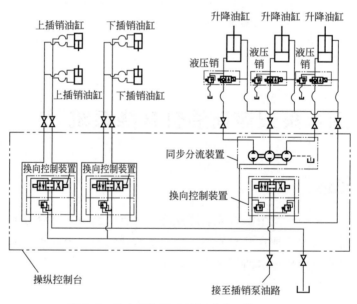

图 8.6　海水泵架液压油缸升降系统原理图

上箱体中拔出两只上插销，三只升降油缸带动上箱体同步伸出一个行程后，插入上插销，然后拔出下插销，此时海水泵架依靠三只升降油缸托着，接着升降油缸带动上箱体缩回一个行程，即可实现海水泵架下降一个行程；此时，插入下插销，拔出上插销，升降油缸再带动上箱体伸出一个行程，即可进入下一个下降循环过程，直至将海水泵架下降到规定的水深。同样道理，也可将海水泵架从海水中提升到平台上。

8.5.3　海水泵架液压油缸升降系统的特点

结构紧凑，节省安装空间：采油平台拥有众多的生产工艺流程，设备的安装空间非常有限，因而海水泵架液压油缸升降系统的设计直接利用了平台主体液压升降系统的动力源，系统压力接至插销泵的输出油路，省去了液压油箱和电动机泵站的安装空间，节约了制造成本。

换向控制与压力调节：由于系统的负载大小不同，海水泵架的升降负荷为34.2t，相比之下插销阻力很小，因而在换向控制装置中分别进行了压力设定。其中升降油缸的上腔和下腔分别设置了不同的压力调节值，而两个插销换向控制装置中，都各自设置了一个减压阀进行压力控制。

同步控制：由于升降过程中需要插销和拔销交替进行，如果三只升降油缸不能同步伸缩，就会造成上箱体不平衡，影响到插销和拔销的对中性，产生销子拔不出来或插不进去的问题。因此必须保证上箱体平衡均匀的升降，通过设置的同步分流装置，有效地控制三只油缸的同步伸缩性。

安全性：海水泵架重量达到三十多吨，在升降换向控制与插销和拔销过程中，必须保障不能出现下滑、突然坠落现象，为此系统中在每只升降油缸的下腔设置了一只液压锁，其开启压力不低于2MPa，因而即使出现液压软管突然破裂的现象，液压锁也能将升降油缸立即锁住。

8.6　深水水平连接器的液压系统

8.6.1　概述

深水水平连接器依靠其安装工具上的液压系统来实现对海底管汇的连接。深水水平连接器在进行对接、对中、驱动锁紧和卡爪合拢等过程中，液压控制系统发挥了重要作用，因此设计一套安全可靠、精确高效的深水液压系统是研制水平连接器的关键环节。

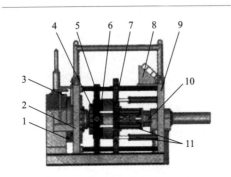

图 8.7　深水水平连接器结构简图

1—毂座；2—定位板；3—导向环；4—卡爪；
5—驱动板；6—驱动环；7—对中板；
8—ROV 控制面板；9—后挡板；
10—二次锁紧机构；11—液压缸组

深水水平连接器结构如图 8.7 所示，主要由毂座、定位板、导向环、卡爪、驱动板、驱动环、对中板、ROV 控制面板、后挡板、二次锁紧机构及液压缸组等组成。

水平连接器本体如图 8.8 所示，主要由毂座、卡爪及驱动环等零部件组成，其功能是通过驱动环对卡爪进行合拢与张开，从而完成对海底管汇的连接与分离。

水平连接器安装工具如图 8.9 所示，主要由定位板、导向环、驱动板、对中板、ROV 控制面板、后挡板、二次锁紧机构及液压缸组等零部件组成，其功能是通过液压系统来实现对连接器本体的对中、对接和锁紧过程。完成管道连接后，连接器安装工具将撤离海底。

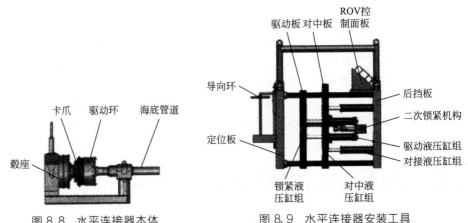

图 8.8　水平连接器本体

图 8.9　水平连接器安装工具

对中板上固定着驱动液压缸组，并连接着对接液压缸组的活塞杆，同时对中板内部装有呈 120° 均匀分布的对中液压缸组。对中板通过对接液压缸组驱动，从而实现卡爪与毂座之间的对接；对中板内部的对中液压缸组通过调速阀进行微调，从而实现卡爪与毂座之间的精确对中。

驱动板连接着驱动液压缸组的活塞杆，同时驱动板内部装有锁紧液压缸组。

211

第8章 海洋装备典型液压系统

驱动板通过锁紧液压缸组活塞杆末端的卡钳结构与驱动环绑定在一起，并通过驱动液压缸组驱动，从而带动驱动环实现卡爪的合拢与张开。

ROV 控制面板作为水平连接器液压系统的控制终端，不仅提供了 ROV 的操作界面，还是液压阀和液压油源输入端口液压快速接头的承载体，并通过液压管线与各个液压缸连接。

8.6.2 深水水平连接器的液压系统的工作原理

深水水平连接器的液压系统原理如图 8.10 所示。

液压系统主要包括如下回路。

（1）方向控制回路

由二位三通手动换向阀组成液压系统方向控制回路。

（2）压力控制回路

① 安全回路由主油路先导型溢流阀组成液压系统的安全回路；

② 减压回路由先导型定值减压阀组成液压系统的减压回路；

③ 保压回路由二位二通手动换向阀组成液压系统的保压回路；

④ 卸荷回路由先导型溢流阀和二位二通手动换向阀组成液压系统的卸荷回路。

（3）调速回路

由调速阀组成液压系统的调速回路。

（4）同步控制回路

由分流集流阀组成液压系统的同步控制回路。

液压系统的油源由 ROV 所携带的定量液压泵提供。

液压系统由两条干路同时向四条支路供给液压油，为使驱动液压缸无杆腔油压高于有杆腔油压，从而推动活塞进给，在其中一条干路上设置减压阀 5，使得此干路的油压（由压力表 7 显示）小于另外一条干路的油压（由压力表 9 显示），形成差动式液压连接。

该液压系统的具体工作过程如下：

① 连接器对中　系统接通油源后，打开二位二通换向阀 13，系统开始工作，油液经过压力表 7 所在的干路进入对中液压缸组 30～32 的无杆腔，对中液压缸组带动连接器本体进行对中，对中过程结束后关闭二位二通换向阀 13。

② 驱动板与驱动环绑定　打开二位二通换向阀 14，油液经过压力表 9 所在的干路进入锁紧液压缸组 41、42 的无杆腔，锁紧液压缸组将驱动板与驱动环绑定在一起，绑定过程结束后关闭二位二通换向阀 14。

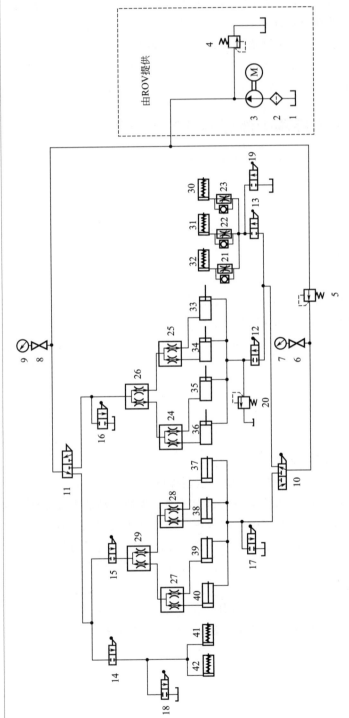

图 8.10　深水水平连接器液压系统原理图[19]

1—油箱；2—过滤器；3—定量液压泵；4，20—溢流阀；5—减压阀；6，8—截止阀；7，9—压力表；10，11—二位三通换向阀；12～19—二位二通换向阀；21～23—调速阀；24～29—分流集流阀；30～32—对中液压缸；33～36—对接液压缸；37～40—驱动液压缸；41，42—锁紧液压缸

③ 连接器对接　打开二位二通换向阀 17 和二位二通换向阀 15，油液经过压力表 9 所在的干路进入对接液压缸组 37～40 的无杆腔，对接液压缸组带动连接器进行对接，对接过程结束后关闭二位二通换向阀 17 和二位二通换向阀 15。

④ 卡爪合拢　二位三通换向阀 11 进行换向，油液经过压力表 9 所在的干路进入驱动液压缸组 33～36 的无杆腔，由于在驱动液压缸组所在支路设置了溢流阀 20（设定溢流值介于两条干路的供油压力之间），当驱动液压缸组活塞向有杆腔运动，压缩有杆腔内的油液，有杆腔压力升高达到溢流值时，溢流阀 20 便接通油箱回路，实现驱动液压缸组带动连接器驱动环完成卡爪合拢过程。

⑤ 解除驱动板与驱动环的绑定　打开二位二通换向阀 18，锁紧液压缸组活塞杆在其有杆腔弹簧弹力作用下回撤，解除驱动板与驱动环之间的绑定。

⑥ 驱动板回撤　二位三通换向阀 11 进行换向，打开二位二通换向阀 16 和二位二通换向阀 12，油液经过压力表 7 所在的干路进入驱动液压缸组有杆腔（此时由于油压未达到溢流阀 20 的溢流值，因此溢流阀 20 并不溢流），驱动液压缸组带动驱动板回撤，驱动板回撤过程结束后关闭二位二通换向阀 12。

⑦ 对中液压缸组回撤打开二位二通换向阀 19，对中液压缸组活塞杆在其有杆腔弹簧弹力作用下回撤，使对中液压缸组脱离连接器本体。此时完成液压系统的全部操作，深水水平连接器连接完毕。

8.7 海洋固定平台模块钻机转盘的液压系统

8.7.1 概述

转盘是钻机中实现动力传动及分配、改变动力传递方向、旋转和悬挂钻具的重要设备。海洋固定平台模块钻机选用的转盘驱动通常为目前技术相对成熟的电动机驱动，然而电动机驱动具有传动链较长、传动部件多、传动装置复杂、结构尺寸大以及质量大等特点，具体布置时也存在一定限制。海洋固定平台模块钻机由于空间狭小、布局紧凑，因此要求设备具有尺寸小、质量小、集成度高、运行安全可靠等特点。然而电动机驱动的转盘尺寸经常导致设备不易安装和操作维修，且导致主机过重，影响主机的移运性能，作业效率也较低，给现场应用带来较大不便。针对上述问题，国内外研究改进、开发创新了多种新型石油钻机，涌现出许多新结构、新技术，液压驱动转盘就是其中之一。液压驱动转盘因为尺寸小、质量小、传递扭矩大、传动链短、省去了电控设施等优点，在移动式平台和钻井船上的应用远大于电动机驱动转盘，技术已经相当成熟，因此在海上固定平台模块钻机上推广液压驱动转盘具有重要意义。

8.7.2　海洋固定平台模块钻机转盘液压系统的工作原理

海洋固定平台模块钻机转盘液压系统原理如图 8.11 所示。液压驱动转盘的闭式液压系统由主液压回路、冷却回路、过滤回路、补油回路、控制回路、制动回路组成。主液压回路由双向变量柱塞泵、柱塞马达组成。系统主泵的变量由斜盘控制，液压转盘马达经行星减速器后给转盘提供旋转动力，主泵高压出口处设有双向溢流阀，用于液压泵与液压马达的过载保护；系统产生的部分热油经冲洗

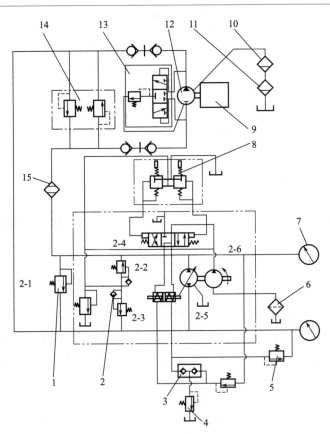

图 8.11　海洋固定平台模块钻机转盘液压系统原理图[20]

1—高压溢流阀；2—双向变量柱塞泵；3—梭阀；4—溢流阀；5—减压阀；6—粗过滤阀；
7—压力表；8—先导阀；9—转盘；10—冷却阀；11—精过滤阀；12—柱塞马达；
13—冲洗阀；14—双向溢流阀；15—双向滤油器

阀、冷却器返回油箱，采用 2-6 齿轮泵作为补液泵，2-1 为低压溢流阀，控制补油压力；粗过滤器设在补液泵的吸油管路上，精过滤器设在散热回路的排油管上。控制回路：从主管路取压力信号，经过减压阀直接到伺服油缸，改变斜盘摆角，多余油液经梭阀、溢流阀回油箱。制动回路：通过先导阀手柄回到中位，封锁变量泵的进、出油口，使液压马达实现静液压制动（低扭矩制动）；转盘高扭矩（反扭矩）释放时，通过调节高压溢流阀，使柱塞马达变成液压泵工况，通过溢流阀令马达缓释钻杆产生反扭矩。

8.7.3　海洋固定平台模块钻机转盘液压系统的特点

液压转盘采用液压驱动，具备大扭矩功能，在使设备"瘦身"的同时，优化功能配置；并且，由于功率大幅度减小，成本也随之大幅度降低，从而提高钻机整机的性价比。液压传动具备良好的变负载自适应能力，即在负载增大时自动减小转速，输出适应负载的大扭矩；反之，在负载减小时自动增大转速，输出适应负载的小扭矩，在整个负载变化过程中始终保持高效率工作。这一优势使其非常适用于处理钻井时的异常负载和进行事故处理。尽管目前海洋模块钻机转盘常采用电驱动方式，液压驱动转盘使用频率较低，但液压转盘在满足海洋钻井工艺要求的条件下，相比机械驱动和电驱动转盘突显尺寸小、结构简单、安全性能高等优势，因此越来越受重视，液压转盘将会成为驱动转盘的发展方向，值得不断进行深入研究。

第9章

海洋装备液压系统的设计与计算

9.1 概述

　　液压系统的设计是海洋装备设计的一部分，它除了应符合海洋装备动作循环和静、动态性能等方面的要求外，还应当满足结构简单、工作安全可靠、效率高、寿命长、经济性好、使用维护方便等条件。液压系统的设计没有固定的统一步骤，根据系统的简繁、借鉴的多寡和设计人员经验的不同，在做法上有所差异。各部分的设计有时还要交替进行，甚至要经过多次反复才能完成。图9.1所示为液压系统设计的基本内容和一般流程，对于初学者可以参照该步骤进行。

9.2 明确系统的设计要求

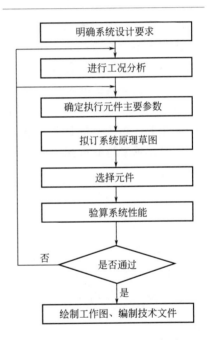

图 9.1　液压系统设计的一般流程

　　设计要求是做任何设计的依据，液压系统设计时要明确液压系统的动作和性能要求，在设计过程中一般需要考虑以下几个方面。

　　① 主机概况。主机的用途、总体布局、主要结构、技术参数与性能要求；主机对液压系统执行元件在位置布置和空间尺寸上的限制；主机的工艺流程或工作循环、作业环境和条件等。

　　② 液压系统的任务与要求。液压系统应完成的动作，液压执行元件的运动

方式（移动、转动或摆动）、连接形式及其工作范围；液压执行元件的负载大小及负载性质，运动速度的大小及其变化范围；液压执行的动作顺序及联锁关系，各动作的同步要求及同步精度；对液压系统工作性能的要求，如运动平稳性、定位精度、转换精度、自动化程度、工作效率、温升、振动、冲击与噪声、安全性与可靠性等；对液压系统的工作方式及控制的要求。

③ 液压系统的工作条件和环境条件。周围介质、环境温度、湿度大小、风沙与尘埃情况、外界冲击振动等；防火与防爆等方面的要求。

④ 经济性与成本等方面的要求。

9.3 分析工况编制负载图

对执行元件的工况进行分析，就是查明每个执行元件在各自工作过程中的速度和负载的变化规律。通常是求出一个工作循环内各阶段的速度和负载值列表表示，必要时还应作出速度、负载随时间（或位移）变化的曲线图（图9.2）。

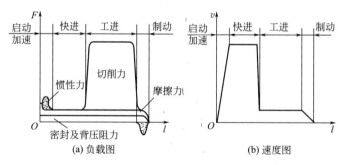

图 9.2　液压系统执行元件的负载图和速度图

在一般情况下，液压传动系统中液压缸承受的负载由六部分组成，即工作负载、导轨摩擦负载、惯性负载、重力负载、密封负载和背压负载，前五项构成了液压缸所要克服的机械总负载。

（1）工作负载 F_w

不同的机器有不同的工作负载。对于金属切削机床来说，沿液压缸轴线方向的切削力即为工作负载；对于液压机来说，工件的压制抗力即为工作负载。工作负载 F_w 与液压缸运动方向相反时为正值，方向相同时为负值（如顺铣加工的切削力）。工作负载既可以为定值，也可以为变值，其大小要根据具体情况加以计算，有时还要由样机实测确定。

（2）导轨摩擦负载 F_f

导轨摩擦负载是指液压缸驱动运动部件时所受的导轨摩擦阻力，其值与运动部件的导轨形式、放置情况及运动状态有关。各种形式导轨的摩擦负载计算公式可查阅有关手册。机床上常用平导轨和V形导轨支撑运动部件，其摩擦负载值的计算公式（导轨水平放置时）为：

平导轨：

$$F_f = f(G + F_N) \tag{9.1}$$

V形导轨：

$$F_f = f \frac{G + F_N}{\sin \frac{\alpha}{2}} \tag{9.2}$$

式中，f 为摩擦系数，其中，静摩擦系数 f_s 和动摩擦系数 f_d 值参考表9.1；G 为运动部件的重力；F_N 为垂直于导轨的工作负载；α 为V形导轨面的夹角，一般 $\alpha = 90°$。

表 9.1　导轨摩擦系数

导轨种类	导轨材料	工作状态	摩擦系数
滑动导轨	铸铁对铸铁	启动 低速运动（$v < 0.16\text{m/s}$） 高速运动（$v > 0.16\text{m/s}$）	$0.16 \sim 0.2$ $0.1 \sim 0.22$ $0.05 \sim 0.08$
滑动导轨	铸铁导轨对滚动体 淬火钢导轨对滚动体		$0.005 \sim 0.02$ $0.003 \sim 0.006$
静压导轨	铸铁对铸铁		0.005

（3）惯性负载 F_i

惯性负载是运动部件在启动加速或制动减速时的惯性力，其值可按牛顿第二定律求出，即

$$F_i = ma = \frac{G}{g} \times \frac{\Delta v}{\Delta t} \tag{9.3}$$

式中，g 为重力加速度；Δv 为 Δt 时间内的速度变化值；Δt 为启动、制动或速度转换时间，Δt 可取 $0.01 \sim 0.5\text{s}$，轻载低速时取较小值。

（4）重力负载 F_g

垂直或倾斜放置的运动部件，在没有平衡的情况下，其自重也成为一种负载。倾斜放置时，只计算重力在运动上的分力。液压缸上行时重力取正值，反之取负值。

（5）密封负载 F_s

密封负载是指密封装置的摩擦力，其值与密封装置的类型和尺寸、液压缸的制造质量和油液的工作压力有关。F_s 的计算公式详见有关手册。在未完成液压系统设计之前，不知道密封装置的参数，F_s 无法计算，一般用液压缸的机械效率 η_{cm} 加以考虑，η_{cm} 常取 $0.90\sim0.97$。

（6）背压负载 F_b

背压负载是指液压缸回油腔背压所造成的阻力。在系统方案及液压缸结构尚未确定之前，F_b 也无法计算，在负载计算时可暂不考虑。表 9.2 列出了几种常用系统的背压阻力值。

表 9.2　背压阻力

系统类型	背压阻力/MPa	系统类型	背压阻力/MPa
中低压系统或轻载节流调速系统	$0.2\sim0.5$	采用辅助泵补油的闭式油路系统	$1\sim1.5$
回油路带调速阀或背压阀的系统	$0.5\sim1.5$	采用多路阀的复杂中高压系统(工程机械)	$1.2\sim3$

液压缸的外负载力 F 及液压马达的外负载转矩 T 计算公式见表 9.3。

表 9.3　液压缸的外负载力 F 及液压马达的外负载转矩 T 计算公式

工况	计算公式	备注
启动	$F=\pm F_g+F_n f_s B'v+ks$ $T=\pm T_g+F_n f_s r+B\omega\pm k_g\theta$	F_g、T_g 为外负载，其前负号指负性负载；F_n 为法向力；r 为回转半径；f_s、f_d 分别为外负载与支撑面间的静、动摩擦系数；m、I 分别为运动部件的质量及转动惯量；Δv、$\Delta\omega$ 分别为运动部件的速度、角速度变化量；Δt 为加速或减速时间，一般机械 Δt 取 $0.1\sim0.5s$，磨床 Δt 取 $0.01\sim0.05s$，行走机械 $\Delta v/\Delta t$ 取 $0.5\sim1.5m/s^2$；B'、B 均为黏性阻尼系数；v、ω 分别为运动部件的速度及角速度；k 为弹性元件的刚度；k_g 为弹性元件的扭转刚度；s 为弹性元件的线位移；θ 为弹性元件的角位移；F_b 为回油背压阻力，$F_b=p_2A$，p_2 为背压阻力，见表 9.2；T_b 为排油腔的背压转矩，$T_b=\dfrac{p_b V}{2\pi}$，其中 V 为马达排量，p_b 为背压阻力，见表 9.2
加速	$F=\pm F_g+F_n f_d+m\dfrac{\Delta v}{\Delta t}+B'v+ks+F_b$ $T=\pm T_g+F_n f_d r+I\dfrac{\Delta\omega}{\Delta t}+B\omega+k_g\theta+T_b$	
匀速	$F=\pm F_g+F_n f_d+B'v+ks+F_b$ $T=\pm T_g+F_n f_d r+B\omega+k_g\theta+T_b$	
制动	$F=\pm F_g+F_n f_d-m\dfrac{\Delta v}{\Delta t}+B'v+ks+F_b$ $T=\pm T_g+F_n f_d r-I\dfrac{\Delta\omega}{\Delta t}+B\omega+k_g\theta+T_b$	

9.4　确定系统的主要参数

液压系统的主要参数设计是指确定液压执行元件的工作压力和最大流量。

液压执行元件的工作压力可以根据负载图中的最大负载来选取，见表 9.4；

也可以根据主机的类型来选取，见表 9.5。最大流量则由液压执行元件速度图中的最大速度计算出来。工作压力和最大流量的确定都与液压执行元件的结构参数（指液压缸的有效工作面积 A 或液压马达的排量 V_m）有关。一般的做法是先选定液压执行元件的类型及其工作压力 p，再按最大负载和预估的液压执行元件的机械效率求出 A 或 V_m，并通过各种必要的验算、修正和圆整成标准值后定下这些结构参数，最后再算出最大流量 q_{max} 来。

表 9.4　按负载选择液压执行元件的工作压力

载荷/kN	<5	5~10	10~20	20~30	30~50	>50
工作压力/MPa	<0.8~1	1.5~2	2.5~3	3~5	4~5	≥5~7

表 9.5　按主机类型选择液压执行元件的工作压力

设备类型	机床				农业机械、汽车工业、小型工程机构及辅助机构	工程机械、重型机械、锻压设备、液压支架等	船用系统
	磨床	组合机床、齿轮加工机床、牛头刨床、插床	车床、铣床、镗床	研磨床	拉床、龙门刨床			
工作压力/MPa	≤1.2	<6.3	2~4	2~5	<10	10~16	16~32	14~25

有些主机（例如机床）的液压系统对液压执行元件的最低稳定速度有较高的要求。这时所确定的液压执行元件的结构参数 A 或 V_m 还必须符合下述条件：

液压缸：
$$\frac{q_{min}}{A} \leqslant V_{min} \tag{9.4}$$

液压马达：
$$\frac{q_{min}}{V_m} \leqslant n_{min} \tag{9.5}$$

式中，q_{min} 为节流阀、调速阀或变量泵的最小稳定流量，由产品性能表查出。

液压系统执行元件的工况图是在液压执行元件结构参数确定之后，根据主机工作循环算出不同阶段中的实际工作压力、流量和功率之后作出的，见图 9.3。工况图显示液压系统在实现整个工作循环时三个参数的变化情况。当系统中有多个液压执行元件时，其工况图应是各个执行件工况图的综合。

液压执行元件的工况图是选择系统中其他液压元件和液压基本回路的依据，也是拟订液压系统方案的依据，原因如下：

① 工况图中的最大压力和最大流量直接影响着液压泵和各种控制阀等液压元件的最大工作压力和最大工作流量。

② 工况图中不同阶段内压力和流量的变化情况决定着液压回路和油源形式的合理选用。

③ 工况图所确定的液压系统主要参数的量值反映着原来设计参数的合理性，为主参数的修改或最后确定提供了依据。

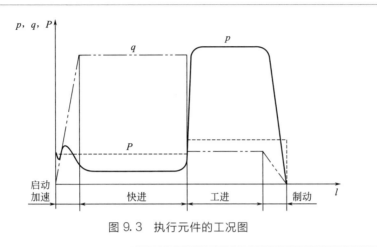

图 9.3　执行元件的工况图

9.5　拟订系统原理图

系统原理图是表示系统的组成和工作原理的图样。拟订系统原理图是设计系统的关键，它对系统的性能及设计方案的合理性、经济性具有决定性的影响。

拟订系统原理图包含两项内容：一是通过分析、对比选出合适的基本回路；二是把选出的基本回路进行有机组合，构成完整的系统原理图。

（1）确定执行元件的形式

液压传动系统中的执行元件主要有液压缸和液压马达，根据主机动作机构的运动要求来确定具体选用哪种形式。通常，直线运动机构一般采用液压缸驱动，旋转运动机构一般采用液压马达驱动，但也不尽然。总之，要合理地选择执行元件，综合考虑液、机、电各种传动方式的相互配合，使所设计的液压传动系统更加简单、高效。

（2）确定回路类型

一般具有较大空间可以存放油箱且不另设散热装置的系统，都采用开式回路；凡允许采用辅助泵进行补油并借此进行冷却油交换来达到冷却目的的系统，都采用闭式回路。通常节流调速系统采用开式回路，容积调速系统采用闭式回路，详见表9.6。

表 9.6　开式系统和闭式系统的比较

油液循环方式	开式	闭式
散热条件	较方便,但油箱较大	较复杂,须用辅泵换油冷却
抗污染性	较差,但可采用压力油箱或油箱呼吸器来改善	较好,但油液过滤要求较高
系统效率	管路压力损失大,用节流调速时效率低	管路压力损失较小,容积调速时效率较高
限速、制动形式	用平衡阀进行能耗限速,用制动阀进行能耗制动,引起油液发热	液压泵由电动机拖动时,限速及制动过程中拖动电动机能向电网输电,回收部分能量,即是再生限速(可省去平衡阀)及再生制动
其他	对泵的自吸性能要求高	对泵的自吸性能要求低

(3) 选择合适回路

在拟订系统原理图时,应根据各类主机的工作特点和性能要求,首先确定对主机主要性能起决定性影响的主要回路。例如对于机床液压系统,调速和速度换接回路是主要回路;对于压力机液压系统,调压回路是主要回路。然后再考虑其他辅助回路,有垂直运动部件的系统要考虑平衡回路;有多个执行元件的系统要考虑顺序动作、同步或互不干扰回路;有空载运行要求的系统要考虑卸荷回路等。

具体做法如下。

① 制订调速控制方案　根据执行元件工况图上压力、流量和功率的大小以及系统对温升、工作平稳性等方面的要求选择调速回路。

对于负载功率小、运动速度低的系统,采用节流调速回路,对于工作平稳性要求不高的执行元件,宜采用节流阀调速回路;对于负载变化较大、速度稳定性要求较高的场合,宜采用调速阀调速回路。

对于负载功率大的执行元件,一般都采用容积调速回路;即由变量泵供油,避免过多的溢流损失,提高系统的效率;如果对速度稳定性要求较高,也可采用容积节流调速回路。

调速方式决定之后,回路的循环形式也随之而定,节流调速、容积节流调速一般采用开式回路,容积调速大多采用闭式回路。

② 制订压力控制方案　选择各种压力控制回路时,应仔细推敲各种回路在选用时所需注意的问题以及特点和适用场合。例如卸荷回路,选择时要考虑卸荷所造成的功率损失、温升、流量和压力的瞬时变化等。

恒压系统如进口节流和出口节流调速回路等,一般采用溢流阀起稳压溢流作用,同时也限定了系统的最高压力。定压容积节流调速回路本身能够定压不需压力控制阀。另外还可采用恒压变量泵加安全阀的方式。对非恒压系统,如旁路节流调速、容积调速和非定压容积节流调速，其系统的最高压力由安全阀限定。对系统中某一个支路要求比油源压力低的稳压输出，可采用减压阀实现。

③ 制订顺序动作控制方案　主机各执行机构的顺序动作，根据设备类型的不同，有的按固定程序进行，有的则是随机的或人为的。对于工程机械，操纵机构多为手动，一般用手动多路换向阀控制；对于加工机械，各液压执行元件的顺序动作多数采用行程控制，行程控制普遍采用行程开关控制，因其信号传输方便，而行程阀由于涉及油路的连接，只适用于管路安装较紧凑的场合。

另外还有时间控制、压力控制和可编程序控制等。

选择一些主要液压回路时，还需注意以下几点。

a. 调压回路的选择主要决定于系统的调速方案。在节流调速系统中，一般采用调压回路；在容积调速和容积节流调速或旁路节流调速系统中，则均采用限压回路。

一个油源同时提供两种不同工作压力时，可以采用减压回路。

对于工作时间相对辅助时间较短而功率又较大的系统，可以考虑增加一个卸荷回路。

b. 速度换接回路的选择主要依据换接时位置精度和平稳性的要求，同时还应结构简单、调整方便、控制灵活。

c. 多个液压缸顺序动作回路的选择主要考虑顺序动作的可变换性、行程的可调性、顺序动作的可靠性等。

d. 多个液压缸同步动作回路的选择主要考虑同步精度、系统调整、控制和维护的难易程度等。

（4）编制整机的系统原理图

整机的系统图主要由以上所确定的各回路组合而成，将挑选出来的各个回路合并整理，增加必要的元件或辅助回路，加以综合，构成一个完整的系统。在满足工作机构运动要求及生产率的前提下，力求所涉及的系统结构简单、工作安全可靠、动作平稳、效率高、调整和维护保养方便。

此时应注意以下几个方面的问题。

① 去掉重复多余的元件，力求使系统结构简单，同时要仔细斟酌，避免由于某个元件的去掉或并用而引起相互干扰。

② 增设安全装置，确保设备及操作者的人身安全。如挤压机控制油路上设置行程阀，只有安全门关闭时才能接通控制油路。

③ 工作介质的净化必须予以足够的重视。特别是比较精密、重要的以及24h连续作业的设备，可以单设一套自循环的油液过滤系统。

④ 对于大型的贵重设备，为确保生产的连续性，在液压系统的关键部位要加设必要的备用回路或备用元件，例如冶金行业普遍采用液压泵用一备一，而液

压元件至少有一路备用。

⑤ 为便于系统的安装、维修、检查、管理，在回路上要适当装设一些截止阀、测压点。

⑥ 尽量选用标准的高质量元件和定型的液压装置。

9.6 选取液压元件

1）液压能源装置设计

液压能源装置是液压系统的重要组成部分。通常有两种形式：一种是液压装置与主机分离的液压泵站；一种是液压装置与主机合为一体的液压泵组（包括单个液压泵）。

（1）液压泵站类型的选择

液压泵站的类型如图 9.4 所示。

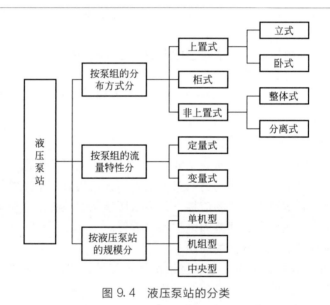

图 9.4　液压泵站的分类

液压泵组置于油箱之上的上置式液压泵站，根据电动机安装方式不同，分为立式和卧式两种，如图 9.5 所示。上置式液压泵站结构紧凑、占地小，被广泛应用于中、小功率液压系统中。

非上置式液压泵站按液压泵组与油箱是否共用一个底座而分为整体式和分离式两种。整体式液压泵站的液压泵组安置形式又有旁置和下置之分，见图 9.6。

非上置式液压泵站的液压泵组置于油箱液面以下，有效地改善了液压泵的吸入性能，且装置高度低，便于维修，适用于功率较大的液压系统。

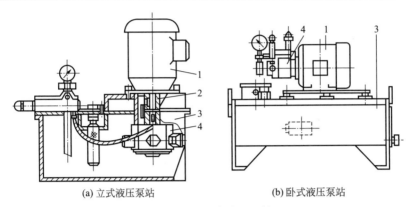

(a) 立式液压泵站   (b) 卧式液压泵站

图 9.5 上置式液压泵站

1—电动机；2—联轴器；3—油箱；4—液压泵

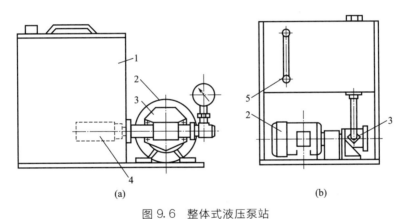

(a)   (b)

图 9.6 整体式液压泵站

1—油箱；2—电动机；3—液压泵；4—滤油器；5—液位计

上置式与非上置式液压泵站的比较见表 9.7。

表 9.7 上置式与非上置式液压泵站的比较

项目	上置立式	上置卧式	非上置式
振动	较大		小
清洗油箱	较麻烦		容易
占地面积	小		较大
液压泵工作条件	泵浸在油中,工作条件好,噪声低	一般	好

项目	上置立式	上置卧式	非上置式
对液压泵安装的要求	泵与电动机有同轴度要求	①泵与电动机有同轴度要求 ②应考虑液压泵的吸油高度 ③吸油管与泵的连接处密封要求严格	①泵与电动机有同轴度要求 ②吸油管与泵的连接处密封要求严格
应用	中、小型液压泵站	中、小型液压泵站	较大型液压泵站

柜式液压泵站是将液压泵组和油箱整体置于封闭的柜体内，这种液压泵站一般都将显示仪表和电控按钮布置在面板上，外形整齐美观；又因液压泵被封闭在柜体内，故不易受外界污染；但维修不大方便，散热条件差，且一般需设有冷却装置，因此通常仅被应用于中、小功率的系统。

按液压泵站的规模大小，可分为单机型、机组型和中央型三种。单机型液压泵站规模较小，通常将控制阀组一并置于油箱面板上，组成较完整的液压系统总成，这种液压泵站应用较广。机组型液压泵站是将一个或多个控制阀组集中安装在一个或几个专用阀台上，然后两端与液压泵组和液压执行元件相连接；这种液压泵站适用于中等规模的液压系统中。中央型液压泵站常被安置在地下室内，以利于安装配管，降低噪声，保持稳定的环境温度和清洁度；这种液压泵站规模最大，适用于大型液压系统，如轧钢设备的液压系统中。

根据上述分析，按系统的工作特点选择合适的液压泵站类型。

（2）液压泵站组件的选择

液压泵站一般由液压泵组、油箱组件、过滤器组件、蓄能器组件和温控组件等组成。根据系统实际需要，经深入分析计算后加以选择、组合。

下面分别阐述这些组件的组成及选用时要注意的事项。

液压泵组由液压泵、原动机、联轴器、底座及管路附件等组成。

油箱组件由油箱、面板、空气滤清器、液位显示器等组成，用以储存系统所需的工作介质，散发系统工作时产生的一部分热量，分离介质中的气体并沉淀污物。

过滤器组件是保持工作介质清洁度必备的辅件，可根据系统对介质清洁度的不同要求，设置不同等级的粗滤油器、精滤油器。

蓄能器组件通常由蓄能器、控制装置、支承台架等部件组成。它可用于储存能量、吸收流量脉动、缓和压力冲击，故应按系统的需求而设置，并计算其合理的容量，然后选用之。

温控组件由传感器和温控仪表组成。当液压系统自身的热平衡不能使工作介质处于合适的温度范围内时，应设置温控组件，以控制加热器和冷却器，使介质温度始终工作在设定的范围内。

根据主机的要求、工作条件和环境条件，设计出与工况相适应的液压泵站方案后，就可计算液压泵站中主要元件的工作参数。

2）选取液压元件

（1）液压泵的计算与选择

首先根据设计要求和系统工况确定液压泵的类型，然后根据液压泵的最大供油量来选择液压泵的规格。

① 确定液压泵的最高供油压力 p_p　对于执行元件在行程终了才需要最高压力的工况（此时执行元件本身只需要压力不需要流量，但液压泵仍需向系统提供一定的流量，以满足泄漏流量的需要），可取执行元件的最高压力作为泵的最大工作压力。对于执行元件在工作过程中需要最大工作压力的情况，可按式(9.6)确定。

$$p_p \geqslant p_1 + \sum \Delta p_1 \tag{9.6}$$

式中，p_1 为执行元件的最高工作压力；$\sum \Delta p_1$ 为从液压泵出口到执行元件入口之间总的压力损失。

该值较为准确的计算需要管路和元件的布置图确定后才能进行，初步计算时可按经验数据选取。对简单系统流速较小时，$\sum \Delta p_1$ 取 $0.2 \sim 0.5 MPa$；对复杂系统流速较大时，$\sum \Delta p_1$ 取 $0.5 \sim 1.5 MPa$。

② 确定液压泵的最大供油量 q_p　液压泵的最大供油量为：

$$q_p \geqslant k_1 \sum q_{max} \tag{9.7}$$

式中，k_1 为系统的泄漏修正系数，k_1 一般取 $1.1 \sim 1.3$，大流量取小值，小流量取大值；$\sum q_{max}$ 为同时动作的执行元件所需流量之和的最大值，对于工作中始终需要溢流的系统，尚需加上溢流阀的最小溢流量，溢流阀的最小溢流量可取其额定流量的 10%。系统中采用蓄能器供油时，q_p 由系统一个工作周期 T 中的平均流量确定。

$$q_p \geqslant \frac{k_1 \sum q_i}{T} \tag{9.8}$$

式中，q_i 为系统在整个周期中第 i 个阶段内的流量。

如果液压泵的供油量是按工进工况选取的（如双泵供油方案，其中小流量泵是按供给工进工况流量选取的），其供油量应考虑溢流阀的最小溢流量。

③ 选择液压泵的规格型号　根据以上计算所得的液压泵的最大工作压力和最大输出流量以及系统中拟订的液压泵的形式，查阅有关手册或产品样本即可确定液压泵的规格型号。但要注意，所选液压泵的额定流量要大于或等于前面计算所得的液压泵的最大输出流量，并且尽可能接近计算值；所选泵的额定压力应大于或等于计算所得的最大工作压力。有时尚需考虑一定的压力储备，使所选泵的额定压力高出计算所得的最大工作压力 $25\% \sim 60\%$。泵的额定流量则宜与 q_p 相当，不要超过太多，以免造成过大的功率损失。

④ 选择驱动液压泵的电动机　驱动液压泵的电动机根据驱动功率和泵的转速来选择。

a. 在整个工作循环中，当液压泵的压力和流量比较稳定，即工况图曲线变化比较平稳时，驱动泵的电动机功率 P 为：

$$P = \frac{p_p q_p}{\eta_p} \qquad (9.9)$$

式中，p_p 为液压泵的最高供油压力；q_p 为液压泵的实际输出流量；η_p 为液压泵的总效率，数值可见产品样本，一般有上下限，规格大的取上限，变量泵取下限，定量泵取上限。

b. 限压式变量叶片泵的驱动功率，可按泵的实际压力-流量特性曲线拐点处功率来计算。特别需要注意的是，变量柱塞泵的驱动功率按照最大压力与最大流量乘积的 40% 来计算。

c. 在工作循环中，泵的压力和流量的变化较大时，即工况图曲线变化比较大时，可分别计算出工作循环中各个阶段所需的驱动功率，然后求其均方根值 P_{cp}：

$$P_{cp} = \sqrt{\frac{P_1^2 t_1 + P_2^2 t_2 + \cdots + P_n^2 t_n}{t_1 + t_2 + \cdots t_n}} \qquad (9.10)$$

式中，P_1、P_2、$\cdots$、P_n 为一个工作循环中各阶段所需的驱动功率；t_1、t_2、$\cdots$、t_n 为一个工作循环中各阶段所需的时间。

在选择电动机时，应将求得的 P_{cp} 值与各工作阶段的最大功率值比较，若最大功率符合电动机短时超载 25% 的范围，则按平均功率选择电动机；否则应按最大功率选择电动机。

应该指出，确定液压泵的电动机时，一定要同时考虑功率和转速两个因素。对电动机来说，除电动机功率满足泵的需要外，电动机的同步转速不应高出额定转速。例如，泵的额定转速为 1000r/min，则电动机的同步转速亦应为 1000r/min，当然，若选择同步转速为 750r/min 的电动机，并且泵的流量能满足系统需要也是可以的。同理，对于内燃机来说，也不要使泵的实际转速高于其额定转速。

（2）液压控制元件的选用与设计

一个设计得好的液压系统应尽可能多地由标准液压控制元件组成，使自行设计的专用液压控制元件减少到最低限度。但是，有时因某种特殊需要，必须自行设计专用液压控制元件时，可参阅有关液压元件的书籍或资料。这里主要介绍液压控制元件的选用。

选择液压控制元件的主要依据和应考虑的问题见表 9.8。其中最大流量必要时允许短期超过额定流量的 20%，否则会引起发热、噪声、压力损失等增大和阀性能的下降。此外，选阀时还应注意结构形式、特性曲线、压力等级、连接方式、集成方式及操纵控制方式等。

表 9.8 选择液压控制元件的主要依据和应考虑的问题

液压控制元件	主要依据	应考虑的问题
压力控制元件	阀所在油路的最大工作压力和通过该阀的最大实际流量	压力调节范围、流量变化范围、所要求的压力灵敏度和平稳性等
流量控制元件		流量调节范围、流量-压力特性曲线、最小稳定流量、压力与温度的补偿要求、对工作介质清洁度的要求、阀进口压差的大小以及阀的内泄漏大小等
方向控制元件		性能特点、换向频率、响应时间、阀口压力损失的大小以及阀的内泄漏大小等

① 溢流阀的选择　直动式溢流阀的响应快，一般用于流量较小的场合，宜做制动阀、安全阀用；先导式溢流阀的启闭特性好，用于中、高压和流量较大的场合，宜做调压阀、背压阀用。

二级同心的先导式溢流阀的泄漏量比三级同心的要小，故在保压回路中常被选用。

先导式溢流阀的最低调定压力一般只能在 $0.5 \sim 1 \mathrm{MPa}$ 范围内。

溢流阀的流量应按液压泵的最大流量选取，并应注意其允许的最小稳定流量。一般来说，最小稳定流量为额定流量的 15% 以上。

② 流量阀的选择　一般中、低压流量阀的最小稳定流量为 $50 \sim 100 \mathrm{mL/min}$；高压流量阀为 $2.5 \sim 20 \mathrm{mL/min}$。

流量阀的进出口需要有一定的压差，高精度流量约需 $1 \mathrm{MPa}$ 的压差。

要求工作介质温度变化对液压执行元件运动速度影响小的系统，可选用温度补偿型调速阀。

③ 换向阀的选择

a. 按通过阀的流量来选择结构形式，一般来说，流量在 $190 \mathrm{L/min}$ 以上时宜用二通插装阀；在 $190 \mathrm{L/min}$ 以下时可采用滑阀型换向阀；在 $70 \mathrm{L/min}$ 以下时可用电磁换向阀（一般为 6mm、10mm 通径），否则需要选用电液换向阀。

b. 按换向性能等来选择电磁铁类型，交、直流电磁铁的性能比较见表 9.9。

表 9.9 交、直流电磁铁的性能比较

性能	形式		性能	形式	
	交流	直流		交流	直流
响应时间/ms	30	70	寿命	几百万次	几千万次

续表

性能	形式		性能	形式	
	交流	直流		交流	直流
换向频率/(次/min)	60	120	价格	较便宜	较贵
可靠性	阀芯卡死时，线圈易烧坏	可靠			

直流湿式电磁铁寿命长、可靠性高，故尽可能选用直流湿式电磁换向阀。

在某些特殊场合，还要选用安全防爆型、耐压防爆型、无冲击型以及节能型电磁铁等。

c.按系统要求来选择滑阀机能。选择三位换向阀时，应特别注意中位机能，例如，一泵多缸系统，中位机能必须选择 O 型和 Y 型；若回路中有液控单向阀或液压锁时，必须选择 Y 型或 H 型。

④ 单向阀及液控单向阀的选择　应选择开启压力小的单向阀；开启压力较大（0.3～0.5MPa）的单向阀可做背压阀用。

外泄式液控单向阀与内泄式相比，其控制压力低、工作可靠，选用时可优先考虑。

（3）辅助元件的选择

① 蓄能器的选择　在液压系统中，蓄能器的作用是用来储存压力能，也用于减小液压冲击和吸收压力脉动。在选择时可根据蓄能器在液压系统中所起作用，相应地确定其容量；具体可参阅相关手册。

② 滤油器的选择　滤油器是保持工作介质清洁、保证系统正常工作所不可缺少的辅助元件。滤油器应根据其在系统中所处部位及被保护元件对工作介质的过滤精度要求、工作压力、过流能力及其他性能的要求而定，通常应注意以下几点：

a.其过滤精度要满足被保护元件或系统对工作介质清洁度的要求；

b.过流能力应大于或等于实际通过的流量的 2 倍；

c.过滤器的耐压应大于其安装部位的系统压力；

d.适用的场合一般按产品样本上的说明。

③ 油箱的设计　液压系统中油箱的作用是：a.储油，保证供给充分的油液；b.散热，液压系统中由于能量损失所转换的热量大部分由油箱表面散逸；c.沉淀油中的杂质；d.分离油中的气泡，净化油液。在油箱的设计中具体可参阅相关手册。

④ 冷却器的选择　液压系统如果依靠自然冷却不能保证油温维持在限定的最高温度之下，就需装设冷却器进行强制冷却。

冷却器有水冷和风冷两种。对冷却器的选择主要是依据其热交换量来确定其散热面积及其所需的冷却介质量的。具体可参阅相关手册。

⑤ 加热器的选择　如果环境温度过低，使油温低于正常工作温度的下限，则需安装加热器。具体加热方法有蒸汽加热、电加热、管道加热。通常采用电加热器。

使用电加热器时，单个加热器的容量不能选得太大；如功率不够，可多装几个加热器，且加热管部分应全部浸入油中。

根据油的温升和加热时间及有关参数可计算出加热器的发热功率，然后求出所需电加热器的功率。具体可参阅相关手册。

⑥ 连接件的选择　连接件包括油管和管接头。管件选择是否得当，直接关系到系统能否正常工作和能量损失的大小，一般从强度和允许流速两个方面考虑。

液压传动系统中所用的油管，主要有钢管、紫铜管、钢丝编织或缠绕橡胶软管、尼龙管和塑料管等。油管的规格尺寸大多由所连接的液压元件接口处尺寸决定，只有对一些重要的管道才验算其内径和壁厚。具体可参阅相关手册。

在选择管接头时，除考虑其有合适的通流能力和较小的压力损失外，还要考虑到装卸维修方便、连接牢固、密封可靠、支撑元件的管道要有相应的强度。另外还要考虑使其结构紧凑、体积小、重量轻。

（4）液压系统密封装置选用与设计

在液压传动中，液压元件和系统的密封装置用来防止工作介质的泄漏及外界灰尘和异物的侵入。工作介质的泄漏会给液压系统带来调压不高、效率下降及污染环境等诸多问题，从而损坏液压技术的声誉；外界灰尘和异物的侵入造成对液压系统的污染，是导致系统工作故障的主要原因。所以，在液压系统的设计过程中，必须正确设计和合理选用密封装置和密封元件，以提高液压系统的工作性能和延长使用寿命。

① 影响密封性能的因素　密封性能的好坏与很多因素有关，下面列举其主要方面：密封装置的结构与形式；密封部位的表面加工质量与密封间隙的大小；密封件与结合面的装配质量与偏心程度；工作介质的种类、特性和黏度；工作温度与工作压力；密封结合面的相对运动速度。

② 密封装置的设计要点　密封装置设计的基本要求是：密封性能良好，并能随着工作压力的增大自动提高其密封性能；所选用的密封件应性能稳定、使用寿命长；动密封装置的动、静摩擦系数要小而稳定，且耐磨；工艺性好、维修方便、价格低廉。

密封装置的设计要点是：明确密封装置的使用条件和工作要求，如负载情况、压力高低、速度大小及其变化范围、使用温度、环境条件及对密封性能的具体要求等；根据密封装置的使用条件和工作要求，正确选用或设计密封结构并合理选择密封件；根据工作介质的种类，合理选用密封材料；对于在尘埃严重的环境中使用的密封装置，还应选用或设计与主密封相适应的防尘装置；所设计的密封装置应尽可能符合国家有关标准的规定并选用标准密封件。

9.7 系统性能的验算

估算液压系统性能的目的在于评估设计质量或从几种方案中评选最佳设计方案。估算内容一般包括：系统压力损失、系统效率、系统发热与温升、液压冲击等。对于要求高的系统，还要进行动态性能验算或计算机仿真。目前对于大多数液压系统，通常只是采用一些简化公式进行估算，以便定性地说明情况。

（1）系统压力损失验算

液压系统压力损失包括管道内的沿程损失和局部损失以及阀类元件的局部损失三项。计算系统压力损失时，不同的工作阶段要分开来计算。回油路上的压力损失要折算到进油路中去。因此，某一工作阶段液压系统总的压力损失为：

$$\sum \Delta p = \sum \Delta p_1 + \sum \Delta p_2 \left(\frac{A_2}{A_1} \right) \tag{9.11}$$

式中，$\sum \Delta p_1$ 为系统进油路的总压力损失，$\sum \Delta p_1 = \sum \Delta p_{1\lambda} + \sum \Delta p_{1\xi} + \sum \Delta p_{1\nu}$；$\sum \Delta p_{1\lambda}$ 为进油路总的沿程损失；$\sum \Delta p_{1\xi}$ 为进油路总的局部损失；$\sum \Delta p_{1\nu}$ 为进油路上阀的总损失，$\sum \Delta p_{1\nu} = \sum \Delta p_n \left(\frac{q}{q_n} \right)^2$；$\sum \Delta p_n$ 为阀的额定压力损失，由产品样本中查到；q_n 为阀的额定流量；q 为通过阀的实际流量；$\sum \Delta p_2$ 为系统回油路的总压力损失，$\sum \Delta p_2 = \sum \Delta p_{2\lambda} + \sum \Delta p_{2\xi} + \sum \Delta p_{2\nu}$；$\sum \Delta p_{2\lambda}$ 为回油路总的沿程损失；$\sum \Delta p_{2\xi}$ 为回油路总的局部损失；$\sum \Delta p_{2\nu}$ 为回油路上阀的总损失，计算方法同进油路；A_1 为液压缸进油腔有效工作面积；A_2 为液压缸回油腔有效工作面积。

由此得出液压系统的调整压力（即泵的出口压力）p_T 应为：

$$p_T \geq p_1 + \sum \Delta p \tag{9.12}$$

式中，p_1 为液压缸工作腔压力。

（2）系统总效率估算

液压系统的总效率 η 与液压泵的效率 η_p、回路效率 η_c 及液压执行元件的效率 η_m 有关，其计算式为：

$$\eta = \eta_p \eta_c \eta_m \tag{9.13}$$

其中，各种类型的液压泵及液压马达的效率可查阅有关手册得到，液压缸的效率见表 9.10。回路效率 η_c 按(9.14)计算。

$$\eta_c = \frac{\sum p_1 q_1}{\sum p_p q_p} \tag{9.14}$$

式中，$\sum p_1 q_1$ 为同时动作的液压执行元件的工作压力与输入流量乘积之总和；$\sum p_p q_p$ 为同时供液的液压泵的工作压力与输出流量乘积之总和。

系统在一个工作循环周期内的平均回路效率 $\overline{\eta_c}$ 由式(9.15)确定。

$$\overline{\eta_c} = \frac{\sum \eta_{ci} t_i}{T} \tag{9.15}$$

式中，η_{ci} 为各个工作阶段的回路效率；t_i 为各个工作阶段的持续时间；T 为整个工作循环的周期。

表 9.10   液压缸空载启动压力及效率

活塞密封圈形式	p_{min}/MPa	η_m
O 型、L 型、U 型、X 型、Y 型	0.3	0.96
V 型	0.5	0.94
活塞环密封	0.1	0.985

（3）系统发热温升估算

液压系统的各种能量损失都将转化为热量，使系统工作温度升高，从而产生一系列不利影响。系统中的发热功率主要来自液压泵、液压执行元件和溢流阀等的功率损失。管路的功率损失一般较小，通常可以忽略不计。

① 系统的发热功率计算方法之一   液压泵的功率损失：

$$\Delta P_p = P_p (1 - \eta_p)$$

式中，P_p 为液压泵的输入功率；η_p 为液压泵的总效率。

液压执行元件的功率损失：

$$\Delta P_m = P_m (1 - \eta_m)$$

式中，P_m 为液压执行元件的输入功率；η_m 为液压执行元件的总效率。

溢流阀的功率损失：

$$\Delta P_y = p_y q_y$$

式中，p_y 为溢流阀的调定压力；q_y 为溢流阀的溢流量。

系统的总发热功率：

$$\Delta P = \Delta P_p + \Delta P_m + \Delta P_y \tag{9.16}$$

② 系统的发热功率计算方法之二   对于回路复杂的系统，功率损失的环节很多，按上述方法计算较烦琐，系统的总发热功率 ΔP 通常采用以下简化方法进行估算。

$$\Delta P = P_p - P_e \tag{9.17}$$

或
$$\Delta P = P_p(1 - \eta_p \eta_c \eta_m) = P_p(1 - \eta) \tag{9.18}$$

式中，P_p 为液压泵的输入功率；P_e 为液压执行元件的有效功率；η_p 为液压泵的效率；η_c 为液压回路的效率；η_m 为液压执行元件的效率；η 为液压系统的总效率。

③ 系统的散热功率　液压系统中产生的热量，一部分使工作介质的温度升高；一部分经冷却表面散发到周围空气中去。因为管路的散热量与其发热量基本持平，所以，一般认为系统产生的热量全部由油箱表面散发。因此，可由式(9.19) 计算系统的散热功率。

$$\Delta P_0 = KA(t_1 - t_2) \times 10^{-3} \tag{9.19}$$

式中，K 为油箱散热系数，$W/(m^2 \cdot \text{℃})$，见表 9.11；A 为油箱散热面积，m^2；t_1 为系统中工作介质的温度，℃；t_2 为环境温度，℃。

表 9.11　油箱散热系数

散热条件	散热系数	散热条件	散热系数
通风很差	8～9	风扇冷却	23
通风良好	15～17.5	循环水冷却	110～175

④ 系统的温升　当系统的发热功率 ΔP 等于系统的散热功率 ΔP_0 时，即达到热平衡。此时，系统的温升 Δt 为：

$$\Delta t = \frac{\Delta P}{KA} \times 10^3 \tag{9.20}$$

式中符号的意义同前，$\Delta t = t_1 - t_2$。

表 9.12 给出了各种机械允许的温升值。当按式(9.20) 计算出的系统温升超过表中所示数值时，就要设法增大油箱散热面积或增设冷却装置。

表 9.12　各种机械允许的温升值　　　　　单位：℃

设备类型	正常工作温度	最高允许温度	油和油箱允许温升
数控机械	30～50	55～70	≤25
一般机床	30～55	55～70	≤30～35
船舶	30～60	80～90	
机车车辆	40～60	70～80	≤35～40
冶金车辆、液压机	40～70	60～90	
工程机械、矿山机械	50～80	70～90	

⑤ 散热面积计算　由式(9.20) 可计算油箱散热面积 A 为：

$$A = \frac{\Delta P \times 10^3}{K \Delta t} \tag{9.21}$$

当油箱三个边的尺寸比例在 $1:1:1$ 与 $1:2:3$ 之间，液面高度为油箱高度的 80%，且油箱通风情况良好时，油箱散热面积 A（单位为 m^2）还可用式(9.22)估算。

$$A = 6.5\sqrt[3]{V^2} \tag{9.22}$$

式中，V 为油箱有效容积，m^3。

当系统需要设置冷却装置时，冷却器的散热面积 A_c（单位为 m^2）按式(9.23)计算。

$$A_c = \frac{\Delta P - \Delta P_0}{K_c \Delta t_m} \times 10^3 \tag{9.23}$$

式中，K_c 为冷却器的散热系数，$W/(m^2 \cdot \text{℃})$，由产品样本查出；Δt_m 为平均温升，℃，$\Delta t_m = \dfrac{t_{j1} + t_{j2}}{2} - \dfrac{t_{w1} + t_{w2}}{2}$；$t_{j1}$ 为工作介质进口温度，℃；t_{j2} 为工作介质出口温度，℃；t_{w1} 为冷却水（或风）的进口温度，℃；t_{w2} 为冷却水（或风）的出口温度，℃。

（4）液压冲击验算

液压冲击不仅会使系统产生振动和噪声，而且会使液压元件、密封装置等误动作或损坏而造成事故。因此，需验算系统中有无产生液压冲击的部位、产生的冲击压力会不会超过允许值以及所采取的减小液压冲击的措施是否奏效等。

9.8 绘制工作图、编制技术文件

液压系统的工作原理图确定以后，将液压系统的压力、流量、电动机功率、电磁铁工作电压、液压系统用油牌号等参数明确在技术要求中提出，同时要绘制出执行元件动作循环图、电磁铁动作顺序表等内容。紧接着，绘制工作图。工作图包括液压系统装配图、管路布局图、液压集成块、泵架、油箱、自制零件图等。

（1）液压系统的总体布局

液压系统的总体布局方式有两种：集中式布局与分散式布局。

集中式布局是将整个设备液压系统的执行元件装配在主机上，将液压泵电动机组、控制阀组、附件等集成在油箱上组成液压站。这种形式的液压站最为常见，具有外形整齐美观、便于安装维护、外接管路少、可以隔离液压系统的振动、发热对主机精度的影响小等优点。分散式布局是将液压元件根据需要安装在主机相应的位置上，各元件之间通过管路连接起来，一般主机支撑件的空腔兼作油箱使用，其特点是占地面积小、节省安装空间，但元件布局零乱、清理油箱不便。

（2）液压阀的配置形式

① 板式配置　这种配置方式是把板式液压元件用螺钉固定在油路板上，油路板上钻、攻有与阀口对应的孔，通过油管将各个液压元件按照液压原理图连接起来。其特点是连接方便，容易改变元件之间的连接关系，但管路较多，目前应用越来越少。

② 集成式配置　这种配置方式把液压元件安装在集成块上，集成块既做油路通道使用，又做安装板使用。集成式配置有三种方式：第一种方式是叠加阀式，这种形式的液压元件（换向阀除外）既做控制阀使用，又做通道使用，叠加阀用长螺栓固定在集成块上，即可组成所需的液压系统；第二种方式为块式集成结构，集成块式通用的六面体，上下两面是安装或连接面，四周一面安装管接头，其余三面安装液压元件，元件之间通过内部通道连接，一般各集成块与其上面连接的阀具有一定的功能，整个液压系统通过螺钉连接起来；第三种方式为插装式配置，将插装阀按照液压基本回路或特定功能回路插装在集成块上。集成块再通过螺钉连接起来组成液压系统。集成式配置方式应用最为广泛，是目前液压工业的主流，其特点是外接管路少、外观整齐、结构紧凑、安装方便。

（3）集成块设计

液压阀的配置形式一旦确定，集成块的基本形式也随之确定。现在除插装式集成块外，叠加式、块式集成块均已形成了系列化产品，生产周期大幅度缩短。设计集成块时，除了考虑外形尺寸、油孔尺寸外，还要考虑清理的工艺性、液压元件以及管路的操作空间等因素。中高压液压系统集成块要确保材料的均匀性和致密性，常用材料为 45 锻钢或热轧方坯；低压液压系统集成块可以采用铸铁材料；集成块表面经发蓝或镀镍处理。

（4）编制技术文件

编制技术文件包括设计计算说明书、液压系统使用维护说明书、外购、外协、自制件明细、施工管路图等内容。

第10章

液压伺服系统

液压伺服系统，又称跟踪系统或随动系统，是根据液压传动原理、采用液压控制元件和液压执行机构所建立的伺服系统，是控制系统的一种。在该系统中，输出量（机械位移、速度、加速度或力）能够快速而准确地自动复现输入量的变化规律，同时，系统对信号功率起到放大作用。

液压伺服系统不仅具有液压传动的各种优点，还具有反应快、系统刚性大、伺服精度高等特点，广泛应用于金属切削机床、起重机械、汽车、飞机、海洋装备和军事装备等方面。

10.1 概述

10.1.1 液压伺服系统的工作原理

随着海洋资源的开发，人们对海洋工程装备的使用性能要求越来越高。大深度潜水器是进行海洋开发所必需的高技术装备之一，用于运载人员或设备到达各种深海复杂环境，进行高效勘探、科学考察和开发等作业。浮力调节系统是潜水器的重要子系统之一，潜水器在大深度环境下工作时，众多因素会引起其重力和浮力的动态变化，为确保潜水器具有相对稳定的作业姿态，需要对其进行浮力微调，使浮力与重力实现动态的平衡。除了简易的抛载浮力调节方式外，目前常见的浮力调节还有气压浮力调节、油压浮力调节和海水液压浮力调节等方式，如图10.1所示。

相比于油压浮力调节方式，海水液压浮力调节系统充分利用工作环境中的水介质，省去了易失效的皮囊，使系统得到了简化，减小体积和重量，提高了浮力的调节范围，同时，使系统的可靠性及潜水器的下潜深度得到了提高。另外，海水液压技术由于和海洋环境相容，具有海深压力自动补偿功能、运行成本低、工作介质易处理、难燃、系统组成简单、清洁等优点，已在国内外的深海装备中得到了成功应用，是公认的大深度潜水器浮力调节的理想方式，特别是在大潜深、浮力调节范围宽的情况下，其优越性更加突出。采用海水液压浮力调节系统代替油压和气压浮力调节系统，具有结构简单、性能可靠等优点，是目前大深度潜水器采用的主要形式。

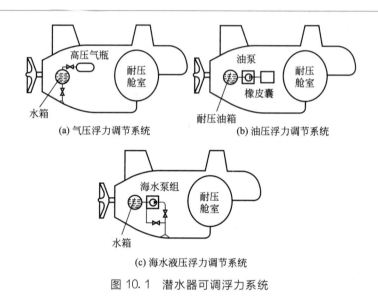

(a) 气压浮力调节系统　　(b) 油压浮力调节系统

(c) 海水液压浮力调节系统

图 10.1　潜水器可调浮力系统

海水液压浮力调节系统的原理是在潜水器中放置耐压水箱，其容积等于所要求的最大浮力调节量。需要调节浮力时，用容积式海水泵将水箱中的水排出，或者从海洋中将海水注入耐压水箱，使潜水器的重量发生变化，以此来控制潜水器的沉浮。

我国 2007 年建成的"蛟龙"号潜水器采用抛载形式实现下潜与上浮，纵倾调节通过控制水银的移动，浮力微调采用海水浮力调节系统，如图 10.2 所示。其工作原理为：海水的注入、排除由一组 4 个截止阀控制，通过开关阀 1 与开关阀 4 通电（开关阀 2 与开关阀 3 断电）进行海水的排除动作，反之，进行海水的注入动作。可调压载舱采用常压结构，压载舱内压力范围为 0～3MPa，可调容积为 310L。

10.1.2　液压伺服系统的构成

液压伺服系统的组成元件可分为功能元件和结构元件，两者是有区别的，可以一个结构元件独自完成多种功能，也可以多个结构元件共同完成一个功能，将结构元件划归为哪一类功能元件都是有条件的，主要看是否便于研究问题。

为方便理解和研究，我们将液压伺服系统的构成按组成元件的功能概括为偏差检测器、转换放大装置、执行机构和控制对象四个最基本的组成部分。偏差检测器主要由输入元件、反馈测量元件和比较元件组合在一起构成，如图 10.3 所示。除此之外，为了改善系统性能，还可以增加串联校正装置和局部反馈装置，这些组成元件的功能可以通过不同的方法来实现。

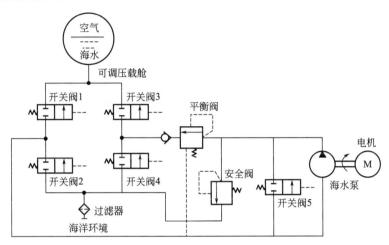

图 10.2　"蛟龙"号潜水器海水浮力调节系统

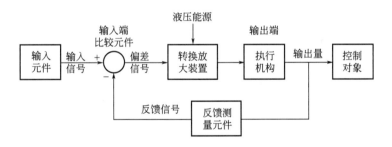

图 10.3　液压伺服系统的构成

各功能元件的作用如下：

① 输入元件给出输入信号，加于系统输入端；

② 反馈测量元件测量输出信号并将其转换成反馈信号，加于系统输入端，用以与输入信号进行比较，构成反馈控制；

③ 比较元件比较反馈信号与输入信号，产生偏差信号，加于转换放大装置；

④ 转换放大装置转换偏差信号的能量形式并加以放大后输入执行机构；

⑤ 执行机构产生调节动作加于控制对象上，完成调节任务。

在液压伺服系统中，需注意反馈测量元件输出的反馈信号应转换成与输入信号相同形式的物理量，以便比较元件进行比较。输入元件、反馈测量元件、转换放大装置的前置级串联校正装置和局部反馈装置都可以是液压的、气动的、电气的、机械的或它们的组合形式，而转换放大装置的输出级需是液压形式，执行机构可以是液压缸、摆动液压缸或液压马达，比较元件有时并不是单独存在的，而是与输入元件、反馈测量元件或放大装置一起由同一结构元件来完成的。

10.1.3　液压伺服系统的分类

液压伺服系统的种类很多，同一个系统从不同的角度可划归为不同的类型，每一种分类方法都代表一定的特点。

按系统输出量的名称分类，可分为位置控制系统、速度控制系统、加速度控制系统和力或压力控制系统。

按系统输出功率的大小分类，可分为功率伺服系统和仪器伺服系统（200W以下）。

按拖动装置的控制方式和控制元件的类型分类，可分为节流式（主要控制元件为伺服阀）和容积式（主要控制元件为变量泵或变量马达）两大类。

按系统中信号传递介质的形式分类，可分为机液伺服系统、电液伺服系统和气液伺服系统等。

按输出量是否进行反馈来分类，可分为闭环液压伺服系统和开环液压伺服系统。

10.2　典型的液压伺服控制元件

伺服控制元件是液压伺服系统中最重要、最基本的组成部分，它起着信号转换、功率放大及反馈等控制作用。从结构形式上液压伺服控制元件可分为滑阀、射流管阀和喷嘴挡板阀等，下面简要介绍它们的结构原理及特点。

10.2.1　滑阀

滑阀式伺服阀在构造上与前面讲过的滑阀式换向阀相类似，也是由彼此可作相对滑动的阀芯和阀体组成的，但它的配合精度较高。换向阀阀芯台肩与阀体沉割槽间轴向重叠长度是毫米级的，而伺服阀是微米级的，并且公差要求很严格。根据滑阀控制边数（起控制作用的阀口数）的不同，有单边控制式、双边控制式和四边控制式三种类型的滑阀。

图10.4所示为单边滑阀的工作原理。滑阀控制边的开口量 x_s 控制着液压缸右腔的压力和流量，从而控制液压缸运动的速度和方向。来自泵的压力油进入单

杆液压缸的有杆腔，通过活塞上小孔 a 进入无杆腔，压力由 p_s 降为 p_1，再通过滑阀唯一的节流边流回油箱。在液压缸不受外负载作用的条件下，$p_1A_1 = p_sA_2$。当阀芯根据输入信号往左移动时，开口量 x_s 增大，无杆腔压力 p_1 减少，于是 $p_1A_1 < p_sA_2$，缸体向左移动。因为缸体和阀体刚性连接成一个整体，所以阀体左移又使 x_s 减小（负反馈），直至平衡。

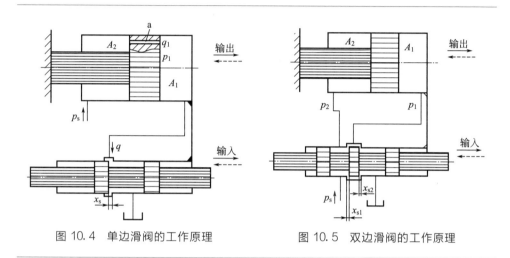

图 10.4　单边滑阀的工作原理　　　　图 10.5　双边滑阀的工作原理

　　图 10.5 所示为双边滑阀的工作原理。压力油一路直接进入液压缸有杆腔，另一路经滑阀左控制边的开口 x_{s1} 和液压缸无杆腔相通，并经滑阀右控制边的开口 x_{s2} 流回油箱。当滑阀向左移动时，x_{s1} 减小，x_{s2} 增大，液压缸无杆腔压力 p_1 减小，两腔受力不平衡，缸体向左移动；反之缸体向右移动。双边滑阀比单边滑阀的调节灵敏度高，工作精度高。

　　图 10.6 所示为四边滑阀的工作原理。滑阀有四个控制边，开口 x_{s1}、x_{s2} 分别控制进入液压缸两腔的压力油，开口 x_{s3}、x_{s4} 分别控制液压缸两腔的回油。当滑阀向左移动时，液压缸左腔的进油口 x_{s1} 减小，回油口 x_{s3} 增大，使 p_2 迅速减小；与此同时，液压缸右腔的进油口 x_{s2} 增大，回油口 x_{s4} 减小，使 p_1 迅速增大，这样就使活塞迅速左移。与双边滑阀相比，四边滑阀同时控制液压缸两腔的压力和流量，故调节灵敏度更高，工作精度也更高。

　　由上可知，单边、双边和四边滑阀的控制作用是相同的，均起到换向和节流作用。控制边数越多，控制质量越好，但其结构工艺性也越差。通常情况下，四边滑阀多用于精度要求较高的系统；单边、双边滑阀用于一般精度系统。

　　滑阀的初始平衡的状态下，阀的开口有负开口（$x_s < 0$）、零开口（$x_s = 0$）和正开口（$x_s > 0$）三种形式，如图 10.7 所示。具有零开口的滑阀，其工作精度最高；具有负开口的滑阀有较大的不灵敏区（死区），较少采用；具有正开口的滑阀，工作精度较具有负开口的滑阀高，但功率损耗大，稳定性也较差。

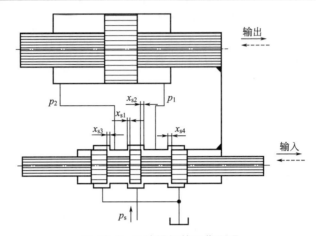

图 10.6　四边滑阀的工作原理

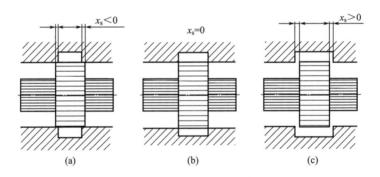

图 10.7　滑阀的三种开口形式

水下作业机械手[21] 有 5 个自由度，由 4 个回转自由度（包括肩部转动、大臂摆动、小臂俯仰、手腕俯仰）和 1 个绕腕部轴线旋转的自由度组成。其中大臂摆动、小臂俯仰和手腕俯仰 3 个自由度采用电液位置伺服系统控制，执行部件为单出杆液压缸（即不对称液压缸），通过电液伺服阀进行控制。该伺服阀为零开口对称阀。位置检测元件为电位计（导电塑料回转型电位计，线性度为 0.1%）；腕部旋转关节和肩部转动关节采用电磁阀进行开关控制，该腕部旋转关节可绕轴线在顺时针和逆时针两个方向进行连续转动。水下作业系统的水下作业工具库能够同时携带四把水下作业工具。考虑到制造成本，该实验系统只配备了两件工具，即夹持器和切割器。工具的一端能够与机械手的对接腕进行机械和动力的连接。该作业机械手采用铝合金制造、重量轻，机械手的机构如图 10.8 所示。

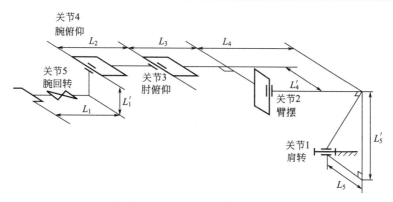

图 10.8　水下作业机械手机构简图

10.2.2　射流管阀

图 10.9 所示为射流管阀的工作原理。射流管阀由射流管 1 和接收板 2 组成。射流管可绕 O 轴左右摆一个不大的角度，接收板上有两个并列的接收孔 a、b，分别与液压缸两腔相通。压力油从管道进入射流管后从锥形喷嘴射出，经接收孔进入液压缸两腔。当喷嘴处于两接收孔的中间位置时，两接收孔内油液的压力相等，液压缸不动。当输入信号使射流管绕 O 轴向左摆动一小角度时，进入孔 b 的油液压力就比进入孔 a 的油液压力大，液压缸向左移动。由于接收板和缸体连接在一起，接收板也向左移动，形成负反馈，喷嘴恢复到中间位置，液压缸停止运动。同理，当输入信号使射流管绕 O 轴向右摆动一小角度时，进入孔 a 的油液压力大于进入孔 b 的油液压力，液压缸向右移动，在反馈信号的作用下最终停止。

射流管阀的优点是结构简单、动作灵敏、工作可靠；它的缺点是射流管运动部件惯性较大、工作性能较差、射流能量损耗大、效率较低、供油压力过高时易引起振动。此种控制阀只适用于低压小功率场合。

10.2.3　喷嘴挡板阀

喷嘴挡板阀有单喷嘴式和双喷嘴式两种，两者的工作原理基本相同。图 10.10 所示为双喷嘴挡板阀的工作原理，它主要由挡板 1、喷嘴 2 和 3、固定节流小孔 4 和 5 等元件组成。挡板和两个喷嘴之间形成两个可变截面的节流缝隙 δ_1 和 δ_2。当挡板处于中间位置时，两缝隙所形成的节流阻力相等，两喷嘴腔内的油液压力则相等，即 $p_1 = p_2$，液压缸不动。压力经孔 4 和 5、缝隙 δ_1 和 δ_2 流回油箱。当输入信号使挡板向左偏摆时，可变缝隙 δ_1 关小、δ_2 开大，p_1 上升、p_2 下降，液压缸缸体向左移动。因负反馈作用，当喷嘴跟随缸体移动到挡板两边对称位置时，液压缸停止运动。

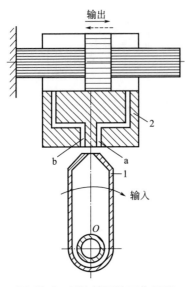

图 10.9　射流管阀的工作原理

1—射流管；2—接收板

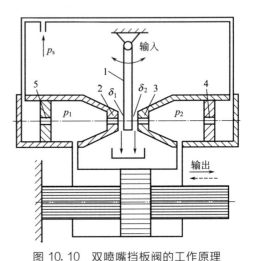

图 10.10　双喷嘴挡板阀的工作原理

1—挡板；2, 3—喷嘴；4, 5—节流小孔

　　喷嘴挡板阀的优点是结构简单、加工方便、运动部件惯性小、反应快、精度和灵敏度高；缺点是无功损耗大、抗污染能力较差。喷嘴挡板阀常用作多级放大伺服控制元件中的前置级。

　　喷嘴-挡板式水位调节器[22,23]就是一种典型的机械式水位调节器。此水位调节器的工作原理如图 10.11 所示。

　　当调节对象的水位处于给定位置时，发信器测量机构的中间膜片处于中间平衡位置，放大器输出的压差信号恰好能使调节阀的开度处于所需位置，海水的输入量与输出量相等，水位不变。

　　当调节对象的水位高于给定位置时，发信器测量机构的中间膜片左侧腔室压力增大，使 2 个芯杆同时右移，右喷嘴挡板间隙减小，左喷嘴挡板间隙增大，海水蒸发器系统的调节阀中的芯杆下移，则海水的输入流量减小，使水面回降。

　　当调节对象的水位低于给定位置时，调节器动作反向，使水位回升。

　　正常工作时，由于调节对象内的气体压力同时作用在发信器中间膜片的两侧，相互抵消，因此气压变化对调节器的工作无干扰作用。

　　如需调节调节器水位的给定值，只需要调整整定水壶水位即可。调节器因跟踪整定水壶的水位而将海水蒸发器的水位定位到新的位置上。

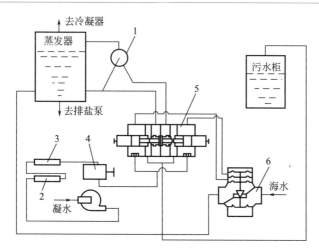

图 10.11　喷嘴-挡板式水位调节器原理图

1—整定水壶；2—粗滤器；3—细滤器；4—稳压器；5—发信器；6—调节阀

该水位调节器的优点是：控制精度较高；能对海水蒸发器里的水位实现连续控制；允许受控水位有较大的波动范围；消除了恶劣环境下电控所带来的漏电、触电或短路等弊端。但它也存在着一些缺点，如：对水温有一定的要求，需考虑信号管路的密封、气阻、堵塞，操作的环境在各个船舰上不统一，等。

10.3　电液伺服阀在海洋装备液压系统中的应用

电液伺服阀既是电液转换元件，也是功率放大元件，它能够将小功率的电信号输入转换为大功率的液压能（压力和流量）输出，在电液伺服系统中，将电气部分与液压部分连接起来，实现电液信号的转换与放大。电液伺服阀具有体积小、结构紧凑、功率放大系数高、直线性好、死区小、灵敏度高、动态性能好、响应速度快等优点，因此在海洋工程装备的电液伺服控制系统中得到了广泛的应用。

海洋装备中的电液伺服阀和一般陆地工程装备中的电液伺服阀类似，一般按力矩电动机的形式分为动圈式和永磁式两种。传统的伺服阀大部分采用永磁式力矩电动机，此类伺服阀还可分为喷嘴挡板式和射流式两大类。目前国内生产伺服阀的厂家大部分以喷嘴挡板式为主。由于射流管式伺服阀具有抗污染性能好、高可靠性、高分辨率等特点，有些生产厂家也在研制或已推出自己的射流管式产品。下面重点介绍最普遍的喷嘴挡板式电液伺服阀。

10.3.1 喷嘴挡板式电液伺服阀的组成

图 10.12 所示是电液伺服阀的工作原理及图形符号，它由电磁和液压两个部分组成。电磁部分是永磁式力矩电动机，由永久磁铁、导磁体、衔铁、控制线圈和弹簧所组成；液压部分是结构对称的两级液压放大器，前置级是双喷嘴挡板阀，功率级是四通滑阀。滑阀通过反馈杆与衔铁挡板组件相连。

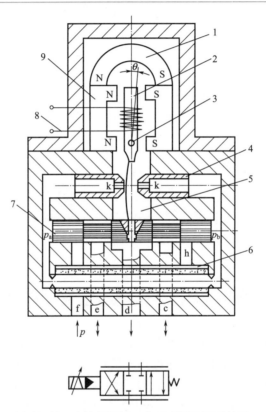

图 10.12　电液伺服阀工作原理图及图形符号

1—永久磁铁；2—衔铁；3—扭轴；4—喷嘴；5—挡板；6—滤油器；7—滑阀；8—线圈；9—轭铁（导磁体）

10.3.2 电液伺服阀的特性

力矩电动机把输入的电信号（电流）转换为力矩输出。无信号电流时，衔铁由弹簧支承在左右导磁体的中间位置，通过导磁体和衔铁间隙处的磁通都是 Φ_{d}，并且方向相同，力矩电动机无力矩输出。此时，挡板处于两个喷嘴的中间位置，喷嘴挡板输出的控制压力相等，滑阀在反馈杆小球的约束下也处于中间位置，阀无液压信号输出。当有信号电流输入时，控制线圈产生控制磁通 Φ_k，其大小和方向由信号电流的大小和方向决定。如果通入的电流方向使衔铁上端为 N 极，下端为 S 极，如图 10.13 所示，在右边气隙中，Φ_d 与 Φ_k 同向，而在左边气隙中，Φ_d 与 Φ_k 反向，因此右边气隙合成磁通大于左边的合成磁通，于是，在衔铁上产生顺时针方向的磁力矩，使衔铁顺时针方向偏转。同时，使挡板向左偏移，喷嘴挡板的左间隙减小而右间隙增大，控制压力左大右小，推动

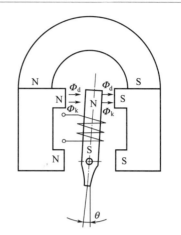

图 10.13　力矩电动机磁通变化情况

滑阀右移。同时，使反馈杆产生弹性变形，对衔铁挡板组件产生一个逆时针方向的反力矩。当作用在衔铁挡板组件上的磁力矩、反馈杆上的反力矩等诸力矩达到平衡时，滑阀停止运动，取得一个平衡位置，并有相应的流量输出。当负载压差一定时，阀的输出流量与信号电流成比例。当输入信号电流反向时，阀的输出流量也反向。所以，这是一种流量控制电液伺服阀。

　　从上述原理可知，滑阀位置是通过反馈杆变形力反馈到衔铁上使诸力平衡而决定的，所以称为力反馈式电液伺服阀。因为采用两级液压放大，所以又称为力反馈两级电液伺服阀。

　　电液伺服阀的基本构成可用图 10.14 中的方块图表示。电气机械转换器将小功率的电信号转变为阀的运动，然后又通过阀的运动去控制液压流体动力（压力和流量）。电气机械转换器的输出力或力矩很小，在流量比较大的情况下无法用它来直接驱动功率阀，此时，需要增加液压前置放大级，将电气机械转换器的输出加以放大，再来控制功率阀，这就构成了多级电液伺服阀，前置级可以采用滑阀、喷嘴挡板阀或射流管阀，功率级几乎都是采用滑阀。

　　值得注意的是，海洋装备液压系统采用湿式马达，即力矩电动机腔里面充满了液压油，力矩电动机周围油液的压力即是回油压力。在深水下，尤其是深海以下，回油压力会非常高，大大超过一般陆地液压系统的工作压力。高压下液压油的性质将发生一定变化，这势必改变力矩电动机的特性，进而对整个伺服阀的工作品质产生影响。因此，在对深海液压伺服阀分析时必须考虑到液压油的弹性模量、黏度等性质的变化[24]。

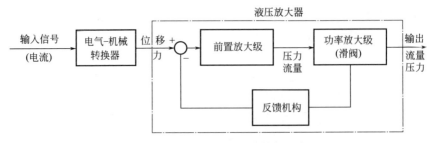

图 10.14　电液伺服阀的基本构成

10.3.3　电液伺服阀的选用

电液伺服阀主要用在三种伺服系统中：位置伺服系统、压力或力伺服控制系统、速度控制伺服系统。在电液伺服阀选用中考虑的因素主要有：

① 阀的工作性能、规格；

② 工作可靠、性能稳定、有一定的抗污染能力；

③ 价格合理；

④ 工作液、油源；

⑤ 电气性能和放大器；

⑥ 安装结构、外形尺寸等。

电液伺服阀按用途分为通用型阀和专用型阀。专用型阀使用在特殊应用的场合，例如：高温阀，防爆阀，高响应阀，余度阀，特殊增益阀，特殊重叠阀，特殊尺寸、特殊结构阀，特殊输入、特殊反馈的伺服阀等。

通用型伺服阀还分通用型流量伺服阀和通用型压力伺服阀。在力（或压力）控制系统中可以用流量阀，也可以用压力阀。压力伺服阀因其带有压力负反馈，故压力增益比较平缓、比较线性，适用于开环力控制系统，用于力闭环系统也是比较好的。但因这种阀制造、调试较为复杂，生产也比较少，选用困难些。

当系统要求较大流量时，大多数系统仍选用流量控制伺服阀。在力控制系统中用的流量阀，希望它的压力增益不要像位置控制系统用阀那样要求较高的压力增益，尽量减少压力饱和区域，改善控制性能。

通用型流量伺服阀用得最广泛，生产量亦最大，可以运用在位置、速度、加速度（力）等各种控制系统中，所以应该优先选用通用型伺服阀。目前用得最多的主要有下面四种类型。

① 双喷嘴挡板力反馈电液流量伺服阀。

② 射流管式电液流量伺服阀。

③ 动圈式（或动铁式）电液流量伺服阀。

④ 直接驱动单级伺服阀（DDV）。

双喷挡阀和射流管阀都是力反馈型伺服阀，衔铁工作在中位附近，不受伺服阀中间参数影响，线性度好，性能稳定，抗干扰能力强，零漂小，是高性能的伺服阀。双喷挡阀的挡板与喷嘴间隙小，易被污物卡住；而射流管喷嘴为最小流通面积处，过流面积大，不易堵塞，抗污染性好，但它的动态性能比双喷挡阀稍低。射流管阀一般相频宽可超过 100Hz，高的亦可达到 200Hz。射流管阀射流放大器部分压力效率和容积效率较高，推动阀芯力较大，所以其分辨率比双喷挡阀高得多。射流管阀工作压力范围很广，低压工作性能优良，甚至可以在 0.5MPa供油条件下正常工作。

动圈式电液伺服阀功率输出级阀芯跟随控制阀芯，是一种直接反馈式伺服阀，此种阀结构简单，造价低，外部可调整零位，抗污染能力亦比较强，一般动态性能比较低，是一种较廉价的工业伺服阀。DDV 阀实际上是一级电反馈的脉宽调制阀（PWN），力矩电动机直接驱动阀芯是一级阀，所以它的动态特性与供油压力没有直接的关系，是一种伺服比例阀。

电液伺服阀规格的选择方法如下。

① 估计所需的作用力的大小，决定油缸的作用面积。满足以最大速度推拉负载的力为 F_G，考虑到系统可能有不确定的力，最好将 F_G 放大 20%～40%，p_S 为供油压力，则面积 A 为：

$$A = \frac{1.2 F_G}{p_S} \tag{10.1}$$

② 确定负载流量 Q_L（负载运动的最大速度为 v_L）：

$$Q_L = A v_L \tag{10.2}$$

负载压力 p_L：

$$p_L = \frac{F_G}{A} \tag{10.3}$$

决定伺服阀供油压力 p_S：

$$p_L = \frac{2}{3} p_S, \quad p_S = \frac{3}{2} p_L \tag{10.4}$$

③ 确定所需伺服阀的流量规格：

$$Q_N = Q_L \sqrt{\frac{p_N}{p_S - p_L}} \tag{10.5}$$

式中，p_N 为伺服阀额定供油压力。该压力下，额定电流条件下的空载流量就是伺服阀的额定流量 Q_N。为补偿一些未知因素，建议额定流量选择要大 10%。

总作用力为：

$$F_G = F_L + F_A + F_E + F_S \tag{10.6}$$

式中，F_L 为负载力；F_A 为满足加速度要求的力；F_E 为外部干扰力；F_S 为摩擦力，摩擦力根据油缸工况、密封机构、材料不同，大小差异很大，一般取 $(1\% \sim 10\%)F_G$。

开环控制系统中，伺服阀一般选用相频大于 $3 \sim 4$ Hz 即可。对于闭环系统，算出系统的负载谐振频率，一般选相频大于该频率 3 倍的伺服阀。另外，一般流量要求比较大、频率比较高时，建议选择三级电反馈伺服阀，其电气线路中有校正环节，因此它的频宽有时可以比装在其上的二级阀还高。

10.3.4　电液伺服阀的研究现状和在海洋装备中的应用

新型电液伺服阀技术的研究主要集中在新型结构的设计、新型材料的采用及电子化、数字化技术与液压技术的结合等几方面。

新型结构设计，比如直动型电液伺服阀，它去掉了一般伺服阀的前置级，利用一个较大功率的力矩电动机直接拖动阀芯，并用一个高精度的阀芯位移传感器作为反馈，由于无前置级，提高了伺服阀的抗污染能力，同时去掉了许多难加工的零件，降低了加工成本。另外还有电液比例伺服阀。由伺服阀发展而来的伺服比例阀是对伺服阀结构的简化，具有高抗污染性、高可靠性、低成本等特点。余度伺服阀也是一种创新设计，主要特点是将伺服阀的力矩电动机、反馈元件、滑阀副做成多套，发生故障可随时切换，保证系统的正常工作。

新型材料的运用主要是以压电元件、超磁致伸缩材料及形状记忆合金等为基础的转换器的研制开发。例如，压电陶瓷直动式伺服阀在阀芯两端通过钢球分别与两块多层压电元件相连，通过压电效应使压电材料产生伸缩驱动阀芯移动，实现电-机械转换。与传统伺服阀相比，采用新型材料的电-机械转换器研制的伺服阀普遍具有高频响、高精度、结构紧凑的优点。

电子化、数字化技术在电液伺服阀技术上的运用主要有两种方式：一种是在电液伺服阀模拟控制元器件上加入 D/A 转换装置实现数字控制；另种是直动式数字控制阀。另外，通过采用新型传感器和计算机技术，研制出了机械、电子、传感器及计算机自我管理（故障诊断、故障排除）为一体的智能化新型伺服阀。

为适应液压伺服系统向高性能、高精度和自动化方向发展的需要，电液伺服阀的主要发展趋势如下。

① 虚拟化。利用 CAD/CAM 技术全面支持伺服阀从概念设计、外观设计、性能设计、可靠性设计到零部件详细设计的全过程，并把计算机辅助设计（CAD）、计算机辅助分析（CAE）、计算机辅助工艺规划（CAPP）、计算机辅助

测试（CAT）和现代管理系统集成在一起，建立计算机集成制造系统（CIMS），使设计与制造技术有了一个突破性的发展。

② 数字化。电子技术与液压技术的结合是一个大方向，通过把电子控制装置安装于伺服阀内或改变阀的结构等方法，形成种类众多的数字产品。阀的性能由软件控制，可通过改变程序，方便地改变设计方案，实现数字化补偿等多种功能。

③ 智能化。发展内藏式传感器和带有计算机、自我管理机能（故障诊断、故障排除）的智能化伺服阀，进一步开发故障诊断专家系统通用工具软件，实现自动测量和诊断；开发自补偿系统，包括自调整、自润滑、自校正等；借助现场总线，实现高水平的信息系统，从而简化伺服阀的使用、调节和维护。

④ 绿色化。减少能耗、泄漏控制、污染控制；发展降低内耗和节流损失技术以及无泄漏元件，如实现无管连接、研制新型密封等；发展耐污染技术和新的污染检测方法，对污染进行在线测量；采用生物降解速度快的压力液体，如菜油基和合成脂基的传动用介质，减少漏油对环境的危害。

电液伺服阀由于其体积小、结构紧凑、功率放大系数高、直线性好、死区小、灵敏度高、动态性能好、响应速度快等优点，广泛应用于海洋工程装备。

① 水下航行器舵机的液压伺服系统[25]，如图 10.15 所示。

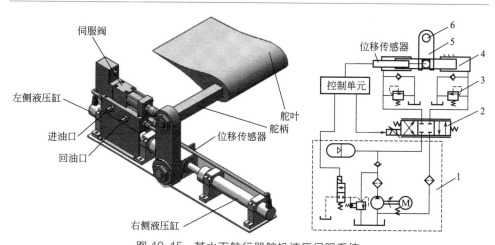

图 10.15　某水下航行器舵机液压伺服系统

1—泵站；2—电液伺服阀；3—安全阀；4—液压缸；5—拨叉；6—舵柄

该液压伺服系统控制单元由电液伺服阀、液压缸、双向安全阀和高精度位移传感器组成。该单元有四套完全相同且相对独立的舵机系统（图 10.15 中只给出了一套系统，由于舱内本身的结构特点，前水平舵的左右舵共用一套液压系统驱动，后水平舵的左右舵共用一套液压系统驱动，垂直舵的上下舵各用了一套液压系统驱动），通过四个位移传感器分别实时检测液压缸活塞杆的位移，通过位移与舵角的对应关系，推算出舵的实际转角，然后根据操舵指令，由电控单元控制伺服阀的开启方向、大小，驱动液压缸运动，液压缸驱动舵转动，从而实现舵的角度控制。双向安全阀设定系统过载时的最大承受压力，可以避免由于外部负载力产生过载压力而造成液压缸和伺服阀的损坏。液压缸结构采用撞杆式双液压缸结构，液压缸与舵柄连接采用拨叉式结构，该结构布局对称、受力合理，广泛应用于船舶舵机上。电液伺服阀选用美国 moog 公司的 D633 系列伺服阀，其额定流量 $Q_R = 5L/min$，外形如图 10.16 所示，频率响应曲线如图 10.17 所示，频宽约为 90Hz。具体性能参数如表 10.1 所示。

图 10.16　D633 伺服阀

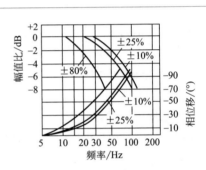

图 10.17　D633 伺服阀特性曲线

表 10.1　D633 伺服阀具体性能参数

项目	数据	项目	数据
最大工作压力	35MPa	额定流量	5L/min 单边 3.5MPa 阀压降
工作介质	矿物油	过滤精度	$<10\mu m$
质量	2.5kg	响应时间	$<12ms$
滞环	$<0.2\%$	零位泄漏	0.15L/min
驱动电流	4~20mA	介质温度	$-20~80℃$

②　海洋波浪补偿器的力伺服液压控制系统[26]，如图 10.18 所示。

力伺服液压控制回路由伺服阀、力传感器、液压马达、伺服放大器等主要液压元件组成。工作原理是以船舶竖直升降为输入信号 U 和经过力传感器 k_f 反馈的钢缆的拉力信号 U_f 进行比较，得到偏差信号 ΔU，再将此信号通过伺服放大器控制伺服阀的开口的大小和方向，进而控制液压马达的输出扭矩 T_m 来减小绳索所受的交变载荷 F。在控制绳索所受的交变载荷 F 的同时，控制了起吊重物的速度。图 10.19 为其控制过程的方框图，作用在液压马达上的外负载力矩 T_L

是影响马达输出扭矩的干扰因素。

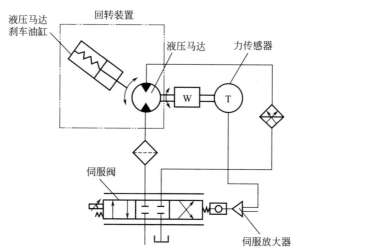

图 10.18 力伺服液压控制补偿回路

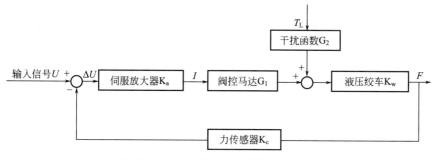

图 10.19 力伺服液压控制过程方框图

附　录

附录 1　常用液压与气动元（辅）件图形符号 （摘自 GB/T 786. 1—2009）

附表 1.1　基本符号、管路及连接

名称	符号	名称	符号
工作管路	——————	管端连接于油箱底部	
控制管路	- - - - - - -	密闭式油箱	
连接管路		直接排气	
交叉管路		带连接措施的排气口	
软管总成		带单向阀的快换接头（连接状态）	
组合元件线		不带单向阀的快换接头（连接状态）	
管口在液面以上的油箱		单通路旋转接头	
管口在液面以下的油箱		三通旋转接头	

附表 1.2　控制机构和控制方法

名称	符号	名称	符号
按钮式人力控制	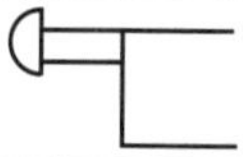	双作用电磁铁	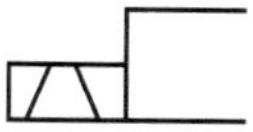
手柄式人力控制	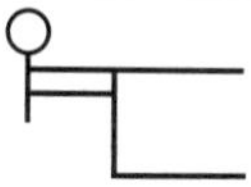	比例电磁铁	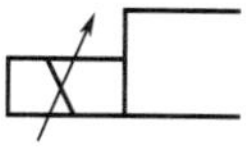
踏板式人力控制	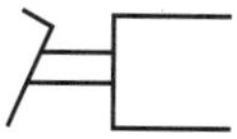	加压或泄压控制	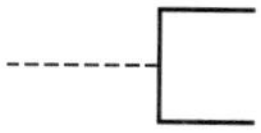
顶杆式机械控制	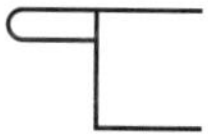	内部压力控制	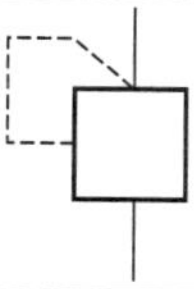
弹簧控制		外部压力控制	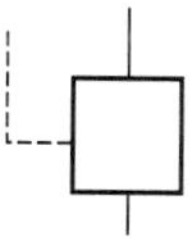
滚轮式机械控制	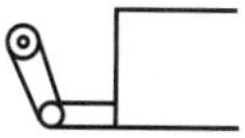	液压先导控制	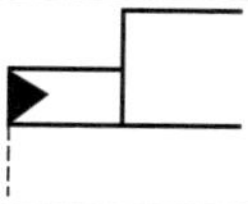
单作用电磁铁	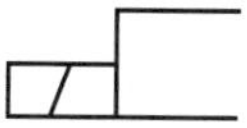	电-液先导控制	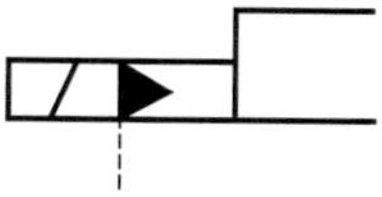
气压先导控制	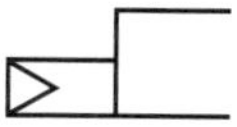	电-气先导控制	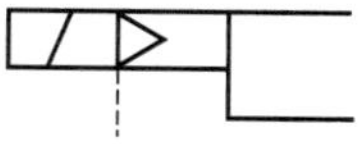

附表 1.3　泵、马达和缸

名称	符号	名称	符号
单向定量液压泵	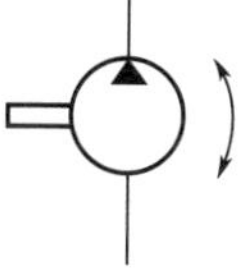	单向变量液压泵	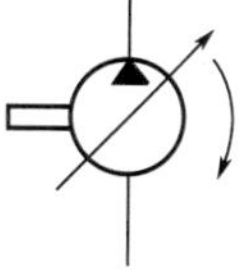
双向定量液压泵	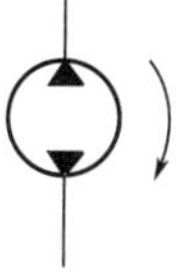	双向变量液压泵	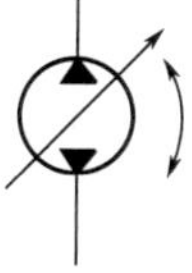

续表

名称	符号	名称	符号
单向定量马达		摆动马达	
双向定量马达		单作用弹簧复位缸	
单向变量马达		单作用伸缩缸	
双向变量马达		双作用单杆缸	
定量液压泵-马达		双作用双杆缸	
变量液压泵-马达			
液压源			
压力补偿变量泵	M ϕ	双向缓冲缸（可调）	
单向缓冲缸（可调）		双作用伸缩缸	

附表 1.4 控制元件

名称	符号	名称	符号
直动型溢流阀		先导型减压阀	
先导型溢流阀		直动型顺序阀	
先导型比例电磁溢流阀		先导型顺序阀	
直动型减压阀		卸荷阀	
双向溢流阀		溢流减压阀	
不可调节流阀		旁通型调速阀	详细符号　简化符号
可调节流阀	详细符号　简化符号	单向阀	详细符号　简化符号

续表

名称	符号		名称	符号
调速阀	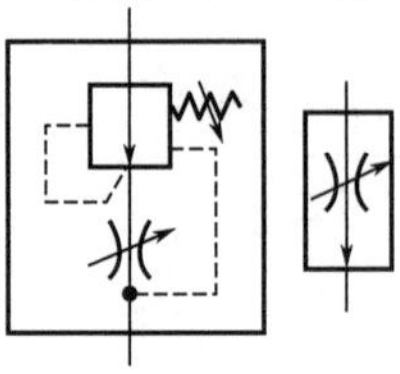 详细符号　　简化符号		液控单向阀	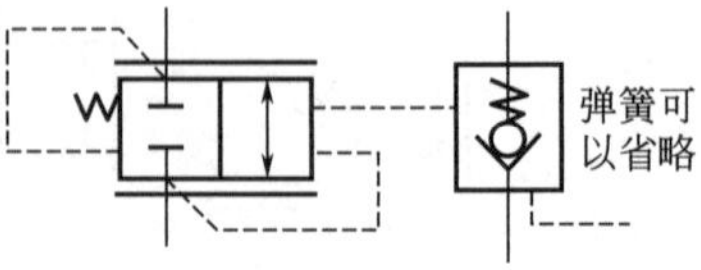 弹簧可以省略
温度补偿调速阀	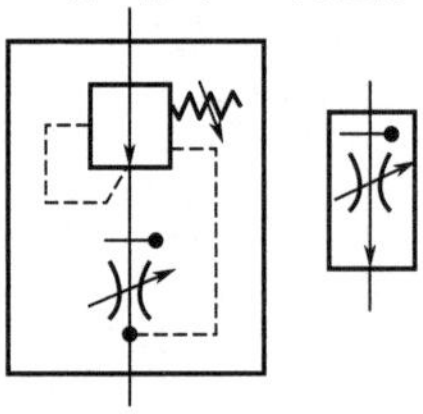 详细符号　　简化符号		液压锁	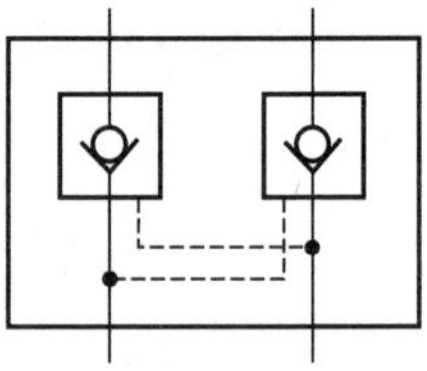
带消声器的节流阀			快速排气阀	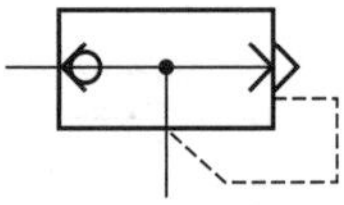
二位二通换向阀（常闭状态）			二位五通换向阀	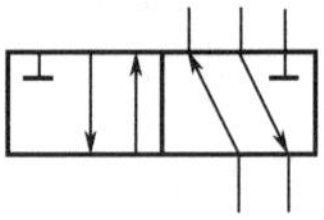
二位三通换向阀			三位四通换向阀	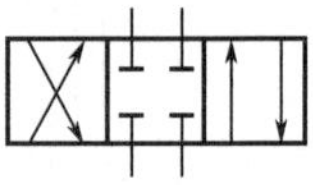
二位四通换向阀			三位五通换向阀	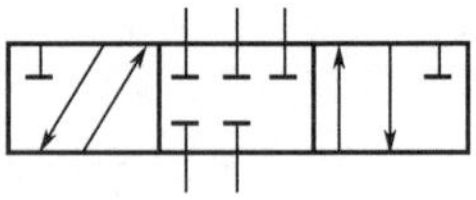

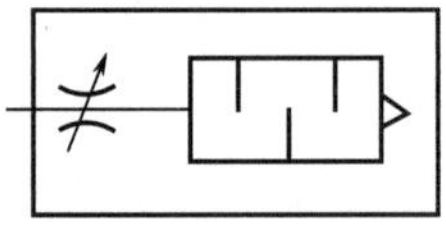

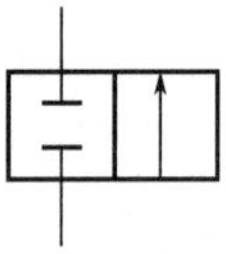

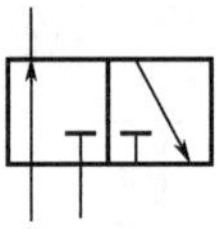

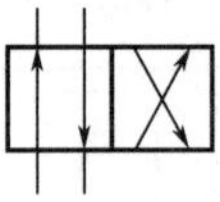

附表 1.5　辅助元件

名称	符号	名称	符号
过滤器	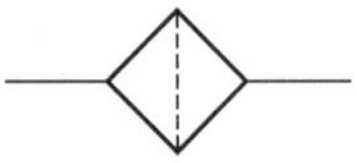	蓄能器（一般符号）	

名称	符号	名称	符号
磁芯过滤器		蓄能器（隔膜式充气）	
污染指示过滤器		压力表	
冷却器（不带冷却液流道指示）		液位计	
加热器		温度计	
流量计		电动机	M
压力继电器	详细符号　一般符号	原动机	M
压力指示器		行程开关	详细符号　一般符号
分水排水器		空气干燥器	
		油雾器	
空气过滤器		气源处理装置	
		消声器	
油雾分离器		气-液转换器	
		气压源	

附录2　常见液压元件、回路、系统故障与排除措施[27, 28]

（1）液压元件故障及其排除措施（附表2.1～附表2.13）

附表2.1　齿轮泵（含泵的共性）常见故障及其排除措施

故障现象	原因分析	关键问题	排除措施
输油量不足	①吸油管或过滤器堵塞 ②油液黏度过大 ③泵转速过高 ④端面间隙或周向间隙过大 ⑤溢流阀等失灵	①吸油不畅 ②严重泄漏 ③旁通回油	①过滤器应常清洗，通油能力要为泵流量的两倍 ②油液黏度、泵的转速、吸油高度等应按规定选用 ③检修泵的配合间隙 ④检修溢流阀等元件
压力提不高	①端面间隙或周向间隙过大 ②溢流阀等失灵 ③供油量不足	①泄漏严重 ②流量不足	①检修使泵输油量和配合间隙达到规定要求 ②检修溢流阀等元件，消除泄漏环节
噪声过大	①泵的制造质量差，如齿形精度不高、接触不良、困油槽位置误差、齿轮泵内孔与端面不垂直、泵盖上两轴承孔轴线不平行等 ②电动机的振动、联轴器安装时的同轴度误差 ③吸油管安装时密封不严、油管弯曲、伸入液面以下太浅、泵安装位置太高 ④吸油黏度过高 ⑤过滤器堵塞或通流能力小 ⑥溢流阀等动作迟缓	噪声与振动有关，可归纳为三类因素： ①机械 ②空气（气穴现象） ③油液（液压冲击等）	①提高泵的制造精度 ②电动机装防振垫，联轴器安装时同轴度误差应在0.1mm以下 ③吸油管安装要严防漏气，油管不要弯曲，油管伸入液面应为油深的2/3，泵的吸油高度应不大于500mm ④油液黏度选择要合适 ⑤定期清洗过滤器 ⑥拆选溢流阀，使阀芯移动灵活
过热	①油液黏度过高或过低 ②齿轮和侧板等相对运动件摩擦严重 ③油箱容积过小，泵散热条件差	①泵内机件、油液因摩擦、搅动和泄漏等能量损失过大 ②散热性能差	①更换成黏度合适的液压油 ②修复有关零件，使机械摩擦损失减少 ③改善泵和油箱的散热条件
泵不打油	①泵转向有误 ②油面过低 ③过滤器堵塞	泵的密封工作容积由小变大时要从油箱吸油，由大变小时要排油	①驱动泵的电动机转向应符合要求 ②保证吸油管能进油

续表

故障现象	原因分析	关键问题	排除措施
主要磨损件	①齿顶和两侧面 ②泵体内壁的吸油腔侧 ③侧盖端面 ④泵轴与滚针的接触处	①泵内机件受到不平衡的径向力 ②轴孔与端面垂直度较差	①减小不平衡的径向力 ②提高泵的制造精度 ③端面间隙应控制在0.02～0.05mm

附表2.2　叶片泵常见故障及其排除措施

故障现象	原因分析	排除措施
输油量不足、压力提不高	①配油盘端面和内孔严重磨损 ②叶片和定子内表面接触不良或磨损严重 ③叶片与叶片槽配合间隙过大 ④叶片装反	①修磨配油盘 ②修磨或重配叶片 ③修复定子内表面、转子叶片槽 ④重装叶片
泵不打油	①叶片与叶片槽配合太紧 ②油液黏度过大 ③油液太脏 ④配油盘安装后变形,使高低压油区连通	①保证叶片能在叶片槽内灵活移动,形成密封的工作容积 ②过滤油液,油的黏度要合适 ③修整配油盘和壳体等零件,使之接触良好
噪声过大	①配油盘上未设困油槽或困油槽长度不够 ②定子内表面磨损或刮伤 ③叶片工作状态较差	①配油盘上应按要求开设困油槽 ②抛光修复定子内表面 ③研磨叶片使其与转子叶片槽、定子、配油盘等接触良好
主要磨损件	①定子内表面 ②转子两端面和叶片槽 ③叶片顶部和两侧面 ④配油盘端面和内孔	①定子可抛光修复或翻转180°后使用 ②采用研磨或磨削的方法修复转子 ③叶片采用磨削法修复,叶片顶部磨损严重时可掉头使用 ④配油盘可采用研磨或磨削法修复,内孔磨损严重时可将内孔扩大后镶上轴套

附表2.3　轴向柱塞泵常见故障及其排除措施

故障现象	原因分析	排除措施
供油量不足、压力提不高	①配油盘与缸体的接触面严重磨损 ②柱塞与缸体柱塞孔的配合面受到磨损 ③泵或系统有严重的内泄漏 ④控制变量机构的弹簧没有调整好	①修复或更换磨损零件 ②紧固各管接头和结合部位 ③调整好变量机构弹簧
泵不打油	①泵的中心弹簧损坏,柱塞不能伸出 ②变量机构的斜盘倾角太小,在零位卡死 ③油液黏度过高或工作温度过低	①更换中心弹簧 ②修复变量机构,使斜盘倾角变化灵活 ③选择合适的油液黏度,控制工作油温在15℃以上
噪声过大	①泵内零件严重磨损或损坏 ②回油管露出油箱油面 ③吸油阻力过大 ④吸油管路有空气进入	①修复或更换零件 ②回油管应插入油面以下200mm ③加大吸油管径 ④将润滑脂涂在管接头上进行检查,重新紧固后并排除空气

故障现象	原因分析	排除措施
变量机构失灵	①变量机构阀芯卡死 ②变量机构阀芯与阀套间的磨损严重或遮盖量不够 ③变量机构控制油路堵塞 ④变量机构与斜盘间的连接部位磨损严重,转动失灵	①拆开清洗,必要时更换阀芯 ②修复有关的连接部件
主要磨损件	①柱塞磨损后成腰鼓形 ②缸体柱塞孔、缸体与配油盘接触的端面 ③配油盘端面 ④斜盘与滑履的摩擦面	①更换柱塞 ②以缸体外圆为基准进行精磨和抛光端面,柱塞孔可采用珩磨法修复 ③可在平板上研磨修复斜盘和配油盘的磨损面,表面粗糙度值不高于 $0.2\mu m$,平面度应在 $0.005mm$ 以内

附表 2.4　液压马达常见故障及其排除措施

故障现象	原因分析	关键问题	排除措施
输出转速较低	①液压马达端面间隙、径向间隙等过大,油液黏度过小,配合件磨损严重 ②形成旁通,如溢流阀失灵	①泄漏严重 ②供油量少	①油液黏度、泵的转速等应符合规定要求 ②检修液压马达的配合间隙 ③修复溢流阀等元件
输出转矩较低	①液压马达端面间隙等过大或配合件磨损严重 ②供油量不足或旁通 ③溢流阀等失灵	①密封容积泄漏,影响压力提高 ②调压过低	①检修液压马达的配合间隙或更换零件 ②检修泵和溢流阀等元件,使供油压力正常
噪声过大	①液压马达制造精度不高,如齿轮液压马达的齿形精度、接触精度、内孔与端面垂直度、配合间隙等 ②个别零件损坏,如轴承保持架、滚针轴承的滚针断裂,扭力弹簧变形,定子内表面刮伤等 ③联轴器松动或同轴度差 ④管接头漏气、过滤器堵塞	噪声与振动有关,主要由机械噪声、流体噪声和空气噪声三大部分组成	①提高液压马达的制造精度 ②检修或更换已损坏的零件 ③重新安装联轴器 ④管件等连接要严密,过滤器应经常清洗

附表 2.5　液压缸常见故障及其排除措施

故障现象	原因分析	关键问题	排除措施
移动速度下降	①泵、溢流阀等有故障,系统未供油或供油量少 ②缸体与活塞配合间隙过大、活塞上的密封件磨坏、缸体内孔圆柱度超差、活塞左右两腔互通 ③油温过高,油液黏度太低 ④流量元件选择不当,压力元件调压过低	①供油量不足 ②严重泄漏 ③外载过大	①检修泵、阀等元件,并进行合理选择和调节 ②提高液压缸的制造和装配精度 ③保证密封件的质量和工作性能 ④检查发热温升原因,选用合适的液压油黏度

故障现象	原因分析	关键问题	排除措施
推力不足	①液压缸内泄漏严重,如密封件磨损、老化、损坏或唇口装反 ②系统调定压力过低 ③活塞移动时阻力太大,如缸体与活塞、活塞杆与导向套等配合间隙过小,液压缸制造、装配等精度不高 ④脏物等进入滑动部位	①缸内工作压力过低 ②移动时阻力增加	①更换或重装密封件 ②重新调整系统压力 ③提高液压缸的制造和装配精度 ④过滤或更换油液
工作台产生爬行	①液压缸内有空气或油液中有气泡,如从泵、缸等负压处吸入外界空气 ②液压缸无排气装置 ③缸体内孔圆柱度超差、活塞杆局部或全长弯曲、导轨精度差、楔铁等调得过紧或弯曲 ④导轨润滑不良,出现干摩擦	①液压缸内有空气 ②液压缸工作系统刚性差 ③摩擦力或阻力变化大	①拧紧管接头,减少进入系统的空气 ②设置排气装置,在工作之前应先将缸内空气排除 ③缸至换向阀间的管道容积要小,以免该管道中存气排不尽 ④提高缸和系统的制造和安装精度 ⑤在润滑油中加添加剂
缸的缓冲装置故障,即终点速度过慢或出现撞击噪声	①固定式节流缓冲装置配合间隙过小或过大 ②可调式节流缓冲装置调节不当,节流过度或处于全开状态 ③缓冲装置制造和装配不良,如镶在缸盖上的缓冲环脱落,单向阀装反或阀座密封不严	①缓冲作用过大 ②缓冲装置失去作用	①更换不合格的零件 ②调节缓冲装置中的节流元件至合适位置并紧固 ③提高缓冲装置制造和装配质量
缸有较大外泄漏	①密封件质量差,活塞杆明显拉伤 ②液压缸制造和装配质量差,密封件磨损严重 ③油温过高或油的黏度过低	①密封失效 ②活塞杆拉伤	①密封件质量要好,保管、使用要合理,密封件磨损严重时要及时更换 ②提高活塞杆和沟槽尺寸等的制造精度 ③油的黏度要合适,检查温升原因并排除故障

附表 2.6　方向阀常见故障及其排除措施

故障现象	原因分析	关键问题	排除措施
阀芯不能移动	①阀芯卡死在阀体孔内,如阀芯与阀体几何精度差,配合过紧,表面有毛刺或刮伤,阀体安装后变形,复位弹簧太软、太硬或扭曲 ②油液黏度太高、油液过脏、油温过高、热变形卡死 ③控制油路无油或控制压力不够 ④电磁铁损坏等	①机械故障 ②液压故障 ③电气故障	①提高阀的制造、装配和安装精度 ②更换弹簧 ③油的黏度、温升、清洁度、控制压力等应符合要求 ④修复或更换电磁铁

故障现象	原因分析	关键问题	排除措施
电磁铁线圈烧坏	①供电电压过高或过低或电压类型不对 ②线圈绝缘不良 ③推杆过长 ④电磁铁铁芯与阀芯的同轴度误差 ⑤阀芯卡死或回油口背压过高	①电压不稳定或电气质量差 ②阀芯不到位	①电压的变化值应在额定电压的10%以内,明确交、直流电压 ②尽量选用直流电磁铁 ③修磨推杆 ④重新安装,保证同轴度 ⑤防止阀芯卡死,控制背压
换向冲击、振动与噪声	①采用大通径的电磁换向阀 ②液动阀阀芯移动可调装置有故障 ③电磁铁铁芯的吸合面接触不良 ④推杆过长或过短 ⑤固定电磁铁的螺钉松动	①阀芯移动速度过快 ②电磁铁吸合不良	①大通径时采用电液换向阀 ②修复或更换可调装置中的单向阀和节流阀 ③修复并紧固电磁铁 ④推杆长度要合适
通过的流量不足或压降过大	①推杆过短 ②复位弹簧太软	开口量不足	更换合适的推杆和弹簧
液控单向阀油液不逆流	①控制压力过低 ②背压力过高 ③控制阀芯或单向阀芯卡死	单向阀打不开	①背压高时可采用复式或外泄式液控单向阀 ②消除控制管路的泄漏和堵塞 ③修复或清洗,使阀芯移动灵活
单向阀类逆方向不密封	①密封锥面接触不均匀,如锥面与导向圆柱面轴线的同轴度误差较大 ②复位弹簧太软或变形	①密封带接触不良 ②阀芯在全开位置上卡死	①提高阀的制造精度 ②更换弹簧,修复密封带 ③过滤油液

附表 2.7　先导型溢流阀常见故障及其排除措施

故障现象	原因分析	关键问题	排除措施
无压力或压力升不高	①先导阀或主阀弹簧漏装、折断、弯曲或太软 ②先导阀或主阀锥面密封性差 ③主阀芯在开启位置卡死或阻尼孔被堵 ④遥控口直接通油箱或该处有严重泄漏	主阀阀口开得过大	①更换弹簧 ②配研密封锥面 ③清洗阀芯,过滤或更换油液,提高阀的制造精度 ④设计时不能将遥控口直接通油箱
压力很高调不下来	①进、出油口接反 ②先导阀弹簧弯曲等使该阀无法打开 ③主阀芯在关闭状态下卡死	主阀阀口闭死	①重装进、出油管 ②更换弹簧 ③控制油的清洁度和各零件的加工精度

续表

故障现象	原因分析	关键问题	排除措施
压力波动不稳定	①配合间隙或阻尼孔时而被堵,时而脏物被油液冲走 ②阀体变形、阀芯划伤等原因使主阀芯运动不规则 ③弹簧变形,阀芯移动不灵 ④供油泵的流量和压力脉动	主阀阀口的变化不规则	①过滤或更换油液 ②修复或更换有关零件 ③更换弹簧 ④提高供油泵的工作性能
振动和噪声	①阀芯配合不良、阀盖松动等 ②调压弹簧装偏、弯曲等,使锥阀产生振荡 ③回油管高出油面或贴近油箱底面 ④系统有空气混入	存在机械振动、液压冲击和空气	①修研配合面,拧紧各处螺钉 ②更换弹簧,提高阀的装配质量 ③回油管应距油箱底面50mm以上 ④紧固管接头、排除系统空气

附表 2.8　减压阀常见故障及其排除措施

故障现象	原因分析	关键问题	排除措施
出口压力过高,不起减压作用	①调压弹簧太硬、弯曲或变形,先导阀打不开 ②主阀阀芯在全开位置上卡死 ③先导阀的回油管道不通,如未接油箱、堵塞或背压	主阀阀口开得过大	①更换弹簧 ②修复或更换零件,过滤或更换油液 ③回油管应单独接入油箱,防止细长、弯曲等使阻力过大
出口压力过低,不易控制与调节	①先导锥阀处有严重内、外泄漏 ②调压弹簧漏装、断裂或过软 ③主阀阀芯在接近闭死状态时卡住	主阀阀口开得过小	①配研锥阀的密封带,结合面处螺钉应拧紧以防外泄 ②更换弹簧 ③修复或更换零件,提高油的清洁度
出口压力不稳定	①配合间隙和阻尼小孔时堵时通 ②弹簧太软及变形,使阀芯移动不灵 ③阀体和阀芯变形、刮伤、几何精度差等	主阀阀芯移动不规则	①过滤或更换油液 ②更换弹簧 ③修复或更换零件

附表 2.9　顺序阀常见故障及其排除措施

故障现象	原因分析	关键问题	排除措施
始终通油,不起顺序作用	①主阀阀芯在打开位置上卡死 ②单向阀在打开位置上卡死或单向阀密封不良 ③调压弹簧漏装、断裂或太软	阀口常开	①修配零件使阀芯移动灵活,单向阀密封带应不漏油 ②过滤或更换油液 ③更换弹簧或补装

故障现象	原因分析	关键问题	排除措施
该通油时打不开阀口	①主阀阀芯在关闭位置卡死 ②控制油路堵塞或控制压力不够 ③调压弹簧太硬或调压过高 ④泄漏管中背压太高	阀口闭死	①提高零件的制造精度和油液的清洁度 ②清洗管道,提高控制压力,防止泄漏 ③更换弹簧,调压适当 ④泄漏管应单独接入油箱
压力控制不灵	①调压弹簧变形、失效 ②弹簧调定值与系统不匹配 ③滑阀移动时阻力变化太大	①调压不合理 ②弹簧力、摩擦力等变化无规律	①更换弹簧 ②各压力元件的调整值之间不应有矛盾 ③提高零件的几何精度,调整修配间隙,使阀芯移动灵活

附表 2.10　压力继电器常见故障及其排除措施

故障现象	原因分析	关键问题	排除措施
无信号输出	①进油管变形,管接头漏油 ②橡皮薄膜变形或失去弹性 ③阀芯卡死 ④弹簧出现永久变形或调压过高 ⑤接触螺钉、杠杆等调节不当 ⑥微动开关损坏	压力信号没有转换成电信号	①更换管子,拧紧管接头 ②更换薄膜片 ③清洗、配研阀芯 ④更换弹簧,合理调整 ⑤合理调整杠杆等的位置 ⑥更换微动开关
灵敏度差	①阀芯移动时摩擦力过大 ②转换机构等装配不良,运动件失灵 ③微动开关接触行程过长	信号转换迟缓	①装配、调整要合理,使阀芯等动作灵活 ②合理调整杠杆等的位置
易误发信号	①进油口阻尼孔过大 ②系统冲击压力过大 ③电气系统设计不当	出现不该有的信号转换	①适当减小阻尼孔 ②在控制管路上增设阻尼管以减弱压力冲击 ③电气系统设计应考虑必要的联锁等

附表 2.11　流量控制阀常见故障及其排除措施

故障现象	原因分析	关键问题	排除措施
不起节流作用或调节范围小	①阀的配合间隙过大,有严重的内泄漏 ②单向节流阀中的单向阀密封不良或弹簧变形 ③流量阀在大开口时阀芯卡死 ④流量阀在小开口时节流口堵塞	通过流量阀的液体过多	①修复阀体或更换阀芯 ②研磨单向阀阀座,更换弹簧 ③拆开清洗并修复 ④冲刷、清洗,过滤油液

续表

故障现象	原因分析	关键问题	排除措施
执行机构运动速度不稳定,有时快时慢或跳动的现象	①节流口堵塞的周期性变化,即时堵时通 ②泄漏的周期性变化 ③负载的变化 ④油温的变化 ⑤各类补偿装置(负载、温度)失灵,不起稳速作用	通过阀的流量不稳定	①严格过滤油液或更换新油 ②对负载变化较大、速度稳定性要求较高的系统应采用调速阀 ③控制温升,在油温升高和稳定后,再调一次节流阀开口 ④修复调速阀中的减压阀或温度补偿装置

附表 2.12　过滤器常见故障及其排除措施

故障现象	原因分析	关键问题	排除措施
系统产生空气和噪声	①对过滤器缺乏定期维护和保养 ②过滤器的过滤能力选择较小 ③油液太脏	泵进口过滤器堵塞	①定期清洗过滤器 ②泵进口过滤器的过流能力应比泵的流量大一倍 ③油液使用 2000～3000h 后应更换新油
过滤器滤芯变形或击穿	①过滤器严重堵塞 ②滤网或骨架强度不够	通过过滤器的压降过大	①提高过滤器的结构强度 ②采用带有堵塞发信装置的过滤器 ③设计带有安全阀的旁通油路
网式过滤器金属网与骨架脱焊	①采用锡铅焊料,熔点仅为 183℃ ②焊接点数少,焊接质量差	焊料熔点较低,结合强度不够	①改用高熔点的银镉焊料 ②提高焊接质量
烧结式过滤器滤芯掉粒	①烧结质量较差 ②滤芯严重堵塞	滤芯颗粒间结合强度差	①更换滤芯 ②提高滤芯制造质量 ③定期更换油液

附表 2.13　密封件常见故障及其排除措施

故障现象	原因分析	关键问题	排除措施
内、外泄漏	①密封圈预变形量小,如沟槽尺寸过大、密封圈尺寸过小 ②油压作用下密封圈不起密封作用,如密封件老化、失效,唇形密封圈装反	密封处接触应力过小	①密封沟槽尺寸与选用的密封圈尺寸应配套 ②重装唇形密封圈,密封件保管、使用要合理 ③V 形密封圈可以通过调整来控制泄漏

续表

故障现象	原因分析	关键问题	排除措施
密封件过早损坏	①装配时孔口棱边划伤密封圈 ②运动时刮伤密封圈,如密封沟槽、沉割槽等处有锐边,配合表面粗糙 ③密封件老化,如长期保管、长期停机等 ④密封件失去弹性,如变形量过大、工作油温太低	使用、维护等不符合要求	①孔口最好采用圆角 ②修磨有关锐边,提高配合表面质量 ③密封件保管期不宜长于一年,坚持早进早出、定期开机 ④密封件变形量应合理,适当提高工作油温
密封件扭曲、挤入间隙等	①油压过高,密封圈未设支承环或挡圈 ②配合间隙过大	受侧压过大,变形过度	① 增加挡圈 ② 采用 X 形密封圈,少用 Y 形或 O 形密封圈

（2）液压回路和系统故障及其排除措施（附表 2.14～附表 2.26）

附表 2.14　供油回路常见故障及其排除措施

故障现象	原因分析	关键问题	排除措施
泵不出油	①液压泵的转向有误 ②过滤器严重堵塞,吸油管路严重漏气 ③油的黏度过高,油温太低 ④油箱油面过低 ⑤泵内部故障,如叶片卡在转子槽中,变量泵在零流量位置上卡住 ⑥新泵启动时,空气被堵,排不出去	不具备泵工作的基本条件	①改变泵的转向 ②清洗过滤器,拧紧吸油管 ③油的黏度、温度要合适 ④油面应符合规定要求 ⑤新泵启动前最好先向泵内灌油,以免干摩擦磨损等 ⑥在低压下放走排油管中的空气
泵的温度过高	①泵的效率太低 ②液压回路效率太低,如采用单泵供油、节流调速等,导致油温太高 ③泵的泄油管接入吸油管	过大的能量损失转换成热能	①选用效率高的液压泵 ②选用节能型的调速回路、双泵供油系统,增设卸荷回路等 ③泵的外泄管应直接回油箱 ④对泵进行风冷
泵源的振动与噪声	①电动机、联轴器、油箱、管件等的振动 ②泵内零件损坏,困油和流量脉动严重 ③双泵供油合流处液体撞击 ④溢流阀回油管液体冲击 ⑤过滤器堵塞,吸油管漏气	存在机械、液压和空气三种噪声因素	①注意装配质量和防振、隔振措施 ②更换损坏零件,选用性能好的液压泵 ③ 合流点距泵口应大于 200mm ④增大回油管直径 ⑤清洗过滤器,拧紧吸油管

附表 2.15　方向控制回路常见故障及其排除措施

故障现象	原因分析	关键问题	排除措施
执行元件不换向	①电磁铁吸力不足或损坏 ②电液换向阀的中位机能呈卸荷状态 ③复位弹簧太软或变形 ④内泄式阀形成过大背压 ⑤阀的制造精度差、油液太脏等	①推动换向阀阀芯的主动力不足 ②背压阻力等过大 ③阀芯卡死	①更换电磁铁,改用液动阀 ②液动换向阀采用中位卸荷时,要设置压力阀,以确保启动压力 ③更换弹簧 ④采用外泄式换向阀 ⑤提高阀的制造精度和油液清洁度
三位换向阀的中位机能选择不当	①一泵驱动多缸的系统,中位机能误用 H 型、M 型等 ②中位停车时要求手调工作台的系统误用 O 型、M 型等 ③中位停车时要求液控单向阀立即关闭的系统,误用了 O 型机能,造成缸停止位置偏离指定位置	不同的中位机能油路连接不同,特性也不同	①中位机能应采用 O 型、Y 型等 ②中位机能应采用 Y 型、H 型等 ③中位机能应采用 Y 型等
锁紧回路工作不可靠	①利用三位换向阀的中位锁紧,但滑阀有配合间隙 ②利用单向阀类锁紧,但锥阀密封带接触不良 ③缸体与活塞间的密封圈损坏	①阀内泄漏 ②缸内泄漏	①采用液控单向阀或双向液压锁,锁紧精度高 ②单向阀密封锥面可用研磨法修复 ③更换密封件

附表 2.16　压力控制回路常见故障及其排除措施

故障现象	原因分析	关键问题	排除措施
压力调不上去或压力过高	各压力阀的具体情况有所不同	各压力阀本身的故障	详见各压力阀的故障及排除
YF 型高压溢流阀,当压力调至较高值时,发出尖叫声	三级同心结构的同轴度较差,主阀阀芯贴在某一侧作高频振动,调压弹簧发生共振	机、液、气各因素产生的振动和共振	①安装时要正确调整三级结构的同轴度 ②选用合适的黏度,控制温升
利用溢流阀遥控口卸荷时,系统产生强烈的振动和噪声	①遥控口与二位二通阀之间有配管,它增加了溢流阀的控制腔容积,该容积越大,压力越不稳定 ②长配管中易残存空气,引起大的压力波动,导致弹性系统自激振动	机、液、气各因素产生的振动和共振	①配管直径宜在 $\phi6mm$ 以下,配管长度应在 1m 以内 ②可选用电磁溢流阀实现卸荷功能
两个溢流阀的回油管道连在一起时易产生振动和噪声	溢流阀为内卸式结构,因此回油管中压力冲击、背压将直接作用在导阀上,引起控制腔压力的波动,激起振动和噪声		①每个溢流阀的回油管应单独接回油箱 ②回油管必须合流时应加粗合流管 ③将溢流阀由内泄式改为外泄式

续表

故障现象	原因分析	关键问题	排除措施
减压回路中减压阀的出口压力不稳定	①主油路负载若有变化,则当最低工作压力低于减压阀的调整压力时,减压阀的出口压力下降 ②减压阀外泄油路有背压时其出口压力升高 ③减压阀的导阀密封不严,则减压阀的出口压力要低于调定值	控制压力有变化	①减压阀后应增设单向阀,必要时还可加蓄能器 ②减压阀的外泄管道一定要单独回油箱 ③修研导阀的密封带 ④过滤油液
压力控制原理的顺序动作回路有时工作不正常	①顺序阀的调整压力太接近先动作执行件的工作压力,与溢流阀的调定值也相差不多 ②压力继电器的调整压力同样存在上述问题	压力调定值不匹配	①顺序阀或压力继电器的调整压力应高于先动作缸工作压力 $0.5\sim1$MPa ②顺序阀或压力继电器的调整压力应低于溢流阀的调整压力 $0.5\sim1$MPa
	某些负载很大的工况下,按压力控制原理工作的顺序动作回路会出现Ⅰ缸动作尚未完成而已发出使Ⅱ缸动作的误信号	设计原理不合理	①改为按行程控制原理工作的顺序动作回路 ②可设计成双重控制方式

附表 2.17　速度控制回路常见故障及其排除措施

故障现象	原因分析	关键问题	排除措施
快速不快	①差动快速回路调整不当等,未形成差动连接 ②变量泵的流量没有调至最大值 ③双泵供油系统的液控卸荷阀调压过低	流量不够	①调节好液控顺序阀,保证快进时实现差动连接 ②调节变量泵的偏心距或斜盘倾角至最大值 ③液控卸荷阀的调整压力要大于快速运动时的油路压力
快进转工进时冲击较大	快进转工进采用二位二通电磁阀	速度转换阀的阀芯移动速度过快	用二位二通行程阀来代替电磁阀
执行机构不能实现低速运动	①节流口堵塞,不能再调小 ②节流阀的前后压力差调得过大	通过流量阀的流量无法调小	①过滤或更换油液 ②正确调整溢流阀的工作压力 ③采用低速、性能更好的流量阀
负载增加时速度显著下降	①节流阀不适用于变载系统 ②调速阀在回路中装反 ③调速阀前后的压差过小,其减压阀不能正常工作 ④泵和马达的泄漏增加	进入执行元件的流量减小	①变速系统可采用调速阀 ②调速阀在安装时一定不能接反 ③调压要合理,保证调速阀前后的压差为 $0.5\sim1$MPa ④提高泵和马达的容积效率

附表 2.18 液压系统执行元件运动速度故障及其排除措施

故障现象	原因分析	关键问题	排除措施
快速不快	见附表 2.17		
快进转工进时冲击较大			
低速性能差			
速度稳定性差	见附表 2.11、附表 2.17		
低速爬行	见附表 2.5		
工进速度过快,流量阀调节不起作用	①快进用的二位二通行程阀在工进时未全部关闭 ②流量阀内泄严重	进入缸的流量太多	①调节好行程挡块,务必在工进时关闭二位二通行程阀 ②更换流量阀
工进时缸突然停止运动	单泵多缸工作系统,快慢速运动的干扰现象	压力取决于系统中的最小载荷	采用各种干扰回路
磨床类工作台往复进给速度不相等	①缸两端泄漏不等或单端泄漏 ②往复运动时摩擦阻力差距大,如油封松紧调得不一样	往复运动时两腔控制流量不等	①更换密封件 ②合理调节两端油封松紧
调速范围较小	①低速调不出来 ②元件泄漏严重 ③调压太高使元件泄漏增加,压差增大	最高速度和最低速度都不易达到	①见附表 2.17 ②更换磨损严重的元件 ③压力不可调得过高

附表 2.19 液压系统工作压力故障及其排除措施

故障现象	原因分析	关键问题	排除措施
系统无压力	见附表 2.7、附表 2.16		
压力调不高			
压力调不下来			
缸输出推力不足	见附表 2.5		
打坏压力表	①启动液压系统时,溢流阀弹簧未放松 ②溢流阀进、出油口接反 ③溢流阀在闭死位置卡住 ④压力表的量程选择过小	冲击压力过高	①系统启动前,必须放松溢流阀的弹簧 ②正确安装溢流阀 ③提高阀的制造精度和油液清洁度 ④压力表的量程最好比泵的额定压力高 1/3
系统工作压力从 40MPa 降至 10MPa 后无法再调上去	①内密封件损坏 ②合用并联的二位二通阀未切断 ③阀的安装连接板内部串油	某部位严重泄漏	①更换密封件 ②调整好二位二通阀的切换机构 ③更换安装连接板

续表

故障现象	原因分析	关键问题	排除措施
系统工作不正常	①液压元件磨损严重 ②系统泄漏增加 ③系统发热温度升高 ④引起振动和噪声	系统压力调整过高	系统调压要合适
磨床类工作台往复推力不相等	①缸的制造精度差 ②缸安装时其轴线与导轨的平行度有误差 ③缸两侧的油封松紧不一	往复运动时摩擦阻力不等	①提高液压缸的制造精度 ②轴线固定式液压缸一定要调整好它与导轨的平行度 ③合理调节两侧油封的松紧度

附表 2.20　液压系统油温过高及其控制方法

原因分析	关键问题	控制方法
①油路设计不合理,能耗太大 ②油源系统压力调整过高 ③阀类元件规格选择过小 ④管道尺寸过小、过长或弯曲过多 ⑤停车时未设计卸荷回路 ⑥油路中过多地使用调速阀、减压阀等元件 ⑦油液黏度过大或过小	液压元件和液压回路等效率低、发热严重	①见附表 2.14 ②在满足使用前提下,压力应调低 ③阀类元件的规格应按实际工作情况选择 ④管道设计适粗、短、直 ⑤增设卸荷回路 ⑥使用液压元件应注意节能 ⑦选用合适的油液黏度
①油箱容积设计较小,箱内流道设计不利于热交换 ②油箱散热条件差,如某自动线油箱全部设在地下不通风 ③系统未设冷却装置或冷却系统损坏	系统散热条件差	①油箱容积宜大,流道设计要合理 ②油箱位置应能自然通风,必要时可设冷却装置,并加强维护 ③液压系统适宜的油温最好控制在 20～55℃,也可放宽至 15～65℃

附表 2.21　液压系统泄漏及其控制方法

原因分析	关键问题	控制方法
①各管接头处结合不严,有外泄漏 ②元件结合面处接触不良,有外泄漏 ③元件阀盖与阀体结合面处有外泄漏 ④活塞与活塞杆连接不好,存在泄漏 ⑤阀类元件壳体等存在各种铸造缺陷	静连接件间出现间隙	①拧紧管接头,可涂密封胶 ②接触面要平整,不可漏装密封件 ③接触面要平整,紧固力要均匀,可涂密封胶或增设软垫、密封件等 ④连接牢固并加密封件 ⑤消除铸件的铸造缺陷

续表

原因分析	关键问题	控制方法
①间隙密封的间隙量过大,零件的几何精度和安装精度较差 ②活塞、活塞杆等处密封件损坏或唇口装反 ③黏度过低,油温过高 ④调压过高 ⑤多头的特殊液压缸,易造成活塞上密封件损坏 ⑥选用的元件结构陈旧,泄漏量大 ⑦其他详见附表2.13	动连接件间配合间隙过大或密封件失效	①严格控制间隙密封的间隙量,提高相配件的制造精度和安装精度 ②更换密封件,注意带唇口密封件的安装方位 ③黏度选用应合适,降低油温 ④压力调整合理 ⑤尽量少用特殊液压缸,以免密封件过早损坏 ⑥选用性能较好的新系列阀类 ⑦见附表2.13

附表2.22 液压系统的振动、噪声及其控制方法

原因分析	关键问题	控制方法
液压泵和泵源的振动和噪声	振动和噪声来自机械、液压、空气三个方面	①见附表2.1~附表2.3、附表2.12和附表2.14 ②高压泵的噪声较大,必要时可采用隔离罩或隔离室
液压马达的振动和噪声		见附表2.4
液压缸的振动和噪声		见附表2.5
液压阀的振动和噪声		见附表2.6、附表2.7
压力控制回路的振动和噪声		①见附表2.16 ②在液压回路上可安装消声器或蓄能器
①管道细长互相碰击 ②管道发生共振 ③油箱吸油管距回油管太近		①加大管子间距离 ②增设管夹等固定装置 ③吸油管应远离回油管 ④在振源附近可安装一段减振软管

附表2.23 液压系统的冲击及其控制方法

原因分析	关键问题	控制方法
换向阀迅速关闭时的液压冲击: ①电磁换向阀切换速度过快,电磁换向阀的节流缓冲器失灵 ②磨床换向回路中先导阀、主阀等制动过猛 ③中位机能采用O型	由液流和运动部件的惯性造成	①见附表2.6 ②减小制动锥锥角或增加制动锥长度 ③中位机能从O型改为H型 ④缩短换向阀至液压缸的管路
活塞在行程中间位置突然被制动或减速时的液压冲击: ①快进或工进转换过快 ②液压系统调压过高 ③溢流阀动作迟缓		①电磁阀改为行程阀,行程阀阀芯的移动可采用双速转换 ②调压应合理 ③采用动态特性好的溢流阀 ④可在缸的出入口设置反应快、灵敏度高的小型安全阀或波纹型蓄能器,也可局部采用橡胶软管
液压缸行程终点产生的液压冲击		采用可变节流的终点缓冲装置

原因分析	关键问题	控制方法
液压缸负载突然消失时产生的冲击	运动部件产生加速冲击	回路应增设背压阀或提高背压力
液压缸内存有大量空气		排除缸内空气

附表 2.24　液压卡紧及其控制方法

原因分析	关键问题	控制方法
①阀设计有问题,使阀芯受到不平衡的径向力 ②阀芯加工成倒锥,且安装有偏心 ③阀芯有毛刺、碰伤凸起、弯曲、几何公差超差等质量问题 ④干式电磁铁推杆动密封处摩擦阻力大,复位弹簧太软	阀芯受到较大的不平衡径向力,产生的摩擦阻力可大到几百牛顿	①设计时尽量使阀芯径向受力平衡,如可在阀芯上加工出若干条环形均压槽 ②允许阀芯有小的顺锥,安装应同心 ③提高加工质量,进行文明生产 ④采用湿式电磁铁,更换弹簧
①过滤器严重堵塞 ②液压油长期不更换、老化、变质	油液中杂质太多	①清洗过滤器,采用过滤精度为 $5\sim25\mu m$ 的精过滤器 ②更换新油
①阀芯与阀体间配合间隙过小 ②油液温升过大	阀芯热变形后尺寸变大	①运动件的配合间隙应合适 ②降低油温,避免零件热变形后卡死

附表 2.25　液压系统的气穴、汽蚀及其控制方法

原因分析	关键问题	控制方法
①液压系统存在负压区,如自吸泵进口压力很低,液压缸急速制动时有压力冲击腔,也有负压腔 ②液压系统存在减压区和低压区,如减压阀进、出口压力之比过大,节流口的喉部压力值降到很低	溶解在油中的空气分离出来	①防止泵进口过滤器堵塞,油管要粗而短,吸油高度小于 500mm,泵的自吸真空度不要超过泵本身所规定的最高自吸真空度 ②防止局部地区压降过大、下游压力过低,因为气体在液体中的溶解量与压力成正比,一般应控制阀的进、出口压力之比不大于 3.5
①回油管露出液面 ②管道、元件等密封不良 ③在负压区空气容易侵入	外界空气混入系统	①回油管应插入油面以下 ②油箱设计应利于气泡分离 ③在负压区要特别注意密封和拧紧管接头
气穴的产生和破灭会造成局部地区高压、高温和液压冲击,使金属表面呈蜂窝状而逐渐剥落(气蚀)	避免产生气穴,提高液压件材料的强度和耐腐蚀性能	①青铜和不锈钢材料的耐气蚀性比铸铁和碳素钢好 ②提高材料的硬度也能提高它的耐腐蚀性能

附表 2.26　液压系统工作可靠性问题及其控制方法

故障环节	工作可靠性问题	控制方法
设计	①单泵多缸工作系统易出现各缸快、慢速相互干扰 ②采用时间控制原理的顺序动作回路工作可靠性差 ③采用调速阀的流量控制同步回路工作可靠性差 ④设计的各缸联锁或转换等控制信号不符合工艺要求 ⑤选用的液压元件性能差 ⑥回路设计考虑不周 ⑦设计时对系统的温升、泄漏、噪声、冲击、液压卡紧、气穴、污染等考虑不周	①采用快、慢速互不干扰回路 ②顺序动作回路应采用压力控制原理或行程控制原理 ③同步回路宜采用容积控制原理或检测反馈式控制原理 ④应按工艺特点进行设计,必要时可设置双重信号控制 ⑤采用新系列的液压元件 ⑥尽可能用最少的元件组成最简单的回路,对重要部位可增设一套备用回路 ⑦设计时应充分考虑影响系统正常工作的各种因素
制造、装配和安装	①液压元件制造质量差,如复合阀中的单向阀不密封等 ②装配时阀芯与阀体的同轴度差、弹簧扭曲、个别零件漏装或反装等 ③安装时液压缸轴线与导轨不平行,元件进、出油口反装等	确保各元件和机构的制造、装配和安装配合精度
调整	①顺序阀的开启压力调整不当,造成自动工作循环错乱或动作不符合要求 ②压力继电器调整不当,造成误发或不发信号 ③溢流阀调压过高,造成系统温升、低速性能差、元件磨损等 ④行程阀挡块位置调整不当,使阀口开闭不严	①调压要合适 ②挡块位置要调准
使用和维护	①不注意液压油的品质 ②油箱或活塞杆外伸部位等混进杂质、水分或灰尘 ③使用者缺乏对液压传动的了解,如压力调得过高、不会排除缸内空气等	①采用黏度合适的通用液压油或抗磨液压油,不使用性能差的机械油 ②应定期清洗过滤器和更换油液 ③避免系统的各部位进入有害杂质 ④使用液压设备者应具有必要的液压知识

参考文献

[1] 张祝新，张雅琴. 关于液压传动教材中几个问题的探讨[J]. 液压与气动，2006（8）.

[2] 董林福，赵艳春. 液压与气压传动[M]. 北京：化学工业出版社，2006.

[3] 刘延俊. 液压与气动传动. 3版[M]. 北京：机械工业出版社，2012.

[4] 刘延俊. 液压与气压传动[M]. 北京：清华大学出版社，2010.

[5] 刘延俊. 液压与气压传动[M]. 北京：高等教育出版社，2007.

[6] 陈清奎，刘延俊，等. 液压与气压传动[M]. 北京：机械工业出版社，2017.

[7] 刘延俊. 液压元件使用指南[M]. 北京：化学工业出版社，2007.

[8] 刘延俊，等. 对丁基胶涂布机液压系统的分析与改进[J]. 液压与气动，2001（12）：5-6.

[9] 刘延俊，等. 微机控制比例阀-缸液压系统的缓冲与定位置[J]. 机床与液压，1997（6）：21-22.

[10] 刘延俊，等. φ800锥度磨浆机控制系统的设计[J]. 机电一体化，2002，8（4）：35-37.

[11] 刘延俊. 液压回路与系统[M]. 北京：化学工业出版社，2009.

[12] 李明. ROV与水下作业机具液压管路对接装置的研究[D]. 哈尔滨：哈尔滨工程大学，2009.

[13] 白鹿. 钻柱液压升沉补偿系统设计研究[D]. 青岛：中国石油大学（华东），2009.

[14] 黄鲁蒙，张彦廷，等. 海洋浮式钻井平台绞车升沉补偿系统设计[J]. 石油学报，2013，34（3）：569-573.

[15] 李延民. 潜器外置设备液压系统的压力补偿研究[D]. 杭州：浙江大学，2005.

[16] 房延，郭远明. 深海液压油箱的设计[J]. 液压与气动，2005（11）：13-15.

[17] 顾临怡，罗高生，周峰，等. 深海水下液压技术的发展与展望[J]. 液压与气动，2013，（12）：1-7.

[18] 贾芳民. 海洋石油161平台海水泵架液压油缸升降系统的设计[J]. 液压与气动，2011（8）：77-78.

[19] 姜宇飞，赵宏林，李博，等. 深水水平连接器的液压系统设计[J]. 液压与气动，2013（9）：92-95.

[20] 罗立臣，马冬辉，孟庆元. 液压驱动转盘在海洋固定平台模块钻机上的设计与应用[J]. 船舶，2015（2）：74-78.

[21] 杜维杰. 水下作业机械手与工具自动对接技术研究[D]. 哈尔滨：哈尔滨工程大学，2005.

[22] 周振兴. 电动式水位调节器控制系统研究[D]. 哈尔滨：哈尔滨工程大学，2013.

[23] 韩伟实，刘春雨，沈明启，等. 喷嘴-挡板式水位调节器：200910073368.X[P]. 2009-12-08.

[24] 吕文平. 深海伺服阀阀控缸系统研究[D]. 沈阳：东北大学，2011.

[25] 黎飞. 某水下航行器舵机液压伺服控制系统研究[D]. 武汉：华中科技大学，2011.

[26] 周明健，史良马. 波浪补偿器的力伺服液压系统研究[J]. 井冈山大学学报（自然科学版），2014（4）：62-66.

[27] 刘延俊. 液压系统使用与维修[M]. 第2版. 北京：化学工业出版社，2015.

[28] 刘延俊. 液压元件及系统的原理、使用与维修[M]. 北京：化学工业出版社，2010.

索　引

科学是永无止境的，它是一个永恒之迷。

—— 爱因斯坦

"中国制造2025"
出版工程